"互联网＋"
新形态教材

普通高等教育"十三五"规划教材

机械与汽车工程
生产实习

胡明茂　李　峰　著

中国水利水电出版社
www.waterpub.com.cn
·北京·

内 容 提 要

  《机械与汽车工程生产实习》是以十堰、襄阳东风汽车公司及众多汽车零部件制造企业为基础，结合国内主要高校机械、汽车等工科专业生产实习教学大纲的内容，在总结多年的机械及汽车生产实习、实训实践经验、工程经验及相关课程教学经验的基础上编写而成。全书共13章，内容包括发动机曲轴工艺、发动机连杆工艺、发动机凸轮轴工艺、发动机缸盖工艺、发动机缸体工艺、汽车装配工艺及装备、变速箱工艺、汽车齿轮工艺、金属切削刀具、冲压加工及车架冲压工艺、车身冲压工艺、汽车焊装夹具、车身涂装工艺、轴瓦和板簧加工工艺。

  本书配有电子课件及丰富的二维码资源（包括67个微视频、180多张实景图片和每章习题自测题库），方便教师教学与读者观看学习。

  《机械与汽车工程生产实习》可作为高等学校的机械与汽车工程专业及相近专业生产实习、认识实习、专业实习的教材，也可以供从事机械和汽车设计与制造专业的工程技术人员参考。

图书在版编目（CIP）数据

机械与汽车工程生产实习 / 胡明茂，李峰著 . —北京：
中国水利水电出版社，2019.8
普通高等教育"十三五"规划教材
ISBN 978-7-5170-7911-8

Ⅰ．①机⋯　Ⅱ．①胡⋯②李⋯　Ⅲ．①机械工程—生
产实习—高等学校—教学参考资料②汽车工程—生产实习—
高等学校—教学参考资料　Ⅳ．①TH-45②U46-45

中国版本图书馆 CIP 数据核字（2019）第 173849 号

书　　　名	普通高等教育"十三五"规划教材 机械与汽车工程生产实习 JIXIE YU QICHE GONGCHENG SHENGCHAN SHIXI
作　　　者	胡明茂　李　峰　著
出版发行	中国水利水电出版社 （北京市海淀区玉渊潭南路 1 号 D 座　100038） 网址：www.waterpub.com.cn E-mail：sales@waterpub.com.cn 电话：（010）68367658（营销中心）
经　　　售	北京科水图书销售中心（零售） 电话：（010）88383994、63202643、68545874 全国各地新华书店和相关出版物销售网点
排　　　版	北京智博尚书文化传媒有限公司
印　　　刷	三河市龙大印装有限公司
规　　　格	185mm×260mm　16 开本　20 印张　492 千字
版　　　次	2019 年 8 月第 1 版　2019 年 8 月第 1 次印刷
印　　　数	0001—3000 册
定　　　价	58.00 元

前言

FOREWORD

本书是根据《国家教育事业发展"十三五"规划》《国家职业教育改革实施方案（2019）》和教育部《关于加快建设发展新工科实施卓越工程师教育培养计划 2.0》中关于高等教育要"强化实践教学环节，增强生产实习和技能实训的成效，提高工科学生工程实践能力"的精神而编写的。

一直以来，生产实习教学环节是高等工科院校各工科类专业培养方案中非常重要的一个实践性教学环节，是高等工科院校学生进一步强化工程意识、获得工程实践知识的主要教学形式，是进一步接触与了解工厂企业技术信息，获得专业生产技术及管理知识，进行卓越工程师基本素质训练的必要途径。

十堰东风汽车公司及周边几百家汽车零部件生产企业是全国高校工程类专业最重要的生产实习基地。作者在多年的学生实习教学过程中，发现影响学生实习效果的一个重要因素是没有一本合适的实习教材，目前市场上一些相关生产实习教材，内容及工艺陈旧，与现代汽车制造企业生产现场不符，再加上参观实习时间短，这些都导致学生不足以掌握实习企业产品的生产过程和工艺，影响实习效果。

本书取材于东风汽车公司商用车发动机厂、总装厂、车架厂、变速箱厂等众多主机厂及其他典型汽车零部件生产企业，结合这些企业生产现状和特点而编写，同时介绍了最新的已投入使用的技术和工艺。

汽车典型零部件加工、装配工艺相对复杂，编写本教材时，充分考虑学生的接受能力，加工制造理论阐述简而精，注重实用性。教材编写力求贴近企业实际、通俗易懂。大量采用插图表示工程含义，把复杂理论用简洁的文字和插图进行描述，使学生可以较快掌握相关知识点。

本书以汽车制造企业实际生产过程为背景，介绍了汽车典型零件的制造工艺及生产工艺装备。全书共 13 章，内容包括发动机曲轴工艺、发动机连杆工艺、发动机凸轮轴工艺、发动机缸盖工艺、发动机缸体工艺、汽车装配工艺及装备、变速箱工艺、汽车齿轮工艺、金属切削刀具、冲压加工及车架冲压工艺、汽车焊装夹具、车身涂装工艺、轴瓦和板簧加工工艺等。本书介绍了新设备、新工艺方法，有很强的针对性、先进性、启发性、指导性和实用性，是一本极具实用性的实习实训教材。

本书配有电子课件及丰富的二维码资源（包括 67 个微视频、180 多张实景图片和每章习题自测题库），并配有参考答案，方便教师教学与读者观看学习。选用本书的老师可以与作者联系（邮箱：Lifeng_23@126.com），获取电子课件及其他相关教学资源。

本书可作为高等学校机械与车辆工程专业及相近专业学生的生产实习、认识实习、专业实习教材，也可供从事机械和汽车设计与制造专业的工程技术人员参考。

本书由湖北汽车工业学院胡明茂教授、李峰教授撰写。作者长期从事汽车制造工艺、装备设计的教学和研究工作，主持东风发动机厂国家级实习基地、东风装备公司省级实习基地的建设工作。本书吸收了作者多年的企业指导生产实习、实训研究成果，作为一本特色教材，能让工科类学生在较短时间内了解和掌握汽车制造工艺方法的基本知识与基本理念。

本书在编写过程中参考了东风汽车公司商用车公司发动机厂的生产现场资料和企业派出指导实习技术人员提供的资料，在此未能一一列举，借此深表谢意。

由于作者水平有限，疏漏之处在所难免，恳请使用本书的广大师生多提宝贵意见。

编 者

2019 年 4 月于湖北汽车工业学院

CONTENTS 目录

第 1 章

发动机曲轴工艺

1.1　曲轴概述

■ 1.1.1　曲轴的功用

曲轴是发动机上的重要零件，有主轴颈和连杆轴颈两个重要部位。主轴颈被安装在缸体上，连杆轴颈与连杆大头孔连接，连杆小头孔与气缸活塞连接，是一个典型的曲柄滑块机构。曲轴与连杆配合将作用在活塞上的气体压力转变为曲轴的旋转运动，用来传递动力和扭矩，通过驱动飞轮、皮带轮、链轮把动力传递给底盘的传动机构。同时驱动配气机构和其他辅助装置，如风扇、水泵、发电机、机油泵和动力转向的液压泵等（图 1.1）。

扫一扫

图 1.1　曲轴在发动机工作时的透视图

■ 1.1.2　曲轴的构造

曲轴一般由主轴颈、连杆轴颈、曲柄、平衡块、前端和后端等组成。一个主轴颈、一个连杆轴颈和一个曲柄组成一个曲拐。直列式发动机曲轴的曲拐数目等于气缸数；V 形发动机曲轴的曲拐数目等于气缸数的一半。

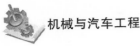

东风公司发动机厂生产的 EQ4H 曲轴由 5 个主轴颈、4 个连杆轴颈、4 个平衡块、曲柄、后端齿轮轴颈、法兰盘（又叫飞轮连接盘）等组成，如图 1.2 所示。

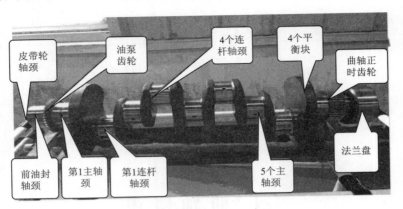

图 1.2 4H 曲轴总成构造

在曲轴上从皮带轮轴颈开始从前端往后端依次是皮带轮轴颈、前油封轴颈、前端齿轮轴颈（装油泵齿轮）、第 1 主轴颈、曲轴平衡块、第 1 连杆轴颈、第 2 主轴颈、第 2 连杆轴颈、曲轴平衡块、第 3 主轴颈、曲轴平衡块、第 3 连杆轴颈、第 4 主轴颈、第 4 连杆轴颈、曲轴平衡块、第 5 主轴颈、后端齿轮轴颈（安装曲轴正时齿轮）、法兰轴颈（安装法兰盘，又叫飞轮连接盘）。曲轴最前端有一段直径为 $\phi 19$ 的很小的轴颈为皮带轮轴颈，在装配过程中通过前端的螺纹孔来连接定位一个皮带轮（也叫减振器）。许多直列和 V 形发动机的曲轴上都装有减振器，用于吸收和减少曲轴的振动，许多曲轴减振器和皮带轮做成一个整体。皮带轮的另外一个作用是驱动风扇、发电机、水泵及动力转向的液压泵。皮带轮轴颈后面是前油封轴颈，该轴颈在装配过程中安装油封，防止在工作过程中润滑油甩到缸体外，起到封油作用。在前油封轴颈后面是齿轮轴颈，通过加热靠过盈量装上一个斜齿机油泵齿轮，它是用来带动润滑油泵的，这个油泵为发动机上所有的旋转件提供润滑油。

EQ4H 曲轴共有 5 个主轴颈，从前端往后端依次称为曲轴第 1 主轴颈、第 2 主轴颈、第 3 主轴颈、第 4 主轴颈、第 5 主轴颈，它们安装在发动机缸体上的 5 个主轴轴承孔的轴承座上，有配合要求。在齿轮轴颈后面是曲轴第 1 主轴颈，在第 1 主轴颈的后面是一个扇形面，叫曲轴平衡块，用来平衡曲柄和连杆大头的惯性力。在高速旋转时曲轴质量中心不在几何中心时会导致曲轴不平衡、惯性力增大、振动和磨损加剧。这时可以在平衡块上钻平衡孔进行去重来平衡。由于动平衡的质量不一样，所以钻孔的位置、深度都不一样，4H 曲轴有 4 个曲轴平衡块。在曲轴平衡块后面是第 1 连杆轴颈，4H 曲轴共有 4 个连杆轴颈，从前端往后端依次为第 1 连杆轴颈、第 2 连杆轴颈、第 3 连杆轴颈、第 4 连杆轴颈。曲轴的连杆轴颈连着连杆大头孔，连杆通过活塞销和活塞相连，活塞上的气体压力通过曲轴连杆轴颈带动曲轴旋转，用来传递动力和扭矩。1 个主轴颈、1 个连杆轴颈和 1 个曲柄组成 1 个曲拐，对于直列式发动机，曲轴的曲拐数目等于气缸数。曲轴后端有后端齿轮轴颈和法兰盘，其中后端齿轮轴颈上靠过盈配合安装有 1 个正时齿轮。正时齿轮是一个直齿圆柱齿轮，连接和带动凸轮轴。凸轮轴在发动机内用来控制进气、排气和点火角度。正时齿轮的作用是保证发动机运转时的配气相位，使进气门、排气门的开启和关闭与活塞运动相一致。因此正时齿轮连接有比较高的角度要求，在连接齿轮前，在齿轮轴颈上加工有 1 个 $\phi6$ 的定位销孔，上面再安装定位销，这个定位销在连接齿轮时起到角度定位作用。正时齿轮后面安装有法兰盘（又叫飞轮连接盘），它的端面上加工有一圈螺纹孔，用来连接飞轮，通过飞轮把动力传递到变速箱。在曲轴主轴颈和连杆轴颈外圆上有油道孔，用于通润滑油。主轴颈上油道孔是通孔，又叫集油孔，双向集油；连杆轴颈是斜向内部和集油孔一对一相连通，又叫斜油孔，是出油孔。从主轴颈的集油孔来的润滑油流到连杆轴颈，为连杆轴颈的表面提供润滑油。一共有 4 组传递润滑油的油道（2 个 1 组）。曲轴主轴颈中心到连杆轴颈中心之间的距离称为曲柄半径，一般用 R 表示。通常活塞行程为曲柄半径的两倍，即 $s=2R$。

1.1.3　曲轴的工作特点

曲轴在工作中受到周期性变化的燃气冲击力、往复运动质量的惯性力、旋转质量的离心惯性力等复杂的交变载荷，产生扭转、横向与纵向振动，承受拉、压、弯和磨损。这些周期作用力，还将引起曲轴扭转振动而产生附加应力；此外曲轴转速很高，与轴承之间的相对滑动速度很大。因此，曲轴的常见失效形式有轴颈磨损、弯扭变形、裂纹和疲劳断裂等。其中弯曲疲劳断裂约占总失效的 80%。为了保证工作可靠，要求曲轴具有足够的刚度和强度、良好的承受冲击载荷的能力以及耐磨损、润滑条件良好。为了提高疲劳强度，曲轴还要经过特殊工艺处理，如淬火、滚压强化等。

1.1.4　曲轴毛坯材料

1. 对曲轴材料的要求

（1）优良的综合机械性能，高的强度和韧性。

（2）高的抗疲劳能力，防止疲劳断裂，提高寿命。

（3）良好的耐磨性。

2. 曲轴材料的种类及选择

对整体曲轴来说，目前国内常见曲轴毛坯材料主要有球墨铸铁和碳素结构钢两大类。碳素结构钢主要有调质钢和非调质钢。

（1）汽油机曲轴由于功率较小，曲轴毛坯一般采用球墨铸铁铸造而成。常用材料有 QT600-2、QT700-2、QT800-2、QT900-6 等温淬火球铁（ADI 球铁）。

（2）柴油机功率较大，曲轴毛坯一般采用调质钢或非调质钢。调质钢常用材料有 45、40Cr 或 42CrMo；非调质钢常用材料有 48MnV、C38N2、38MnS6。在中重型发动机上常用的曲轴材料为非调质钢。

（3）4H 曲轴材料为非调质钢 48MnV，DCi11 曲轴材料为非调质钢 C38N2。

球墨铸铁曲轴的冷加工性比钢好，且成本只有钢曲轴的 1/3，采用球铁曲轴圆角滚压强化替代锻钢曲轴可以降低曲轴制造成本。

近年来，随着汽车排放要求的升级和超载的限制，以及降低制造成本的需要，对车用柴油机而言，一方面非增压柴油机逐步减少，增压、增压中冷柴油机逐步增多，且多数在原机型上改进提高功率，但曲轴结构并无大的改进；另一方面又要求降低制造成本。

为适应这种要求，有些企业在曲轴材料选用和强化技术措施运用上与毛坯厂做了一些探索，试图制造出高可靠性和低成本的曲轴以适应整机与市场的要求，在材料的选用上力求以高强度高韧性的球墨铸铁或控温冷却的非调质钢代替调质钢，但是难度较大。东风发动机公司目前在中重型发动机上常用的曲轴材料为非调质钢，现有曲轴种类及材料见表1.1。

表 1.1　东风发动机厂现有曲轴种类及材料

曲轴种类	6100	6102	6105	6B	6C	DCi11	491
材料	QT700-2	QT700-2	48MnV	48MnV	48MnV	C38N2	QT7002
硬度	≤HB285	≤HB285	HB207～269	HB207～269	HB207～269	HB230～285	HB241～285

1.1.5　曲轴工艺设计

1. 工艺设计原则

(1) 基准先行。

(2) 先面后孔。

(3) 先主后次。

(4) 先粗后精，粗精分开。

(5) 注意基准转换。

(6) 合理安排热处理工序和表面强化工艺。

(7) 曲轴属细长杆件零件，在加工中应尽量减少加工变形。

4H曲轴加工工艺路线编制遵循先粗后精、先基准后其他、先面后孔、先主要表面后次要表面、先加工主轴颈再加工连杆颈的原则（图1.3）。

图 1.3　4H曲轴加工工艺路线编制原则

2. 工艺水平的选择

工艺水平是指完成零件制造所采用的工艺方法、设备、工艺装备以及生产组织形式的总称；工艺水平恰当可获得最佳的技术经济效果。确定工艺水平应遵循以下原则：

(1) 与生产纲领相适应。

(2) 最佳经济效果。

(3) 采用与生产纲领相适应的新工艺、新技术。

3. 工艺策划的进行（生产准备项目）

工艺策划主要输入：①毛坯图纸（加工余量、毛坯缺陷）；②产品图纸（加工内容、加工方法、产品设计基准等产品要求）；③生产纲领（生产节拍时间、生产方式）；④质量目标（自工程不良、后工程不良）。

工艺方案的评价原则包括质量（quality）、成本（cost）、交付期（day）。

4．控制曲轴失效风险的措施（采取工艺手段减少曲轴失效）

（1）曲轴轴颈早期减少磨损采取的工艺手段为轴颈淬火＋回火＋校直＋探伤。

评价指标为淬硬表面硬度、淬硬层深、淬硬层内部的金相组织等（表 1.2）。

表 1.2　硬化层深度与疲劳强度要求

零件	部位	产品要求/mm	疲劳强度要求/MPa	实际疲劳强度/MPa
DCi11 曲轴	圆角	≥1.2（B 区） ≥1.6（A 区）	≥750	约 867
4H 曲轴	圆角	≥2.0	≥680	约 720

（2）曲轴疲劳断裂采取的工艺手段为铸件，车沉割槽＋圆角滚压；锻件，圆角淬火；喷丸，提高曲轴整体疲劳强度，还有美化外观的作用。

评价指标为圆角的大小、圆角的成型性、圆角表面的粗糙度。

（3）曲轴震动、异响、噪声（控制曲轴动不平衡量）的控制采取的工艺手段为动平衡工艺（几何中心与质量中心孔）。

5．总体工艺路线拟定

对整体曲轴来说，毛坯主要是锻钢和球铁，常采用的工艺路线如下。

锻钢曲轴的常规工艺路线：下料→锻造→正火→粗加工→表面淬火及回火→精加工。

球铁曲轴的常规工艺路线：铸造→正火→回火→粗加工→表面淬火及回火→精加工。

6．粗加工工艺制定

曲轴粗加工可以考虑采用的加工方法主要有车削、内铣、车拉、车车拉。

目前这 4 种曲轴粗加工方法并存，至于采用何种工艺，受到产品、产量、节拍、工艺和投资等因素的影响。

车削通用性最强。

内铣适用于加工连杆颈和曲柄臂侧面，特别在毛坯余量较大时更显示它的优点。

车拉对毛坯要求很高，对产品改变的适应性很差，适用于大批量、单一产品的生产。

车车拉是车和车拉工艺的组合，精度达到车拉的水平，效率在内铣之下，柔性比车拉和内铣高。

4H 曲轴粗加工采用车削和内铣相结合的方法进行。

7．磨削工艺制定

磨削顺序的选择是考虑先磨主轴颈还是先磨连杆轴颈，这没有绝对定论。

（1）先磨主轴颈后磨连杆颈存在的问题：因为连杆颈磨削造成的应力释放，使主轴颈跳动超差，不好控制。

（2）先磨连杆轴颈后磨主轴颈存在的问题：基准的转换造成曲柄半径的超差，不好控制；增加设备。

随着轴颈粗加工和淬火技术的发展、提高，磨削余量大为减小。这一方面，磨削变形和磨削应力小；另一方面，轴颈精磨一次成型，取消半精磨，工艺简化。

磨削裂纹烧伤（特别是宽止推面磨削）、主轴跳动、连杆轴颈对主轴颈位置精度（外圆跳动、曲柄半径平行度等）更是磨削工艺设计考虑的重点。

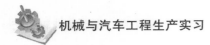

从制造工艺上讲，只要连杆轴颈磨削力对曲轴变形的影响控制在主轴跳动承受范围内，先磨主轴颈后磨连杆轴颈，是工艺简洁、投资少的优化工艺；对制造流程来说，纯粹用于加工工艺定位用的工序是非增值行为，应该减少或杜绝。

8. 曲轴定位基准选择

基准是用来确定生产对象上几何要素间的几何关系所依据的那些点、线、面。基准根据功用不同可分为设计基准和工艺基准两大类。

设计基准是指设计图样上采用的基准。

工艺基准是在机械加工工艺过程中用来确定本工序的加工表面加工后尺寸、形状、位置的基准；工艺基准按不同的用途可分为工序基准、定位基准、测量基准、装配基准。

定位误差指基准不重合误差、基准位移误差。

在 4H 曲轴产品要求中，主要有径向基准、轴向基准、角向基准 3 个方向的基准。

直列式发动机曲轴加工基准选择的基本原则一般是根据设计基准选择加工基准。

径向基准：直列式发动机曲轴加工时选择两端中心孔或者主轴颈（第 1、5 主轴颈中心连线；两中心孔的连线）作为径向基准。

轴向基准：限制轴向移动自由度和防止轴向力作用而发生轴向窜动，轴向基准选择止推面，选取第 4 主轴颈的轴肩（止推面）和法兰轴颈端面作为轴向基准。

角向定位基准：曲轴的角向定位基准有多个，如第 1 主轴颈平衡块上的角向工艺凸台，第 1 连杆轴颈，法兰盘上的工艺孔。

（1）粗基准的选择。轴的毛坯一般呈弯曲状态，为了保证两端中心孔都能钻在两端面的几何中心上，曲轴径向方向的粗基准选择靠近两端的轴颈外圆；轴向方向定位基准选择第 3 主轴颈两边的轴肩。因为第 3 主轴颈两边的曲柄处于曲轴的中间部位，用作粗基准可以减小其他曲柄的位置误差。选择第 1 主轴颈平衡块上的角向工艺凸台作为角向粗基准（图 1.4）。

（2）精基准的选择。曲轴表面复杂，有多个精基准，在整个加工过程中曲轴的精基准有两个：一个最重要的精基准是曲轴两端的中心孔，另外一个是曲轴第 1、5 主轴颈。曲轴轴向精基准有多个，如中心孔、法兰轴颈端面、第 4 主轴颈的轴肩（止推面），角向定位精基准大部分采用法兰盘上的工艺孔（图 1.5），用工艺孔限制旋转自由度来磨削主轴颈和连杆颈。此外第 1 连杆轴颈也偶尔作为角向定位基准使用。

扫一扫

工艺凸台作为角向定位的粗基准

工艺孔作为角向定位精基准

扫一扫

图 1.4　工艺凸台作为角向定位粗基准　　图 1.5　工艺孔作为角向定位精基准

■ 1.1.6 东风公司发动机厂现有曲轴产品技术参数（参考）

东风公司发动机厂现有曲轴产品主要技术参数见表 1.3。

表 1.3 东风公司发动机厂现有曲轴产品主要技术参数

部位	项目	6100	6102	6105	6B	6C	DCi11	491
主轴颈	尺寸	$\phi75_{-0.019}^{0}$	$\phi80_{-0.019}^{0}$	$\phi8_{-0.019}^{0}$	$\phi83_{-0.013}^{+0.013}$	$\phi98_{-0.013}^{+0.013}$	$\phi102_{-0.034}^{-0.012}$	$\phi56.98_{-0.01}^{+0.01}$
	表面粗糙度	$Ra0.32$	$Ra0.32$	$Ra0.32$	$Ra0.4$	$Ra0.4$	$Ra0.25$	$Ra0.3$
	圆度	0.005	0.005	0.005	0.006 4	0.006 4	0.007	0.005
	圆柱度	0.005	0.005	0.008	0.013	0.013	0.008	0.008
	中间轴颈对两端轴颈跳动	0.05	0.05	0.12	0.152	0.152	0.14	0.05
	对相邻轴颈跳动	—	—	—	0.051	0.051	0.05	—
连杆轴颈	尺寸	$\phi62_{-0.019}^{0}$	$\phi64_{-0.019}^{0}$	$\phi69_{-0.019}^{0}$	$\phi69_{-0.013}^{+0.013}$	$\phi76_{-0.013}^{+0.013}$	$\phi102_{-0.034}^{-0.012}$	$\phi51.99_{-0.01}^{+0.01}$
	表面粗糙度	$Ra0.32$	$Ra0.32$	$Ra0.32$	$Ra0.4$	$Ra0.4$	$Ra0.25$	$Ra0.3$
	圆度	0.005	0.005	0.005	0.006 4	0.006 4	0.007	0.005
	圆柱度	0.005	0.005	0.006	0.013	0.013	0.008	0.008
	对主轴颈平行度	0.015	0.015	0.015	0.03	0.03	0.015	0.015
	相位角	120°±30″	120°±11″	120°±11″	120°±20″	120°±20″	120°±20″	120°±20″
	曲柄半径	R57.5±0.1	R57.5±0.08	R60±0.1	R60±0.076	R67.5±0.08	R78±0.04	R38.475±0.05
止推轴颈	对主轴颈跳动	0.05	0.05	0.05	0.05	0.05		0.025
	垂直度	—	—	—	0.017	0.023	0.03	—
	宽度	$\phi44_{0}^{+0.08}$	$\phi44_{0}^{+0.08}$	$\phi44_{0}^{+0.08}$	$\phi37.5_{-0.025}^{+0.076}$	$\phi43_{-0.025}^{+0.076}$	$\phi42.4_{0}^{+0.039}$	$\phi32.025_{-0.025}^{+0.025}$
	表面粗糙度	$Ra0.5$	$Ra0.5$	$Ra0.5$	$Ra0.4$	$Ra0.4$	$Ra0.32$	$Ra0.6$

1.2 4H 曲轴加工工艺

曲轴加工工艺复杂，车削、铣削、磨削、钻、铰、攻丝等加工方法现场都在使用。精度高，4H 曲轴主轴颈和连杆轴颈公差等级为 6 级精度，粗糙度为 $Ra0.16$。因此主轴颈需要粗车→精车→热处理→半精磨→精磨→砂带抛光等工艺；连杆轴颈工艺安排：内铣所有连杆轴颈→热处理→精磨→砂带磨削等工艺。下面从轴颈粗加工开始到抛光光整加工为止介绍 4H 曲轴加工工艺。

4H 曲轴加工工艺介绍如下。

1. 工序 05J→毛坯锻造、铣两端面打中心孔

工序 05J 工序图如图 1.6 所示。EQ4H 曲轴材料为 48MnV，为模具锻件，曲轴毛坯自重 50 kg，曲轴前面是一个圆柱形小凸台，后端是一个沉孔。EQ4H 曲轴在加工过程中绝大多数工序是以中心孔作为定位基准进行定位的。所以曲轴毛坯在铸造厂进行锻造完成后，根据

基准先行的原则先在锻造厂铣两端面并加工出中心孔。常见的曲轴中心孔的加工方法有两种：打几何中心孔和打质量中心孔。其中以轴颈的外圆表面定位加工出的中心孔称为几何中心孔；以曲轴毛坯的旋转质量轴线加工的中心孔称为质量中心孔。

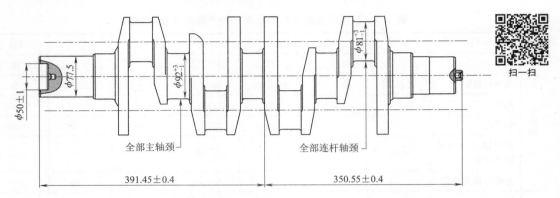

图 1.6　工序 05J 工序图

（1）几何中心孔对曲轴初始不平衡量的影响。打几何中心孔是用两端外圆的毛坯面定位，表面形状误差较大，打出的几何中心离散性也较大，又受到曲轴毛坯制造精度及曲轴复杂的外形影响，以两端外圆定心加工的几何中心孔与曲轴此时的质量回转中心相差太大，造成曲轴初始不平衡量分布不均匀，分布范围大，对最终动平衡产生极大影响，不但影响本工序的工序时间，不能满足生产节拍，而且去重过度，直接影响曲轴的整体质量。如果去重超过规定的去重区，还会导致曲轴报废。去重过度，会影响发动机工作时的平衡稳定性，产生振动。

（2）质量中心孔对曲轴初始不平衡量的影响。打质量中心孔前需进行质量定心。质量定心是一个平衡过程，其原理是通过寻找出曲轴的质量中心线后，在曲轴两端加工出中心孔，使其两端加工出中心孔的共同轴线与曲轴此时的质量中心线重合。打质量中心孔的曲轴，其加工余量分布趋于均匀。同时可以通过统计下工序加工余量均匀情况来对质量定心机进行相应的调整。

曲轴的中心孔是曲轴加工过程的径向定位基准，同时也是曲轴的回转中心基准，要使曲轴的中心孔保证在曲轴回转中心上，以保证在最终动平衡时半成品的初始不平衡量最小，经过最终动平衡后，控制曲轴不平衡量合格。如果采用几何中心孔定位加工曲轴，对毛坯弯曲大的曲轴动平衡影响较大。4H 曲轴采用质量中心孔定位加工曲轴的主要优点是：减少曲轴动平衡时的去重量，提高动平衡的合格率，降低去重工序的加工节拍，改善曲轴内部质量补偿，但质量中心孔的设备价格昂贵。打质量中心孔也需要注意一些问题：从理论上讲，打质量中心孔能有效减少曲轴初始不平衡量，如毛坯精度不是太高，初始不平衡量较大，使质量中心与几何中心偏离较大，从而使机械加工余量分布不均匀，导致粗加工后的不平衡量太大，甚至会出现加工黑皮。

2. 工序 15→粗车 1、4、5 主轴颈，粗精车小头端

工序 15 工序图如图 1.7 所示。小头端包括皮带轮轴颈、前油封轴颈和前端齿轮轴颈。

定位基准：粗车 1、4、5 主轴颈以毛坯出厂时已加工好的两端中心孔和大头端面为定位

基准。其中后端头中心孔采用浮动顶尖，限制 2 个自由度，小头端中心孔也是浮动顶尖，即定位又夹紧，限制 2 个自由度，曲轴后端头端面限制 1 个自由度，限制曲轴轴向移动。

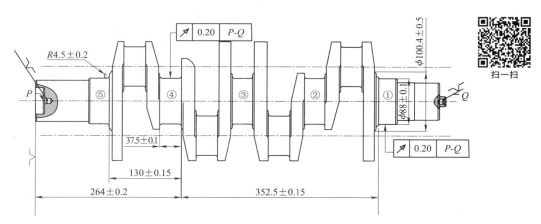

图 1.7　工序 15 工序图

夹紧方式：顶尖夹紧和卡盘对曲轴后端头外圆面夹紧。

粗车第 1、4、5 主轴颈及两端轴颈采用数控单刀车削方式（图 1.8），即采用高速数控车，实现单刀轴向进给。单刀车削方式相比多刀同时车削工艺，工件变形小，尺寸精度高，加工质量好。但是其缺点是加工效率较低，加工一件的生产节拍为 9 min 左右，因此为了满足节拍需要，该工序需要两台相同设备进行加工。为了更好地控制尺寸和避免数控车因曲轴毛坯轴向不稳打刀，数控车采用了 RENISHAW 测头，测量后根据零件尺寸进行自动偏置。为了避免换刀后首件进行人工对刀，数控车采用 RENISHAW 自动对刀装置，换刀后进行自动对刀，避免人工对刀，节约了时间。该工序刀具采用可转位涂层硬质合金刀具，刀片采用上压式夹紧结构（图 1.9）。

图 1.8　CNC 单刀数控车

图 1.9　上压式可转位涂层硬质合金刀具

3. 工序 20→精车 1、4、5 主轴颈及粗精车后端头

工序 20 工序图如图 1.10 所示。后端头包括后端齿轮轴颈（安装正时齿轮）与法兰轴颈。

9

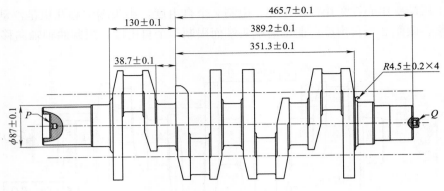

图 1.10　工序 20 工序图

定位基准：精车 1、4、5 主轴颈以两端中心孔和大头端面为定位基准。工序内容如下。

工步 1：粗车后端头。

工步 2：在第 4 主轴颈上精车开槽。

工步 3：精车第 1、4 主轴颈后端的外圆、圆角和端面。

工步 4：精车第 4、5 主轴颈前端的外圆、圆角和端面。

工步 5：精车后端头及车第 1、4、5、8 平衡块外圆。

4. 工序 25→打流水号

精车结束后，要用打标机在曲轴上打标记。

5. 工序 30→内铣所有连杆轴颈及 2、3 主轴颈

使用日本进口的小松曲轴内铣床，内铣所有连杆轴颈及 2、3 主轴颈，内铣时使用 2 个内铣刀盘，1 个铣主轴颈，1 个铣连杆轴颈。该工序内容如下。

工步 1：内铣所有连杆轴颈（图 1.11），铣削时曲轴不动，刀盘走一个椭圆轨迹。

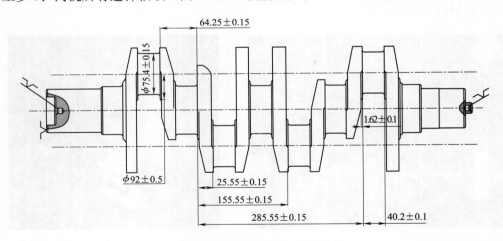

图 1.11　工序 30 工步 1 工序图

工步 2：内铣 2、3 主轴颈（图 1.12）。

传统曲轴轴颈的粗加工早期大都采用多刀车削工艺，如发动机厂早期 EQ6100、EQ6102

曲轴轴颈加工都采用多刀车削。由于多刀车削加工工艺存在诸如高速切削冲击大、工件易变形、柔性差等缺点，越来越满足不了目前的轴颈粗加工质量要求和品种切换的需要，目前已逐步被后来开发出的数控外铣和数控内铣所淘汰。

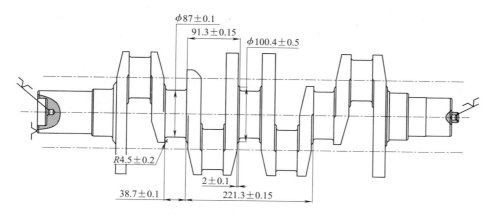

图 1.12　工序 30 工步 2 工序图

多刀车削加工工艺缺点如下：

（1）由于曲轴毛坯的加工余量比较大，在车削曲柄端面和外圆时是一种断续切削，高速切削时冲击力特别大，且曲轴的刚性差，易引起振动。

（2）曲轴车削时，常采用大宽度的成型车刀多刀切入的方法，这种方法解决了生产率低的问题，但在切削时使工件承受很大的切削力，容易产生变形而影响加工精度。

（3）在车削 6100 发动机曲轴时，常采用中间传动的方式，使得工件装卸不方便，加工各挡轴颈刀架及刀具位置需要分别调整，更换品种时，重新调整工作量大。因此目前多刀车削工艺已逐渐被 CNC（数控技术）内铣所淘汰。

曲轴铣削作为国际上曲轴批量加工的主流技术已经得到了广泛的应用，在切削速度、加工连续性、加工精度、简化工装等方面，曲轴铣削有着传统的曲轴车削技术无法比拟的优势。其优缺点如下：

（1）设备刚性好，铣削速度高，能很好地适应断续切削，生产效率高。

（2）切削速度较低（通常不大于 160 m/min），不易对刀，工序循环时间较长，不能加工轴向沉割槽，加工后轴颈表面有明显棱边。

（3）产生的铁屑较细小，断屑效果好。

（4）有一定的柔性，可加工多品种曲轴，刀具调整较方便、迅速。

（5）铣削平稳，无振动，刀具寿命长，工件变形小，曲轴加工变形小，不需冷校直，加工精度高，不需粗磨，机床调整时间少，生产质量稳定。

（6）刀具费用较高，需要配套设备，投资大。

加工时，曲轴处在内铣刀盘中固定不动，高速旋转的内铣刀盘在 CNC 的控制下实现切入和圆周进给，内铣刀盘自转同时又作径向进给，直至切深到达工艺尺寸时，刀盘中心绕工件再旋转一周，就铣定一个轴颈。铣削时内铣刀盘在自转同时，内铣刀盘中心同时围绕曲轴连杆颈（或主轴颈）中心进行公转（图 1.13）。

扫一扫

图 1.13 日本小松内铣机床及内铣刀

曲轴静止式内铣所配刀盘数由产量需要决定，最多也只能是两个。只有一个刀盘的是顺次铣削每个轴颈，具有两个刀盘的可以每次铣同向的两个连杆轴颈或一个连杆轴颈一个主轴颈。一般是先加工主轴颈，以便给中心架支承。

内铣的加工原理：日本小松曲轴内铣床（图 1.13），采用独创的摇臂式铣头，铣头的一端由大口径轴承支撑（带有导向滑块），另一端采用了由丝杠螺母驱动的摇臂方式，机床原理示意图如图 1.14 所示。加工时曲轴固定不动；动力头经一垂直方向螺母带动，绕一回转中心作上下往复摆动，又由一水平方向螺母带动，作水平前后往复移动，用 CNC 控制两种运动的复合，使刀盘中心围绕曲轴连杆颈（或主轴颈）中心公转，完成切削（图 1.14）。

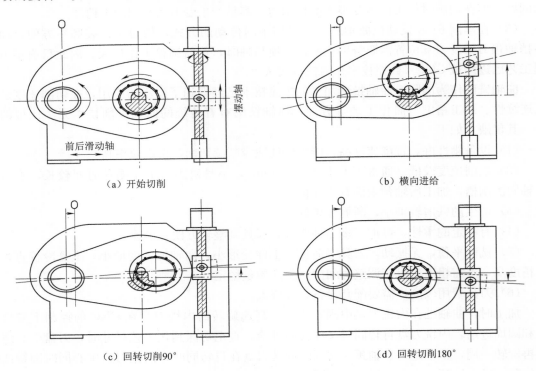

（a）开始切削 （b）横向进给

（c）回转切削90° （d）回转切削180°

图 1.14 内铣原理示意图

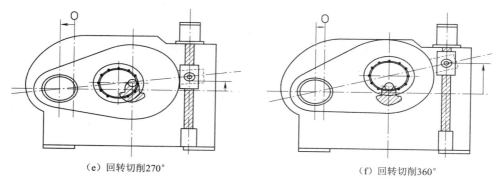

（e）回转切削270°　　　　　　　　（f）回转切削360°

图　1.14（续）

6. 工序 40→钻全部油孔及孔口倒角

工序 40 工序图如图 1.15 所示。

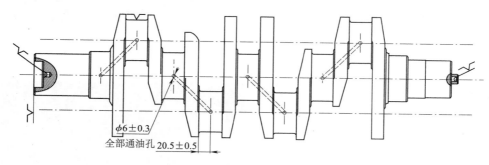

$\phi 6 \pm 0.3$
全部通油孔 20.5 ± 0.5

图 1.15　工序 40 工序图

4H 曲轴每个主轴颈上都钻一个通孔，每个连杆轴颈上钻斜油孔，斜油孔与主轴颈上直油孔相同。4H 曲轴油孔加工工艺如下。

工步 1：钻引导孔。

工步 2：钻直油孔。

工步 3：孔口倒角。

工步 4：铣平面。

工步 5：钻引导孔。

工步 6：钻斜油孔。

定位方式采用两个顶尖孔定位，同时以第 4 连杆轴颈作角向定位基准。

曲轴上的深油孔是典型的斜长孔，加工难度大。传统的加工方法是采用高速钢深孔麻花钻加工，加工精度低、效率低，钻头容易断。

4H 曲轴油孔钻机床采用微润滑技术（minimum quantity lubricant，MQL）＋内冷钻头的新技术。MQL 是将压缩气体与极微量润滑液混合汽化后，喷射到加工区，对刀具和工件之间的加工部位进行有效的润滑。MQL 可以大大减少"刀具—工件"和"刀具—切屑"之间的摩擦，起到抑制温升、降低刀具磨损、防止粘连和提高工件加工质量的作用。MQL 所使用的润滑液用量非常少，一般为 0.03～0.2 L/h，但由于 MQL 技术系统极限压力只能到

10 MPa 左右，所以加工的孔深度受到限制。

内冷钻是一种机械加工工具，从柄部到切削刃有 1～2 个通孔，使压缩空气、油或切削液穿过，起到冷却刀具和工件，并冲走切屑的作用，特别适合用于深孔加工（图 1.16～图 1.18）。一般偏心枪钻钻头，采用内冷高压油冷却，内冷压力为 60 kg，每转进给量为 0.02～0.03 mm。

扫一扫

4H 曲轴油孔钻机床采用了 MQL 微润滑技术+内冷钻头技术

图 1.16　MQL 技术内冷麻花钻床

偏心枪钻钻头，采用内冷高压油冷却，内冷压力为 60 kg，每转 0.02～0.03 mm

图 1.17　内冷枪钻

油孔加工最早采用摇臂钻加工，内壁质量较差，刀具寿命较低，设备柔性太差，无法满足大批量加工需求，随着发动机排放要求的提高，对油孔内壁粗糙度要求越来越高，目前已逐渐被枪钻和 MQL 技术麻花钻代替。

图 1.18　内冷枪钻钻头实物

枪钻机床是一种深孔加工机床，在机床结构上与传统的钻镗类组合机床有很大的区别，具有自己的特点：如刀具切削时独特的受力形式、排屑方法，对机床和切削液的特殊要求，等等。

枪钻在压力相同的情况下能加工比麻花钻更深的孔，枪钻机床用来加工深孔的长度一般可以做到枪钻直径的 100 倍，采取措施后可以达到直径的 200 倍以上。另外，枪钻加工可以达到的精度很高，视不同的被加工材料和选用不同的切削用量可以一次加工出精度很高的孔，孔径精度可以达到 IT7 以上，粗糙度可以达到 $Ra6.3～0.4$，直线度最高可以达到 0.1/1 000。由于枪钻的这些特点，因此现代枪钻机床不但用来加工深孔，也经常用来加工有精度要求的精密浅孔，一次可加工出精度很高的浅孔。因此现代枪钻机床有的可以取代传统的钻、扩、铰加工工艺，可以解决钻、扩、铰工艺不能解决的难题。

要使枪钻这种加工工艺得以实现，有 3 个必要条件：①要有合格的枪钻刀具；②要有符合枪钻特殊要求的机床；③要有符合枪钻加工特殊要求的切削液。这 3 个条件缺一不可。此外由于枪钻加工效率低，刀具寿命低，内冷油消耗大，目前油孔加工越来越多地采用 MQL 技术麻花钻机床。虽然该机床加工的油孔内壁粗糙度比枪钻高，油孔相交处存在较大翻边毛刺，难以去除，需在后工序增加去毛刺工艺来解决，但效率为枪钻的 3 倍，刀具寿命高，设备柔性好。

7. 工序 60→去毛刺

工步 1：用带状砂轮机将平衡块边缘处毛刺打磨干净。

工步 2：用电化学去毛刺专用机将直油孔及斜油孔内毛刺全部除掉。

8. 工序 70→中间清洗

清洗的目的是去除油孔里的毛刺。

9. 工序 80→轴颈及圆角淬火

4H 曲轴强化工艺为轴颈及圆角淬火—回火。本工序内容：对全部主轴颈、全部连杆轴颈和圆角淬火，要求淬火表面 HRC 布氏硬度≥55，保证淬硬层深度，淬火表面无烧伤和过热现象，淬火表面无裂纹。淬火的目的是获得马氏体组织，提高零件的硬度和耐磨性。

曲轴在使用中疲劳强度不足，存在从轴颈圆角或曲柄臂处断裂和轴颈耐磨性差两大问题，在主轴颈、连杆轴颈与曲拐相连的过渡圆角处会产生很大的弯曲应力，在主轴颈、连杆轴颈与曲拐相连的过渡圆角处产生比名义应力高出数倍的集中应力峰值。而过渡圆角处的最大弯曲应力占 80%，扭转应力仅占 20%，它是曲轴疲劳破坏、断裂的主要原因之一，断裂一般发生在连杆轴颈过渡圆角与主轴颈过渡圆角的对角线上。因此，为了提高疲劳强度和耐磨性，提高曲轴的寿命，需要对其进行表面强化处理。曲轴表面强化工艺有喷丸强化、中高频淬火强化、离子氮化、渗碳处理和圆角滚压强化。

4H 曲轴强化工艺为轴颈及圆角中频淬火。

曲轴中频淬火的特点如下：

（1）对曲轴材料有广泛的适应性，可用于球铁、钢件。

（2）硬化层较深。可以获得连续均匀、深度为 3～4 mm 的硬化层，表面硬度可达到 HRC 50～55 布氏硬度。

（3）强度提高较大。使用中频淬火，圆角残余压应力可达 370 MPa，疲劳强度比正火状态提高 1 倍以上。曲轴轴颈淬火后为了降低残余应力和脆性，一般还要回火（图 1.19）。

中频感应淬火设备（图 1.20）主要由中频电源、淬火控制设备（包括感应器）和淬火机床三部分组成。感应淬火方法是现代机器制造工业中的一种主要的表面淬火方法，具有质量好、速度快、氧化少、成本低、劳动条件好和易于实现机械化、自动化等一系列优点。

扫一扫

扫一扫

图 1.19　回火炉及热校直　　　　　　图 1.20　淬火机

一般曲轴表面淬火强化工艺安排在车、铣粗加工、半精加工后，磨削精加工之前进行。中频淬火时用 U 形感应器对主轴颈和连杆轴颈进行表面加热，进行表面淬火。淬火的目的是获得马氏体组织，提高零件的硬度和耐磨性。

中频淬火原理：中频淬火，就是将曲轴轴颈放在一个感应线圈内，感应线圈通交流电，产生交变电磁场，在轴颈上感应出交变电流，由于趋肤效应，电流主要集中在轴颈表面与圆角处，所以表面的温度最高，在感应线圈下面紧跟着喷水冷却，得到工艺上要求的马氏体组织，由于加热及冷却主要集中在轴颈和圆角表面，所以表面改性很明显，而内部改性基本没有，可以有很特殊的热处理效果。趋肤效应是指当导体中有交流电或者交变电磁场时，导体内部的电流分布不均匀，电流集中在导体的"皮肤"部分，也就是说电流集中在导体外表的薄层，越靠近导体表面，电流密度越大，导线内部实际上电流越小，结果使导体的电阻增加，损耗功率也增加。这一现象称为趋肤效应（skin effect）。

热处理的作用就是提高材料的机械性能，消除残余应力和改善金属的切削加工性能。按照热处理不同的目的，热处理工艺可分为两大类：预备热处理和最终热处理。

（1）预备热处理。预备热处理的目的是改善加工性能，消除内应力和为最终热处理准备良好的金相组织。其热处理工艺有退火、正火、时效处理、调质等。

1）退火和正火。退火和正火用于经过热加工的毛坯。含碳量大于 0.5% 的碳钢和合金钢，为降低其硬度易于切削，常采用退火处理；含碳量低于 0.5% 的碳钢和合金钢，为避免其硬度过低切削时粘刀，而采用正火处理。退火和正火还能细化晶粒、均匀组织，为以后的热处理做准备。退火和正火常安排在毛坯制造之后，粗加工之前进行。

2）时效处理。时效处理主要用于消除毛坯制造和机械加工中产生的内应力。为避免过多的搬运工作量，对于一般精度的零件，在精加工前安排一次时效处理即可。但是精度要求较高的零件（如坐标镗床的箱体等），应安排两次或数次时效处理工序。简单零件一般不进行时效处理。

除铸件外，对于一些刚性较差的精密零件（如精密丝杠），为消除加工中产生的内应力，稳定零件的加工精度，常在粗加工、半精加工之间安排多次时效处理，有些轴类零件加工，在校直工序后也要安排时效处理。

3）调质。调质即是在淬火后进行高温回火处理，它能获得均匀细致的回火索氏体组织，为以后的表面淬火和渗氮处理时减少变形做准备，因此调质也可以作为预备热处理。由于调质后零件的综合力学性能较好，对某些硬度和耐磨性要求不高的零件，也可以作为最终热处理工序。

（2）最终热处理。最终热处理的目的是提高硬度、耐磨性和强度等力学性能。

1）淬火。淬火有表面淬火和整体淬火。其中表面淬火因为变形、氧化及脱碳较小而应用广泛。而且表面淬火还具有外部强度高、耐磨性好，而内部保持良好的韧性、抗冲击力强的优点。为提高表面淬火零件的机械性能，常需进行调质或正火等热处理作为预备热处理，其中一般工艺路线为下料→锻造→正火（退火）→粗加工→调质→半精加工→表面淬火→精加工（磨削）。

2）渗碳淬火。渗碳淬火适用于低碳钢和低合金钢，先提高零件表层的含碳量，经过淬火后使表层获得较高的硬度，而中芯部保持一定的强度和较高的韧性与塑性。渗碳分为整体渗碳和局部渗碳，局部渗碳时对不渗碳部分要采取防渗碳措施（镀铜或镀防渗材料），由于渗碳淬火变形大，且渗碳深度一般为 0.5~2 mm，所以渗碳工序一般安排在半精加工和精加工之间。其工艺路线一般为下料→锻造→正火→粗、半精加工→渗碳淬火→精加工。

3）渗氮处理。渗氮是使氮原子渗入金属表面获得一层含氮化合物的处理方法。渗氮层可以提高零件表面的硬度、耐磨性、疲劳强度和抗蚀性。由于渗氮处理温度较低、变形小，且渗氮层较薄（一般不超过 0.7 mm），渗氮工序应尽量靠后安排，为减少渗碳时的变形，在切削后一般需要进行消除应力的高温回火。

曲轴材料和强化方法及工艺水平的选择如下。

（1）材料的选择。对可靠性，应根据发动机的使用工况和曲轴结构以及强化方法，在球墨铸铁、非调质钢、调质钢三者中谨慎灵活选择；对制造成本，首选球墨铸铁，其次为非调质钢，最后为调质钢。

（2）强化方法的选择。对球墨铸铁曲轴，首选轴颈淬火＋圆角滚压强化，其次是等离子氮化强化；对锻钢曲轴，首选圆角和轴颈感应淬火强化，其次是轴颈淬火＋圆角滚压强化，最后是等离子氮化强化。

例如，EQD6102 曲轴其强化工艺为连杆轴颈中频淬火（发电机组淬火机）→主轴颈中频淬火→连杆轴颈滚压→主轴颈滚压→轴颈变形检测→滚压校直，具体采用的设备及定位方式如图 1.21 所示。

图 1.21　主轴颈及连杆轴颈圆角滚压机床

10. 工序 90→轴颈及圆角回火并热校直

工序 90 内容：对全部轴颈及圆角回火并热校直淬火后，为了消除曲轴内应力需要对曲轴进行回火热处理（图 1.19），回火的目的是降低残余应力和脆性，而又不致降低硬度。4H 曲轴在回火时增加热校直工艺。

热校直是指将零件跳动高点向上摆放，不施加外力，只在重力的作用下慢性回火，以达到跳动减小的一种工艺方法，不属于常规校直。

圆角淬火的曲轴不采用冷校直，因为冷校直后经过一段时间曲轴会产生少量的恢复现象，发动机工作时由于热和振动的影响恢复较大，对轴瓦的工作不利；而且主轴颈和连杆轴颈经过圆角强化处理再进行冷校直，易产生断裂性内伤，对曲轴疲劳强度有害，甚至会导致早期断裂。

4H 曲轴采用在回火时进行热校直（图 1.19）。回火热校直精度：曲轴中间轴颈跳动控制在 0.5 mm 以内。

11. 工序 110→修整中心孔

工序 110 如图 1.22 所示。定位方式：采用 1、5 主轴颈定位及第 1 主轴颈端面作轴向定位基准。

使用设备：加工中心。该加工中心有双工位的旋转工作台，还有自动换刀的机械手。此外该加工中心还自带三坐标检测仪，当工件定位后，检测曲轴定位面的位置。具体方法是：加工前由机床主轴上的传感器测头先测量曲轴 1、5 主轴颈轴颈上最高处的两个点的位置，再测量曲轴大端及小端的端面的两个点位置，最终计算出曲轴中心孔的位置，然后根据这个位置确定刀具路径,对中心孔进行修整。这种方法可以大大减少中心孔加工时的定位误差。

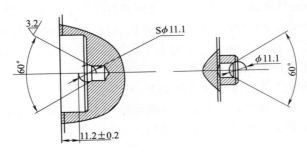

扫一扫

图1.22 工序110工序图

本工序内容如下。

工步1:铣中心孔。

工步2:锪60°中心孔。

热处理后,进入精加工工序。精加工主要以磨削为主。随着发动机朝着柴油化、大功率的方向发展,作为发动机的心脏,曲轴的品种越来越大型化、重型化,而且精度要求也越来越高。

4H曲轴磨削时主要定位基准是两端中心孔。曲轴的中心孔是曲轴加工过程的径向定位基准,同时是曲轴的回转中心基准。曲轴两端中心孔的任何几何形状误差在加工过程中都会反映到轴颈表面上去。例如,前面粗加工工序中造成的中心孔损伤变形、中心孔表面粗糙度和形状误差、中心孔在热处理的过程中产生的不规则热变形等都会造成磨削轴颈时产生的轴颈表面尺寸误差和形状误差,这些因素都要求在磨削精加工前对中心孔进行修整,因此曲轴采用中心孔修正工艺,能稳定和提高磨削质量,提高中心孔定位精度,优化曲轴工艺。此外,修整后的中心孔锥面与顶尖锥面充分接触还能够增加接触刚度,减少曲轴加工过程中的受力变形。修整中心孔的要求:两端中心孔锥面与标准量规接触面积不少于75%。本工序采用几何定心法,以1、5主轴颈定位打几何中心孔(图1.23)。

扫一扫

采用几何定心法,以1,5主轴颈定位打几何中心孔

图1.23 中心孔加工中心

12. 工序120→半精磨1、5主轴颈

后面有部分精加工工序要用1、5主轴颈定位,因此要先半精磨1、5主轴颈。

定位基准选取:本工序采用曲轴两端中心孔定位,磨削1、5主轴颈。通过主轴卡盘上的拨销和夹持在曲轴小端轴颈上的鸡心夹头,传递主轴动力,带动曲轴旋转。磨削时砂轮旋转,同时砂轮头架作径向、轴向进给运动,工件旋转,但无轴向运动。工序120工序图如图1.24所示。

磨削时由于磨削力大,而曲轴又是典型的细长轴零件,在受到外力时会弯曲,出现"让刀"现象,在车削、磨削时会造成尺寸超差并出现鼓形、振动、波纹等质量缺陷。

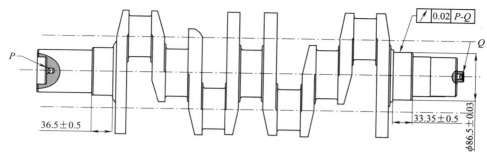

图 1.24　工序 120 工序图

此外半精磨 1、5 主轴颈的上道工序是主轴颈淬火热处理工序，该工序产生的热变形很大，造成磨削加工前的曲轴中间轴颈跳动达到 0.5 mm 左右，如果没有中心架，不仅上道工序的误差很容易复映到本道磨削工序中，本身工序也很难将曲轴磨圆磨正。中心架的应用解决了这个难题，提高了工艺系统刚度，减少了切削变形和工件受力产生的"让刀"现象，提高了主轴颈的磨削精度。

一般中心架用在半精磨或精磨阶段，此时工件外圆表面已经磨光，大部分的工件变形和上道工序的加工误差会得到一定的修正，中心架有一个良好的工作条件。

13. 工序 130→精磨后端头外圆（轴颈）

定位方式：定位方式如图 1.25 所示，所采用的砂轮为阶梯形斜砂轮。采用曲轴的两个顶尖孔进行定位，限制工件的 5 个自由度。为增加刚度，在曲轴中间加中心架，中心架起到支撑作用，减少曲轴变形。加工中采用在线检测方式，即一边加工，一边用传感器检测磨削直径，当传感器检测到后端头外圆轴颈磨削到规定尺寸后，机床自动停机。

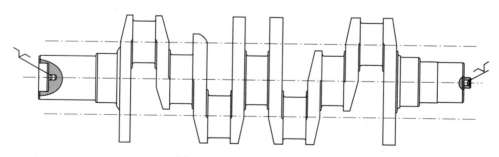

图 1.25　工序 130 定位方式

14. 工序 140→加工正时销孔

钻、铰正时销孔（在后端齿轮轴颈上钻、铰正时销孔，正时销孔直径 $\phi6$ mm），后工序要在正时销孔上安装一个定位销，这个定位销在连接齿轮时起到角度定位作用。因此加工精度较高。

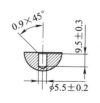

扫一扫

图 1.26　钻、铰正时销孔

本工序加工内容如下。

工步 1：钻正时销孔底孔到 $\phi5.5\pm0.2$（图 1.26）。

工步 2：孔口倒角。

工步 3：铰孔到 φ6。

铰孔定位方式：加工正时销孔采用 1、5 主轴颈定位限制 4 个自由度，同时使用第 5 主轴颈端面作轴向定位基准。最后用第 1 连杆轴颈中心线作角向定位基准，共限制工件 6 个自由度。

15. **工序 150→装正时销，加热压装正时齿轮及法兰**

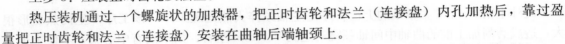
扫一扫

工序内容如下。

工步 1：装正时销。

工步 2：加热正时齿轮及法兰。

工步 3：压装正时齿轮及法兰。

热压装机通过一个螺旋状的加热器，把正时齿轮和法兰（连接盘）内孔加热后，靠过盈量把正时齿轮和法兰（连接盘）安装在曲轴后端轴颈上。

安装要求：压装时使正时齿轮端面与曲轴端面间隙≤0.15 mm，正时齿轮加热时间 14 s，加热停止温度 83 ℃。

16. **工序 160→精车止推面及后油封、倒角**

工序 160 工序图如图 1.27 所示，内容如下。

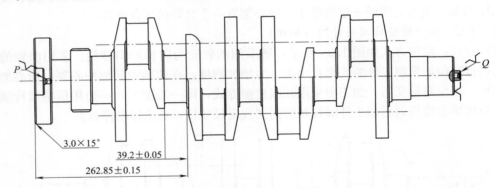

P Q

3.0×15°
39.2±0.05
262.85±0.15

图 1.27　工序 160 工序图

工步 1：测量曲轴前止推面。

工步 2：精车前止推面。

工步 3：精车后止推面及第 1 主轴颈前端倒角、连接法兰倒角。

工步 4：精车连接法兰端面、倒角。

定位方式：以曲轴两个中心孔定位，限制 5 个自由度。

17. **工序 170→加工定位销孔及两端孔系**

定位方式如图 1.28 所示。

曲轴两端孔加工工艺为钻底孔→铰孔→攻丝→倒角。

左端头，加工前端 4 个螺纹孔（图 1.29）；右端头，加工法兰端面 8 个螺纹孔和 1 个定位销孔（图 1.30）。

工步 1：钻曲轴前端沉孔、钻螺纹底孔。

工步 2：曲轴前端螺纹底孔倒角。

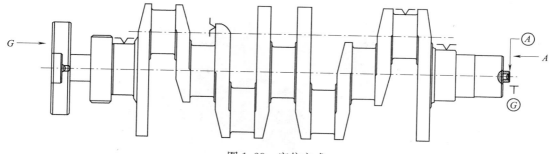

图 1.28　定位方式

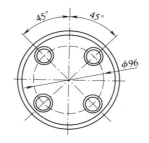

图 1.29　前端头螺纹孔加工

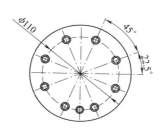

图 1.30　右端头孔系加工

工步 3：曲轴前端螺纹孔攻丝。

工步 4：钻定位销孔。

工步 5：镗定位销孔。

工步 6：定位销孔口倒角。

工步 7：钻铰连接法兰端面螺纹孔系底孔，并进行底孔倒角。

工步 8：连接法兰端面螺纹孔系攻丝。

定位方式：1、5 主轴颈外圆定位，第 4 主轴颈止推端面作为轴向基准，限制轴向自由度。第 1 连杆轴颈作为角向基准，限制旋转自由度（图 1.28）。

加工前，曲轴先在 V 形块上定位，传感器测头通过测定法兰盘端面位置，确定曲轴轴向基准，然后开始加工。这种由传感器测量基准位置的方法可以进一步减少定位误差。

夹紧方式：1、5 主轴颈外圆夹紧。

曲轴工艺要考虑优化孔系的加工。传统孔系加工工序长，需要设备数量多，由于孔系加工多安排在精磨轴颈后，多次装卸和加工易造成轴颈表面划伤，影响成品质量。现 6C 和 DCi11 及 4H 曲轴已经将该工序进行改进优化，安排在精磨主轴颈和精磨连杆轴颈工序前面。

4H 曲轴两端孔加工采用两端孔专用机床（图 1.31，双头数控 8 工位专用机床），两端孔的钻、铰、攻丝在同一台专用机床上一次安装同时加工，避免了加工时的重复定位误差，位置度保证质量高，在磨削前进行加工，避免了轴颈的磕碰伤。由于该专机两端孔同时加工，该设备比加工中心效率高。

18. 工序 180→精磨所有主轴颈

工序 180 工序图如图 1.32 所示。4H 曲轴采用意大利进口外圆磨床磨削主轴颈。

图 1.31　两端孔专用机床

定位方式：两个顶尖孔和法兰盘上定位销孔定位（定位销限制旋转自由度）。

磨削时磨削方向与曲轴在发动机中的旋转方向相反，不允许存在磨削裂纹和烧伤。

曲轴是细长轴零件，为了减少磨削变形，磨削时需要增加辅助支撑（图 1.33）。中心架是在磨床加工中径向支承旋转工件的辅助装置，加工时，与工件无相对轴向移动。

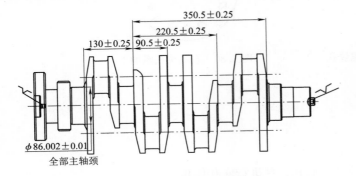

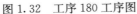

图 1.32　工序 180 工序图

图 1.33　中心架在磨床上的应用

曲轴是典型的细长柔性杆，在受到外力时会弯曲，出现"让刀"现象，在车削时会出现鼓形、振动、波纹等质量缺陷，而热处理变形的影响造成大批量磨削加工前的曲轴跳动（中间轴颈）只能控制在 0.5 mm 左右，这会给通过磨削达到加工精度出了很大的难题。中心架的应用解决了这个难题，使磨削具有更大的切深抗力，如果没有中心架，不仅上道工序的误差很容易复映到磨削工序中，其本身工序也很难将曲轴磨圆磨正。

一般来说，曲轴的磨削工步基本可分 4 步：粗磨、半精磨、精磨和光磨；其中粗磨根据磨削余量的大小再分几次磨削；中心架在半精磨或精磨工步时开始工作，此时工件外圆表面已经磨光，大部分的工件变形和上道工序的加工误差得到一定的修正，中心架有一个良好的工作条件。

19. 工序 190→精磨所有的连杆颈

工序 190 工序图如图 1.34 所示。

定位方式：1、5 主轴颈定位，法兰盘端面轴向定位，法兰盘上定位销孔进行角向定位。同时 4 个连杆轴颈有辅助支撑。由于连杆轴颈不在主轴颈轴线上，通常连杆轴颈磨削有两种磨削方式：跟踪磨削法和偏心磨削法。4H 曲轴连杆轴轴颈磨削现场两种磨削方式都有。

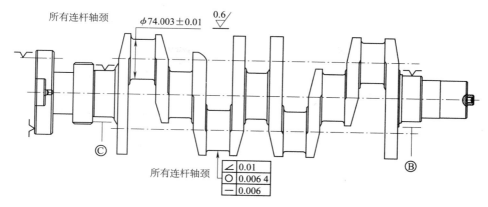

图 1.34　工序 190 工序图

跟踪磨削法：以 1、5 主轴颈定位，以主轴颈中心线为回转中心，连杆轴颈要围绕主轴颈作大回转运动，所以砂轮在磨削连杆时要走一个直线跟踪式的进退，这种定位磨削方式称为跟踪式磨削。跟踪式磨削一次装夹可完成曲轴所有连杆轴颈的磨削加工，克服了传统曲轴磨削加工中存在的缺陷。

偏心磨削法：设计一种偏心式车床夹具，以连杆轴颈定位，以连杆轴颈中心线为回转中心，这种磨削方式称为偏心磨，它可以很好地保证连杆轴颈的质量，达到理想的工艺要求。

跟踪磨削采用 CBN 砂轮进行高速磨削。高速磨削优点如下。

（1）生产效率高。由于单位时间内作用的磨粒数增加，使材料磨除率成倍增加，比普通磨削可提高 30%～100%。

（2）砂轮使用寿命长。由于每颗磨粒的负荷减小，磨粒磨削时间相应延长，提高了砂轮使用寿命。

（3）磨削表面粗糙度值低。超高速磨削单个磨粒的切削厚度变小，磨削划痕浅，表面塑性隆起高度减小，表面粗糙度数值降低。

（4）磨削力和工件受力变形小，工件加工精度高。由于切削厚度小，法向磨削力 F_N 相应减小，从而有利于刚度较差工件加工精度的提高。

在切深相同时，磨削速度为 250 m/s 时的磨削力比磨削速度为 180 m/s 时磨削力降低了近 50%。

（5）磨削温度低。超高速磨削中磨削热传入工件的比率减小，使工件表面磨削温度降低，能越过容易发生热损伤的区域，受力受热变质层减薄，具有更好的表面完整性。使用 CBN 砂轮 200 m/s 超高速磨削钢件的表面残余应力层深度不足 10μm，从而极大地扩展了磨削工艺参数的应用范围。

（6）充分利用和发挥了超硬磨料的高硬度与高耐磨性的优异性能。电镀和钎焊单层超硬磨料砂轮是超高速磨削首选的磨具，特别是高温钎焊金属结合剂砂轮，磨削力及温度更低，是目前超高速磨削的新型砂轮。

（7）具有巨大的经济效益。超高速磨削加工能有效地缩短加工时间，提高劳动生产率，减少能源的消耗和噪声的污染。

20. 工序 195→打标记

利用打标机在曲轴上打标记。标记内容包括曲轴总成号、图纸版本号、供应商代码。

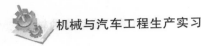

21. 工序200→抛光油孔口

定位方式：以1、5主轴颈定位。

22. 工序210→精磨齿轮、前油封、皮带轮轴颈及端面

工序210工序图如图1.35所示，使用斜头架磨床进行磨削，磨削方向与曲轴在发动机中的旋转方向相反，不允许存在磨削裂纹和烧伤。

定位方式：以两个中心孔和第4主轴颈止推面定位。止推面是轴向基准，限制轴向自由度。

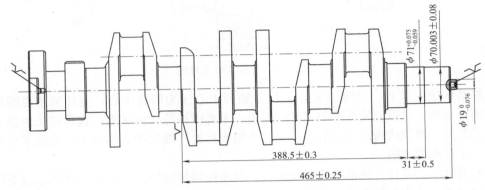

图1.35 工序210工序图

23. 工序215→精磨连接法兰轴颈

定位方式：两个中心孔定位，以法兰盘上工艺孔进行角向定位。

24. 工序220→磁力探伤

曲轴轴颈外圆表面在磨削时因高温容易产生磨削烧伤现象，从而在轴颈表面产生烧伤裂纹。曲轴作为发动机中高速旋转部件，要求所有加工表面及非加工表面不得有裂纹，否则容易造成曲轴失效。曲轴表面裂纹探伤采用磁力-荧光探伤法，在探伤机上进行探伤的工步如下。

扫一扫

工步1：通电磁化，用大电流的直流电磁化曲轴。

工步2：旋转喷液，在曲轴表面喷洒荧光磁粉悬浮溶液。

工步3：紫外灯照射检验曲轴裂纹。若在加工表面位置，如轴颈表面、圆角、侧面等处有裂纹，则该曲轴必须报废。探伤后，要对曲轴进行退磁处理。

25. 工序230→动平衡

一般曲轴的动平衡安排在精磨结束后进行，动平衡工艺为动平衡测量→去重。

扫一扫

如果曲轴质量中心不在曲轴回转中心线上，在曲轴高速旋转时会产生很大的离心惯性力，从而引起发动机工作时产生有害振动，加剧磨损，影响发动机使用寿命。因此，在曲轴精加工后进行动平衡工序是非常重要的。动平衡工序使用的动平衡检测仪如图1.36所示。

图1.36 动平衡检测仪

动平衡工序内容如下。

工步 1：动平衡测量（测量不平衡量大小和方位）。

工步 2：机床自动钻孔去重（进行不平衡量修正）。

26．工序 240→除去重孔口边缘毛刺

27．工序 250→曲轴抛光（粗糙度达到 0.16 μm 以上）

4H 曲轴超精加工工艺：抛光所有主轴颈和连杆轴颈及圆角、前后油封轴颈、前后止推面（图 1.37）。抛光后可使所有轴颈外圆表面粗糙度达到 Ra0.16，抛光去除量为 0.001～0.003 mm。抛光采用砂带抛光（图 1.38），由于球铁材料的铁素体磨削后会形成凸起毛刺，应使砂带抛光转向与工件转向相同，同时工件旋转方向与发动机旋转方向相同。这样才能在抛光中有效地去除毛刺，避免工作时刮伤轴瓦。

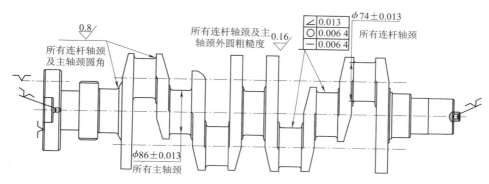

图 1.37　曲轴抛光定位方式及加工尺寸

定位方式：曲轴两个中心孔定位，同时法兰盘上的工艺孔作角向定位基准，限制旋转自由度。

传统的 EQ6102 曲轴超精加工工艺：粗抛光所有轴颈→精抛光所有轴颈。粗抛采用油石抛光（图 1.39），精抛采用砂带抛光。随着曲轴铸造精度越来越高，各工序留的切削余量越来越少，机床加工精度越来越高，目前粗抛已经很少采用，减少了工序，降低了成本。

DCi11 曲轴超精加工工艺为光整→抛光。

扫一扫

图 1.38　砂带抛光

图 1.39　EQ6102 曲轴油石抛光

扫一扫

28. 工序 260 清洗曲轴油孔及外表面
29. 工序 270 加热压装油泵齿轮
30. 工序 280 终检
31. 工序 290 防锈
32. 工序 300 包装

第 1 章习题

第 2 章

发动机连杆工艺

2.1 连杆概述

■ 2.1.1 连杆的功用

汽车发动机中有一个重要机构——曲柄连杆机构，该机构由活塞连杆组、曲轴飞轮组两部分组成（图 2.1）。

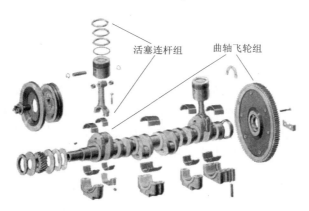

图 2.1 曲柄连杆机构

连杆的功用一是实现运动的转换，二是实现能量的传递。

连杆是曲柄连杆机构中的重要传力零件，它的一端通过活塞销把活塞和连杆小头孔连接，另一端连杆大头孔和曲轴连杆轴颈相连。连杆的基本功能是实现活塞与曲轴连接，将活塞的往复运动转变为曲轴的旋转运动，并将活塞承受的力传给曲轴，对外输出动力（图 2.2），以驱动汽车车轮转动。连

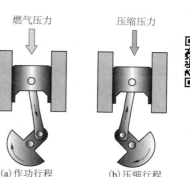

图 2.2 连杆的工作过程

燃气压力

压缩压力

(a)作功行程　　　(b)压缩行程

扫一扫

杆工作时，主要承受活塞销传来的气体作用力和活塞组往复运动时的惯性力，此外，连杆还承受一定的压缩、拉伸和弯曲等交变载荷，这些载荷大小和方向都是周期性变化的。如果连杆在交变载荷下发生断裂，则将发生恶性破坏事故；如果连杆刚度不足，也会对曲柄连杆机构的工作产生不良后果。例如，连杆大头变形使连杆螺栓承受附加弯矩，大头孔失圆使轴瓦因油膜破坏而烧损；连杆杆身弯曲，造成活塞与气缸、轴瓦与曲柄销的偏磨、活塞组与气缸间的漏气和窜油等问题。这就要求连杆在质量尽可能小的条件下有足够的刚度和强度。

2.1.2 连杆的组成及连杆总成构造

1. 连杆的组成

连杆由连杆小头、杆身和连杆大头三部分组成（图2.3）。

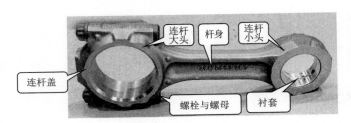

扫一扫

图2.3 连杆结构组成

2. 连杆总成构成

连杆总成由连杆体、连杆盖、螺栓与螺母、衬套4部分组成（图2.3）。曲轴飞轮组中曲轴的连杆轴颈和主轴颈是一个整体，要实现把曲轴连杆轴颈装入连杆大头孔中，就必须把连杆大头剖分成两部分，即连杆盖和连杆体。

连杆小头：小头与活塞销有相对转动，孔中一般压入巴氏合金衬套或青铜衬套，提高耐磨性。衬套与小头孔的配合一般为过盈配合。由于采用过盈配合就需要采用外力，如压装进行衬套安装。在小头和衬套上钻出集油孔，衬套上有集油槽，用来收集发动机运动旋转时飞溅上来的机油，以便润滑。有的连杆小头采用压力润滑，纵贯杆身的油道与小端衬套上的小孔相连。

连杆大头：连杆大头和曲轴连杆轴颈相连并相对高速运动，因此需要在连杆大头孔中安装轴瓦，提高耐磨性。为便于安装，轴瓦不是一个整体，而是分为两片：一片为上瓦，一片为下瓦。两个瓦片在独立的生产线上进行加工，加工完后，在发动机连杆分装线上进行装配。为了便于正确地在大头孔中安装轴瓦，需要在大头孔上铣一个瓦槽对轴瓦进行定位。

杆身：连杆杆身不需要加工，直接由毛坯锻造而成。连杆加工主要部位一般是连杆小头和连杆大头。连杆杆身一般采用工字形断面，以便在刚度和强度足够的前提下减小质量。对于一些用于汽油发动机中小型连杆杆身中有一个贯通连杆大头孔和小头孔的长油孔，这个油孔的作用是：进入连杆大头孔的润滑液可以通过这个杆身上的油孔进入连杆小头，从而实现对连杆小头孔的润滑。连杆大头孔的润滑液来自曲轴连杆轴颈上的油孔。曲轴连杆轴颈上的油孔又与曲轴主轴颈上的油孔相连。曲轴主轴颈上的油孔又与发动机缸体曲轴支撑座相连，最终与发动机缸体的润滑系统连接。

对于重型柴油发动机，连杆杆身中没有贯通连杆大头孔和小头孔的长油孔，对连杆小头采用单独的润滑系统。原因有两个：一是重型发动机体积大，连杆大，因此在连杆小头外侧增加一个单独的润滑系统，其空间足够；二是重型发动机对连杆小头润滑要求相对较高，增加一个单独的润滑系统可以保证连杆小头工作时润滑充分。

连杆螺栓与螺母：用于连接连杆体和连杆盖。螺栓是发动机中极重要的强力零件，一般采用韧性较高的优质合金钢锻制成形；为保证连接的可靠性，必须对其施加相当高的预紧力，整个装配过程中分 2～3 次拧紧。

3. 连杆切口形式

曲轴主轴颈与连杆轴颈是一个整体，要实现连杆大头与曲轴进行连接装配，就需要把连杆大头孔剖切成两个部分，以便于装配。按对口面（又称结合面）结构形式分类，连杆切口可分为平切口和斜切口。

平切口：对口面与连杆杆身轴线垂直，从受力情况和设计、制造角度看，平切口都优于斜切口，大多数发动机优先选用平切口（图 2.4）。

斜切口：对口面与连杆杆身轴线不垂直，成一定夹角（图 2.5），用于部分重型柴油机和少数强化程度高的汽油机，由于受力较大，相应曲柄销直径加大，连杆大头尺寸也随之增大，采用平切口，装配时无法通过气缸，只好采用斜切口。斜切口结构没有螺母，只有螺栓，螺栓通过对面螺纹连接装配。此外斜切口大头部分宽度相对较窄。斜切口连杆工作时，连杆螺栓会承受剪切力。

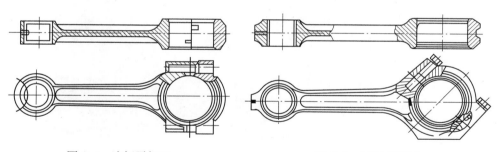

图 2.4　连杆平切口　　　　　　　　图 2.5　连杆斜切口

4. 连杆切口形状

为防止连杆体与连杆盖装配时错位，破坏连杆轴瓦与曲柄销正确的配合关系，在连杆体与连杆盖之间必须有能够承受较大剪切力的定位部分；不论平切口还是斜切口，大头切口断面形状都有以下 4 种基本形状：平面形、键槽形、锯齿形、断裂面形。

平面形：平面切口形状最常见，连杆大头孔切断后，需要对大头切口断面进行加工，加工完毕连杆体和连杆盖需要多次装配与拆卸，为了防止装配时出现错位，需要对连杆体和连杆盖上的螺栓孔进行精加工，连杆盖与连杆体靠精加工的螺栓凸台和孔定位（图 2.6）。

键槽形：在平面形结构基础上在宽度方向上增加一个键槽，连杆利用键槽侧面定位，这样可以保证连杆体、连杆盖上下两个半圆同心。如康明斯 B 系列连杆（图 2.7）。

锯齿形：连杆切开后通过拉床或铣床加工成锯齿形，靠锯齿面定位，增大承压面积(图 2.8)。

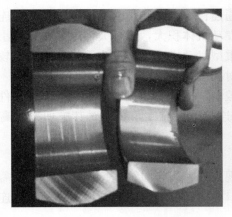

图 2.6　平面形切口断面形状　　　　　图 2.7　键槽形切口断面形状

　　断裂面形：断裂面经过外力强力胀断，胀断连杆对口面不需要加工。虽然对口面不需要加工、不平整，但是连杆体和连杆盖断裂面一一配对，靠自然形成的断裂面定位，装配时结合好，承压面积很大，断裂面形螺栓孔不需要有定位功能，因此螺栓孔精度不高，加工简单（图2.9）。

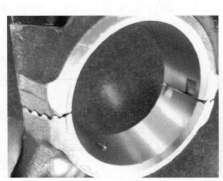

图 2.8　锯齿形切口断面形状　　　　　图 2.9　断裂面切口断面形状

东风公司发动机厂常见连杆切口形式如图2.10所示。

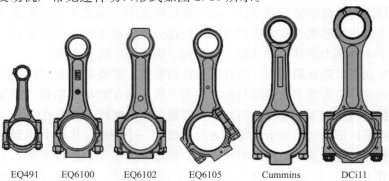

EQ491　　EQ6100　　EQ6102　　EQ6105　　Cummins　　DCi11

图 2.10　东风公司发动机厂常见连杆切口形式

■ 2.1.3　连杆主要技术要求、常用材料及毛坯类型

1. 连杆主要技术要求

连杆主要技术要求如下：①连杆大头孔孔径、圆柱度、粗糙度；②连杆小头底孔与衬套孔孔径、圆柱度、粗糙度；③连杆厚度、对口面平面度；④连杆螺栓孔孔径及杆盖螺栓孔中心距；⑤连杆大小头孔中心距、平行度（扭曲、弯曲）；⑥螺栓拧紧力矩要求；⑦质量要求。

东风公司发动机厂几种连杆的主要工艺参数见表 2.1。由表 2.1 可知，连杆大、小头孔和螺栓定位孔的精度较高，一般有 6 级精度要求，是编制工艺考虑的重点。

表 2.1　东风公司发动机厂几种连杆的主要工艺参数

项　　目	EQ491	EQ6102	EQ6100	6C	DCi11
小头孔尺寸及粗糙度	$\phi23.97\pm0.006$ $Ra1.25$	$\phi35.015\sim35.025$ $Ra0.4$	$\phi27.997\sim28.007$ $Ra0.5$	$\phi45.029\pm0.006$ $Ra0.6$	$\phi50\sim50.016$ $Ra0.63$
大头孔尺寸及粗糙度	$\phi55\sim55.02$ $Ra2.0$	$\phi68\sim68.019$ $Ra0.5$	$\phi65.5\sim65.502$ $Ra0.8$	$\phi81\pm0.013$ $Ra2.2$	$\phi80\sim82.022$ $Ra0.63$
大小头孔的中心距	127 ± 0.035	184 ± 0.05	190 ± 0.05	216 ± 0.025	228 ± 0.025
螺栓孔的尺寸	$\phi8.95\sim8.976$	$\phi12.2\sim12.227$	$\phi12.2\sim12.227$	$\phi12.034\sim12.059$	$\phi15.1\sim15.018$
装配力矩的技术要求/N·m	$40\sim47$	$100\sim120$	$100\sim120$	$100\sim140$	$160\sim240$

2. 连杆材料的选择

连杆材料的选择主要考虑连杆的刚性、强度、连杆的质量、连杆加工工艺性、毛坯锻造几个方面。一般来说连杆质量越轻，在高速工作时惯性力越小。此外为了保证连杆的疲劳强度，要求连杆的材料要具有良好的综合力学性能及工艺性能，常用的有碳素调质钢、合金调质钢、非调质合金钢等。

碳素调质钢：通过调质来满足材料的力学性能，调质硬度为 $220\sim260$ HBS（布氏硬度），主要用于小功率发动机连杆，如 45、55 钢调质。

合金调质钢：加入铬、锰、钼、硼元素，调质硬度可达到 300 HBS，主要用于大功率发动机连杆，如 40Mn、40Mn2S、40MnB 等。

非调质合金钢：加入钒、钛、铌微合金元素，通过一定的过程控制，不经过调质，力学性能即可满足要求，锻造成本较低，如 35MnVS、48MnV 等。

另外，也有选用球墨铸铁作为连杆材料的。东风公司发动机厂常见连杆材料见表 2.2。

表 2.2　东风公司发动机厂常见连杆材料

发动机型号	EQ491	EQ6102	EQ6100	6C	DCi11
连杆材料	QT700-2	40 MnV	35MnV	38MnSiV35	38MnVS

DCi11 大功率连杆装在 DCi11 大功率发动机上，发动机功率为 290、340、375、420 马力（1 马力＝735.499 W），连杆材料选用 38MnVS，连杆毛坯采用锻造方法制造。

3. 连杆毛坯类型

杆盖分开铸造：如 EQ491 连杆毛坯（图 2.11）。

整体式锻造，小头孔不锻出：如 EQ6100、EQ6102 连杆毛坯（当小头孔直径较小时，不

容易锻造），如图 2.12 所示。

整体式锻造，小头孔锻出：如康明斯连杆毛坯 6C、DCi11，适宜小头孔直径较大的连杆。小头孔锻出节省材料，同时减少切削余量，降低制造成本（图 2.13）。

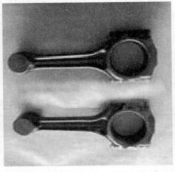

图 2.11　EQ491 连杆毛坯　　　图 2.12　EQ6100 连杆毛坯　　　图 2.13　康明斯连杆毛坯

2.1.4　DCi11 连杆加工工艺安排

1. DCi11 连杆加工部位

DCi11 连杆加工部位如图 2.14 所示。

加工部位：①连杆上下端面，连杆小头两个斜面加工，该端面是连杆加工的一个重要的定位基准面。②连杆大小头侧外形面加工，包括大头 7 个侧外形面、小头 5 个侧外形面，其中大头 7 个侧外形面包括 4 个螺栓螺母窝座面、一个去重凸台面（用于当零件铸造质量超重时在此处去重）、两个侧外形面。螺栓螺母窝座面是螺栓螺母安装

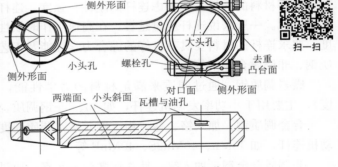

图 2.14　DCi11 连杆加工部位

面。去重凸台面用于连杆去重。小头 5 个外形面包括 2 个油孔面，用于油孔加工，是油孔的预加工面。③大小头孔加工，包括大头孔底孔加工、小头孔底孔加工、小头衬套孔加工。④对口面加工。由于对口面是平切口，因此加工比较简单。⑤螺栓孔加工。⑥瓦槽和油孔的加工。

2. DCi11 连杆加工工艺过程安排

DCi11 连杆的加工工艺遵循先面后孔，先基准后其他，基准统一原则。根据产品特点，先加工两端面，然后以大小头孔和端面为基准拉削侧外形面；加工主要采用端面和外形六点定位法加工大小头孔（端面 3 个自由度，大小头 3 个侧面 3 个自由度）。在小头孔加工后采用连杆底面、小头孔、大头一侧面定位加工其他部位；大小头孔同时加工，以保证大小头孔中心距精度；先加工对口面，再加工螺栓孔。

3. DCi11 连杆定位基准选择

DCi11 连杆主要定位基准有连杆端面、连杆小头侧外形面、连杆大头侧外形面、连杆小头孔（图 2.15）。一般来说要尽量减少基准转换，以保证精度，但是在 DCi11 连杆加工中有两次大的基准转换，这是为了充分利用原有的设备，不进行基准转换，原有设备不能利用。

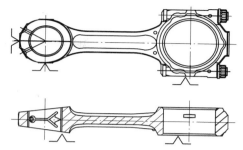

图 2.15　DCi11 连杆定位基准

4. DCi11 连杆加工工艺流程

DCi11 连杆加工工艺流程可分为基准面加工、大小头粗加工、杆盖分离、半精加工、连杆拆分、精加工以及后期边缘工艺，具体加工流程如图 2.16 所示。

图 2.16　DCi11 连杆主要表面加工方法

2.2　DCi11 连杆加工工艺

DCi11 连杆材料选用 38MnSV，连杆毛坯采用锻造方法制造，由东风铸造厂锻造后，送到发动机厂连杆车间进行加工。

DCi11 连杆加工工艺介绍如下。

1. 工序 10 铣两端面

用铣床铣连杆上下两个端面，因为后面各工序加工要用这两个端面作为定位基准，先加工两端面，符合基准先行的工艺原则（图 2.17）。

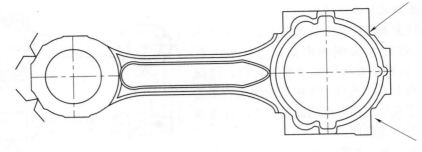

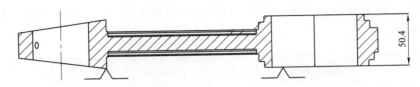

图 2.17　工序 10 工序图

50.4

工步 1：把零件贴紧放在夹具定位面上，以带凸起标记点的面为基准（连杆上凸起标记向下）。铣削连杆上表面（设计基准与定位基准重合，符合基准重合原则）。

工步 2：把零件贴紧放在夹具定位面上，连杆上凸起标记向上。铣削连杆下表面。统一凸起标记的目的是保证基准统一（图 2.18）。

加工机床：采用立轴圆台式工作台不升降铣床 X5216，工作台为圆形，自动旋转实现圆周进给，工作台上有 12 套双工位夹具。

加工尺寸：上下表面厚度加工至 50.4 mm，采用专用检具检测厚度尺寸。

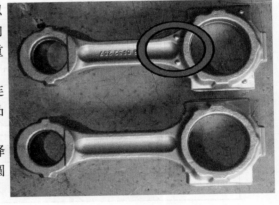

图 2.18　连杆上凸起标记

铣削方式：端面为圆盘铣，铣刀为盘铣刀。端铣相对于圆周铣削效率高，适合铣削面积大、表面质量要求不高的零件。

定位方式：采用连杆底面，小头两个侧外形面和大头 1 个侧外形侧面定位，限制工件 6 个自由度。

定位元件：连杆底面采用大支撑板限制 3 个自由度，小头侧外形面采用 V 形块限制 2 个自由度，大头外形侧面采用支撑钉限制 1 个自由度。

夹紧方式：采用两件浮动联动夹紧，一次夹紧两件。

在夹紧机构设计中，有时需要对多个工件同时进行夹紧，为了减少工件装夹时间，简化结构，常常采用各种联动夹紧机构，为了避免工件因尺寸或形状误差而出现夹紧不牢或破坏夹紧机构的现象，要采用浮动压块对工件进行夹紧，浮动压块可以通过摆动来补偿各自夹紧工件的直径尺寸差。

扫一扫

2. 工序20 拉外形

工步1：拉大头7个外形面（图 2.19）。

工步2：拉小头5个外形面（图 2.20）。

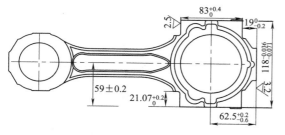

图 2.19 拉大头7个外形面

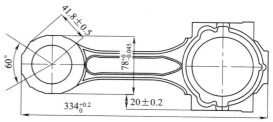

图 2.20 拉小头5个外形面

整个连杆外形12个面在立式拉床上全部拉完（大头7个外形面，小头5个外形面）。这些外形面很多在后面工序要作定位基准面，这12个外形面是大头凸台面，大头2个侧面、4个窝座面（用于穿螺栓用），小头2个侧面，小头1个凸台面、2个油孔面。油孔面是唯一不作为定位基准用的面。

定位方式：拉大头7个外形面采用一面两孔定位（图 2.21）；拉小头5个外形面以加工过的大头外形面两点和小头孔定位，小头孔定位元件为短圆柱销（图 2.22）。

设备：立式拉床，旋转工作台，2套双工位夹具，第一工位拉大头外形面，第二工位拉小头外形面。

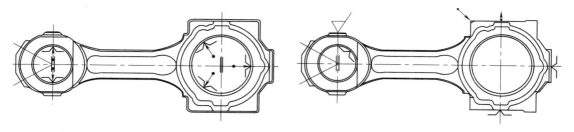

图 2.21 工步1定位基准   图 2.22 工步2定位基准

拉刀采用平面外拉刀。拉削的特点是拉床只有主运动，没有进给运动，其进给是靠拉刀刀齿的齿升量完成的。拉刀是多齿刀具，后一个（或一组）刀齿高出前一个（或一组）刀齿，从而能够一层层地从工件上切下多余金属，以获得较高精度和较好的表面质量。本工序平面拉刀为组合装配式平面拉刀，它由几块整体涂层高速钢短拉刀组装而成一个平面长拉刀，便于拉削制造和热处理，同时刀齿磨损或破损后方便更换，延长拉刀寿命。整个平面拉刀由粗切齿，精切齿、校准齿构成。用于粗拉的粗切齿每个刀齿比前面刀齿高 0.02 mm，精切齿比前面刀齿高 0.01 mm，校准齿无齿升量。拉削时拉刀上下运动是主运动。此外拉削可使加工表面一次切削成形，机床运动简单，切削速度低，效率高，但同时拉刀价格也高。拉刀调整烦琐、刃磨复杂，属于定尺寸刀具，柔性较低，只适合大批量生产。

扫一扫

3. 工序 25　自动打流水号

拉削完成后，用打标机打标记，打流水号，用于连杆身份识别和追溯。

4. 工序 30　粗镗小头孔

加工尺寸：小头孔径加工至 $\phi52$，同时保证孔的位置度（图 2.23）。

定位基准：连杆一个端面、小头侧外形面两点，及大头侧外形侧面一点定位（图 2.24）。

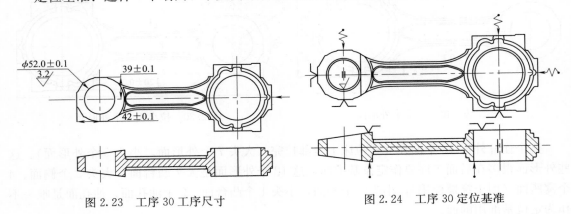

图 2.23　工序 30 工序尺寸　　　　　图 2.24　工序 30 定位基准

～～—为辅助支撑符号。辅助支撑是工件定位后才参与支撑的元件，它不起定位作用。本工序中为防止连杆放入夹具后不能与定位元件充分接触，采用了一个弹性元件，该弹性元件产生一个小的预压力，把连杆压紧在侧外形定位支撑钉上。

粗镗小头孔镗刀采用前后刀方式，镗刀杆上安装有前后两个镗刀块。前刀块进行孔的粗加工，加工余量大；后刀块进行精加工，加工余量小。实现一次进给粗、精同时加工，一方面提高了加工效率；另一方面保证了加工质量，避免了二次装夹造成的同轴度误差。同时镗床上粗镗小头底孔，后面部分工序要用小头底孔作为定位基准。

设备：金刚镗床，双面 4 套夹具。

检测：专用检具台。

金刚镗床是一种高速精细镗床，特点是切削速度较高，而进给量和切削深度很小，主轴端部设有消震器，且结构粗短，刚性高，故主轴运转平稳而精确。金刚镗床主要用于成批、大量生产中加工零件上的精密孔及其孔系。广泛地用于汽车制造中，如镗削发动机气缸、连杆、活塞等零件上的精密孔。主轴箱固定在床身上，主轴高速旋转带动镗刀作主运动，工件通过夹具安装在工作台上，工作台沿床身导轨作平稳的低速纵向移动以实现进给运动。工作台一般为液压驱动，可实现半自动循环。

5. 工序 40　粗镗大头杆、盖半圆孔

加工内容：加工大头杆、盖半圆孔。

工步 1：粗镗大头下半圆（图 2.25）。

工步 2：粗镗大头上半圆（图 2.26）。

扫一扫

在粗镗大头底孔过程中分为上下半镗，即先镗大头孔上半部分，后镗大头孔下半部分，即镗出一个腰字孔，两圆心距为 3 mm。因为后面大头孔要锯断，锯断余量要算进去。这样锯断后，杆身、杆盖再装配在一起就变成一个整圆。

定位基准：采用端面、大头侧外形面、小头孔作定位基准（图 2.27）。

定位元件：大支撑板限制 3 个自由度，小头定位销限制 2 个自由度，侧挡销限制 1 个自由度。

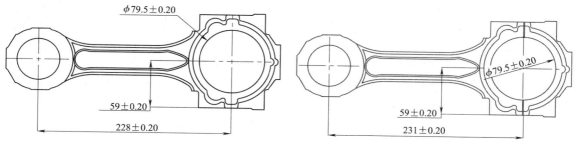

图 2.25 工序 40 工步 1 工序尺寸   图 2.26 工序 40 工步 2 工序尺寸

设备：组合机床，4 套夹具。

6. 工序 50 杆盖锯断

将连杆标记面朝上装夹，锯断。使用机床为锯床，在腰字孔中间锯断，锯断后，整个连杆就变成杆和盖两部分，锯断的断面叫对口面。该工序定位方式：采用连杆底面、小头孔内孔、大头侧外形面定位（图 2.28）。

扫一扫

扫一扫

图 2.27 工序 40 定位基准   图 2.28 工序 50 工序尺寸及定位方式

7. 工序 60 精磨对口面

锯断的对口面有锯断痕迹，非常粗糙，并且工艺尺寸不到位，所以要用磨床粗磨对口面。粗磨后还要精磨对口面。之所以要分粗磨和精磨是因为余量太大，分两次磨削。机床采用双轴立式圆盘磨床。圆形工作台上有 6 套夹具，一次可以安装 6 个工件。

定位基准：杆身采用端面、小头孔内孔面、大头一个侧面定位，杆盖采用端面、窝座面、大头一个侧面定位（图 2.29）。

加工尺寸：杆、盖对口面对各定位面位置，对口面平面度为 0.03，对口面对窝座平行度为 0.05，对口面对定位端面垂直度为 0.03（图 2.30）。

检测：专用检具台。

8. 工序 70　加工螺栓孔

工艺内容为钻铰螺栓孔。因为精度比较高，用加工中心钻铰螺栓孔。加工中心共装有 7 把刀。先钻孔，然后扩孔，接着镗孔、倒角，最后铰刀铰削，精铰连杆螺栓孔。之所以螺栓孔加工精度高，是因为连杆杆身和杆盖装配时，装入的螺栓要保证装上的杆盖和连杆杆身的位置精度，杆身和杆盖在装入螺栓后不能左右窜动。

扫一扫

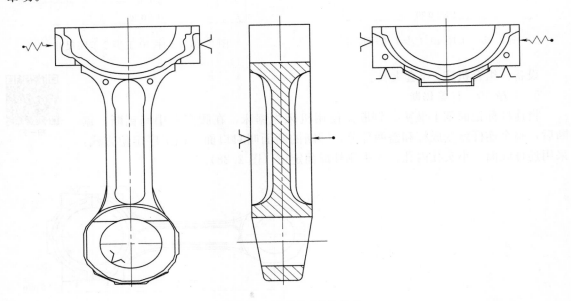

图 2.29　工序 60 定位方式

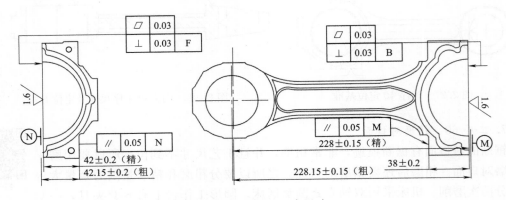

图 2.30　工序 60 工序尺寸

定位基准：连杆杆身钻螺栓孔采用连杆底面、连杆小头孔、大头处的一个侧面定位。连杆杆盖钻螺栓孔采用杆盖底面、对口面、杆盖一个侧面定位（图 2.31）。杆身、杆盖成对同时加工，每台 2 套夹具，采用多件浮动夹紧方式。

加工尺寸：杆孔直径为 $\phi15.1$（＋0.018/0），盖孔直径为 $\phi15.1$（＋0.059/0.032），中心距为 98.96。杆盖螺栓孔对定位面位置度如图 2.32 所示。

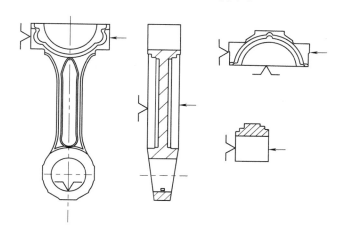

图 2.31　工序 70 定位方式

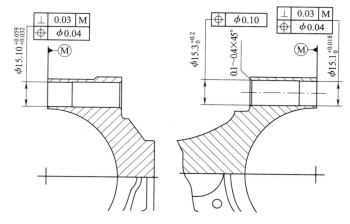

图 2.32　工序 70 工序尺寸

9. 工序 80　钻小头孔两油孔

工步 1：钻小头孔上左油孔。

工步 2：钻小头孔上右油孔（图 2.33）。

螺栓孔加工完后，开始加工两个油孔。两个油孔作用是装上活塞和穿上活塞销后，专门给这个活塞销通油润滑。机床采用组合钻，钻油孔。

定位方式：以连杆端面、小头孔和大头孔的一个侧面定位（图 2.34）。

10. 工序 90　第一次清洗

在第一次装配前要用清洗机把连杆洗干净，把前面工序加工后留下的铁屑、杂质清洗干净，保证装配时的装配精度。

扫一扫

扫一扫

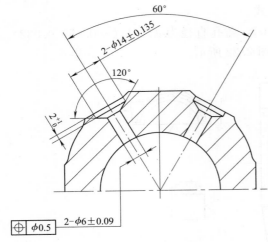

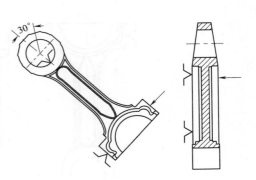

| 图 2.33　工序 80 工序尺寸 | 图 2.34　工序 80 定位方式 |

11. 工序 110　人工装配

装配要求如下。

(1) 将始终配对加工的杆和盖标记朝一边合放在一起。

(2) 连杆螺栓从连杆窝座端插入杆孔内，套入连杆盖后，将螺栓压入连杆及连杆盖中。

(3) 在螺栓螺纹副间涂 15W40 柴油机油。

(4) 将螺母套至螺栓上，手拧 2～3 扣。

12. 工序 120　自动拧紧

加工完油孔，并进行清洗后，连杆就开始装配，因为连杆杆和连杆盖最终要装在一起进行加工。大功率连杆一共分两次装配，现在是第一次装配。

扫一扫

装配技术要求：杆身和杆盖配对装配，装配时把左右螺栓穿上。螺栓与螺栓孔由于存在过盈，用手推不进去，如果能推进去，说明螺栓孔过大，就是废品，螺栓通过螺栓孔把杆身和杆盖初步穿上后，再用小型压床把连杆杆和连杆盖挤压在一起，然后把螺母旋上，最后用螺栓拧紧机拧紧。用拧紧机拧紧的原因是螺栓拧紧存在力矩要求，不能大，也不能小，大了造成变形，小了达不到力矩要求，螺栓在工作时可能脱落。大功率螺栓预拧紧力矩为 80 N·m，螺栓拧紧最终力矩为 160～240 N·m，螺母拧紧转角为＋90°±6°（机床采用立式拧紧机）。

13. 工序 130　精磨上下两端面

扫一扫

第一次装配结束后，杆身和杆盖结合为一体，接着在磨床上精磨连杆上下两端面，由于连杆端面在前面只进行过粗铣两端面，尺寸精度达不到要求，所以这里还要精磨两端面。精磨两端面是质量控制点工序。精磨两端面尺寸精度较高。因为连杆是和曲轴装在一起的，曲轴有曲轴臂，连杆两端面尺寸如果厚一点，在曲轴中旋转时，就会和曲轴臂碰撞。如果连杆两端面较薄，装在曲轴连杆轴颈上，轴向就会出现间隙，在工作中会出现轴向窜动，造成运动精度降低。

定位方式：采用连杆底面、小头外形面（2 点）和大头外形侧面（1 点）定位（图 2.35）。

在圆盘工作台磨床上，采用双工位夹具，工位 1 磨削带标记的那个端面。工位 2 磨削不带标记的那个端面。步骤：①用水冲洗干净定位面；②将未磨的零件标记向上装入夹具 1 内；③将夹具 1 内磨过的零件取出，标记向下，装入夹具 2；④将加工完的零件从夹具 2 取出，检验端面厚度；⑤将合格零件放入料盒。工序 130 工序图如图 2.36 所示。

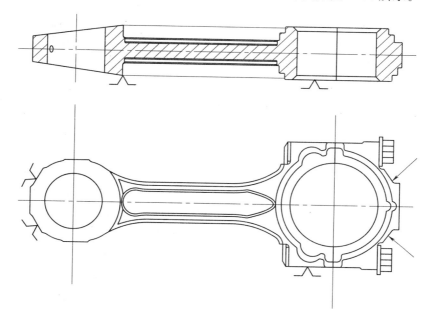

图 2.35　工序 130 定位方式

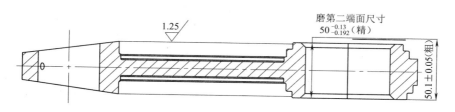

图 2.36　工序 130 工序尺寸

14. 工序 140　精镗小头底孔、半精镗大头孔

说明：将标记面朝里装夹，精镗小头底孔，半精镗大头孔。

两端面磨削完成后，下道工序就是精镗小头底孔、半精镗大头孔。这两个孔同时加工，可以较好地保证连杆大头孔和小头孔的中心距与平行度要求。如果单独加工，由于存在二次安装定位误差，中心距和平行度精度要求很难保证。这是因为，连杆大头孔和小头孔同时加工，它们之间的中心距和平行度精度主要由机床运动精度决定。而分开加工除了机床运动精度对加工精度有影响外，定位精度对加工精度也有很大影响，造成加工误差增大，工件精度难以保证。

定位方式：采用连杆底面、小头外形侧面 2 点、大头外形侧面 1 点定位（图 2.37）。

设备：金刚镗床，双面 2 套夹具。

扫一扫

检测：气动塞规、专用检具台等。

加工尺寸：大头孔径为 $\phi81.5$，小头孔径为 $\phi54$（+0.03/0），粗糙度为 $Ra0.63$，圆柱度为 0.006，中心距为 228±0.05；大小头孔对定位侧位置度如图 2.38 所示。

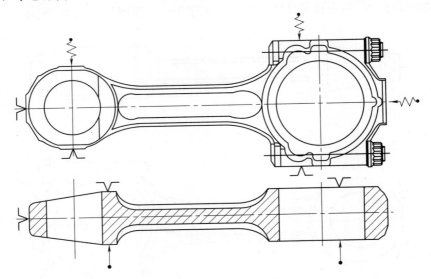

图 2.37　工序 140 定位方式

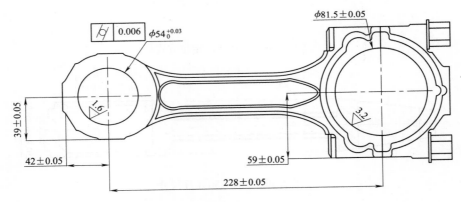

图 2.38　工序 140 工序尺寸

15. 工序 150　大头孔倒角

大小头孔加工后，要对大头孔孔口进行倒角，去掉镗孔后的毛刺。

定位方式：采用"一面两孔"定位，其中"一面"即底面，限制 3 个自由度；"两孔"即大头孔和小头孔定位，小头孔采用圆柱销限制 2 个自由度，大头孔采用削边销限制 1 个自由度，共限制 6 个自由度，是完全定位（图 2.39）。

16. 工序 160　拧松拆卸

倒角结束后，用拧松机把螺栓和连杆全部脱开。把连杆杆身和杆盖分开。

说明：拆卸后，杆盖配对摆放。分开连杆杆身和杆盖有两个目的：①释放螺栓力矩，因为螺栓一次装配后，后面经过了磨削、镗削加工，螺栓力矩较高，通过二次装配、二次挤压可以释放一些螺栓力矩；②后工序要铣削连杆杆身、杆盖上的瓦槽。

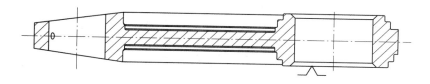

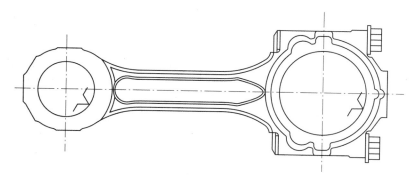

图 2.39　工序 150 定位方式

17. 工序 170　铣瓦槽

加工内容：铣连杆体瓦片槽。

加工尺寸：瓦槽宽度、深度、长度、对定位面的位置如图 2.40 所示。

扫一扫

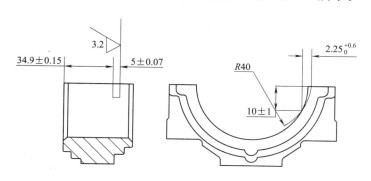

图 2.40　工序 170 工序尺寸

刀具采用锯片铣刀，瓦槽的宽度采用定尺寸刀具法，由锯片成形铣刀的宽度保证。

该瓦槽用于安装定位瓦时，对定位瓦进行定位，定位瓦上有凸点，正好嵌入瓦槽中，防止定位瓦轴向窜动。装配时先在连杆大头孔里安装定位瓦，然后把连杆大头孔安装在曲轴连杆轴颈上。定位瓦硬度、耐磨性较高，在连杆大头孔和曲轴连杆轴颈之间安装定位瓦，可以防止连杆大头孔较快磨损。铣瓦槽定位方式如图 2.41 所示。

18. 工序 180　二次清洗

在第二次装配前要用清洗机把连杆洗干净，把前面工序加工后留下的铁屑、杂质清洗干净，保证后工序装配时的装配精度。

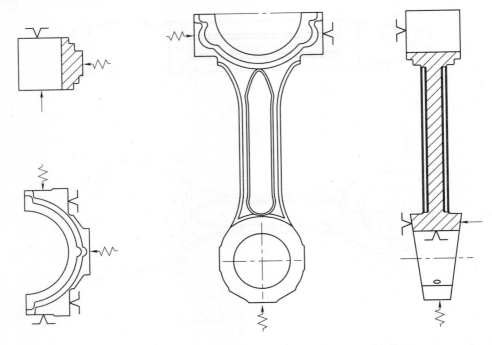

图 2.41　工序 170 定位方式

19. 工序 190　二次装配和自动拧紧

铣完瓦槽并进行二次清洗后开始进行二次装配，二次装配的方法和第一次装配一样，穿螺栓、压床压紧、拧紧机拧紧，拧紧力矩为 160～230 N·m，一般拧在力矩平均值中间。机床采用卧式拧紧机。

20. 工序 210　粗铣小头斜面

二次装配后，开始在铣床上铣削小头斜面，斜面角度为 8°，采用圆盘铣。

定位方式：采用连杆底面、连杆小头孔、大头外形侧面定位（图 2.42）。工序尺寸如图 2.43 所示。

加工尺寸：小头中心厚度为 36 mm，斜面位置度为 0.12 mm，对中心平面对称度为 0.5 mm。

设备：圆盘铣床 X5216，12 套双工位夹具。

工步 1：将无标记面朝上，精铣。

工步 2：将标记面朝上，精铣。

21. 工序 230　小头底孔孔口倒角

铣完小头斜面后，在倒角机上对小头孔孔口进行倒角。倒角的目的有两个：①去除小头孔的毛刺；②起到导向作用，为后工序压装衬套做准备。定位方式如图 2.44 所示。

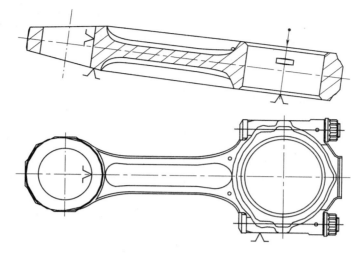

图 2.42　工序 210 定位方式

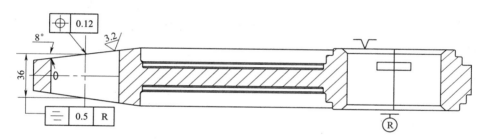

图 2.43　工序 210 工序尺寸

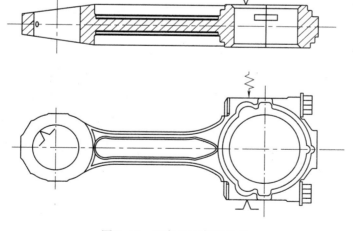

图 2.44　工序 230 定位方式

22. 工序 240　热压衬套

设备：专用衬套压床。

衬套和连杆小头孔是一个过盈配合，过盈量为 0.1 mm，如果直接把衬套压

扫一扫

入小头孔，需要很大压力，容易造成变形，衬套表面有挤伤现象。衬套材料是巴氏合金，主要合金成分是锡、铅，硬度比连杆低得多，具有优良的减磨特性，耐磨性好。压装采用热压装方式进行。先把小头孔加热，然后压入衬套，容易装配。热压装时，过盈量较小，只有0.05 mm，容易压入。

工艺要求：①压入衬套后，衬套油孔和连杆小头油孔对正；②压力曲线压力显示最大值不超过 30 kN；③连杆在衬套压装后单独放置，对小头进行缓慢冷却；④衬套压装后保证冷却时间约需要 2 h 到达常温，方可进行下工序加工；⑤衬套压入后，进行贴合检查，在常温下对衬套锯切检查，其外圆与小头底孔接触面积应不少于 80%，不接触区域应不连续，分隔为 3 处或更多的区域；⑥对小头加热时零件标记点向下，加热温度控制在（180±10）℃，加热时间控制在 25～35 s。

热压衬套前，连杆小头孔尺寸为 $\phi54$（+0.03/0），衬套外径公差为 $\phi54.12$（+0.025/0），衬套内径公差为 $\phi49.42～49.685$。以上尺寸均为自由状态下的常温尺寸。

定位方式：大头一端面、小头侧外形面两点，大头侧外形面一点定位（图 2.45）。衬套由小头伸出的销子导向。压装时，小头斜面下面有辅助支撑，提高压装时连杆刚性，减少小头变形。小头孔下面有气缸，压装时，气缸活塞销从下面由小头伸出，把衬套安放在活塞销上，然后压装机下压压装。

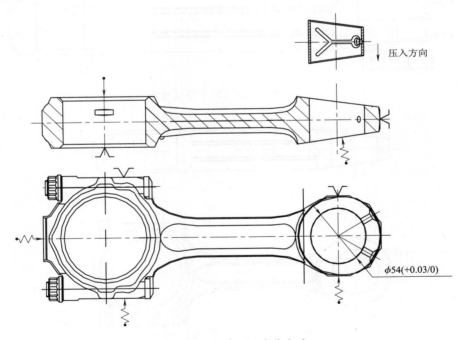

图 2.45　工序 240 定位方式

热压衬套工艺内容是：先加热连杆小头侧面（加热温度 180 ℃），然后把衬套用压装机压入小头底孔中。衬套硬度很高，耐磨，在小头底孔上压入衬套的作用是防止小头孔磨损。

热压衬套工艺要求是：衬套和小头底孔贴合度达到 100% 的贴合，贴合度如果达不到要求，衬套和底孔间就存在间隙，发动机在高速运转时，衬套就会在底孔中打转，小头底孔会加速磨损，活塞销和衬套可能抱死，造成连杆失效。

热压工艺原理是：用电杆加热器把小头底孔直接加热，加热到 180～200 ℃，小头底孔受热涨开，然后用压装机把衬套压装在小头底孔中，放置自然冷却，小头底孔同时收缩，收缩后，小头底孔和衬套之间贴合度就比较高。在不加热的情况下进行衬套压装称为冷压，冷压工艺其贴合度比较低，一般为 90%。

检测贴合度方法是：每热压 1 000 件，把连杆锯开，把衬套拔出来检查其贴合度。如果贴合度不好，解决措施是继续加热，加热到 210 ℃，加热温度越高，收缩越快，贴合度越高。

23. 工序 250 精镗小头衬套孔和大头孔

扫一扫

精镗小头衬套孔和大头孔目的是进一步提高尺寸精度与降低两个连杆孔的粗糙度。尤其是大头孔，在最终工序珩磨前必须精镗，以提高大头孔轴线的位置精度（包括孔与端面垂直度、两孔之间平行度）。

加工尺寸：大头孔孔径为 $\phi 81.97 \pm 0.01$，小头孔径为 $\phi 50$（+0.016/0），$Ra0.63$，中心距 228 ± 0.025，大头孔对端面垂直度 0.03，大小头孔平行度，对定位面位置度如图 2.46 所示。

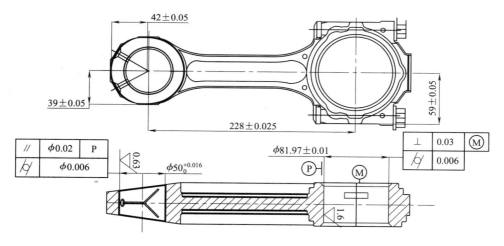

图 2.46　工序 250 工序尺寸

镗床采用双镗杆结构，镗削时，两个镗杆同时对小头衬套孔和大头孔进行加工，两孔的中心距由镗床两个镗刀之间的距离保证，即设备保证。可以较好地保证连杆大头孔和小头孔的中心距与平行度要求。同时，每个镗杆上装有两个镗刀块，一个在前（称为前刀），一个在后（称为后刀）。镗削时，精镗衬套孔（前刀）镗削余量为 0.2 mm，精镗衬套孔（后刀）镗削余量为 0.1 mm，精镗大头孔（前刀）镗削余量为 0.15 mm，精镗大头孔（后刀）镗削余量为 0.1 mm。这种前后刀镗削方式，可以实现一次进给粗、精加工，更好地保证加工质量。

定位方式：采用连杆底面、小头外形侧面 2 点、大头外形侧面 1 点定位（图 2.47）。

设备：精密数控镗床，两侧 4 套夹具。

工序内容如下：

工步 1：标记凸起的一面朝里装夹，镗刀块前刀精镗衬套孔。

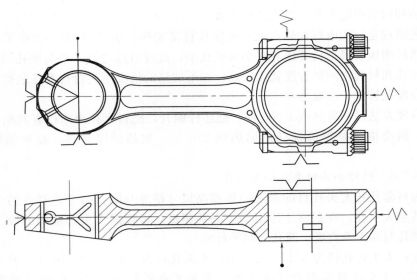

图 2.47　工序 250 定位方式

工步 2：镗刀块后刀精镗衬套孔。

工步 3：镗刀块前刀精镗大头孔。

工步 4：镗刀块后刀精镗大头孔。

24. 工序 260　珩磨大头孔

定位方式：珩磨大头孔采用自定位方式，即珩磨大头孔，用大头孔本身定位。但是珩磨前需要预定位，预定位采用大头一端面、小头内孔、大头一个侧外形面预定位（图 2.48），该夹具采用浮动夹具。

加工内容：连杆大头孔珩磨（图 2.49）。

扫一扫

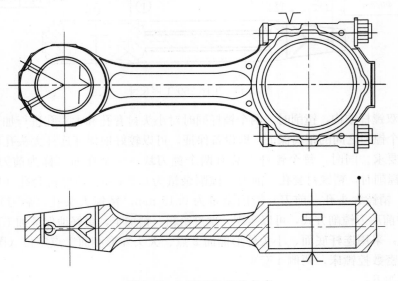

图 2.48　工序 260 定位方式

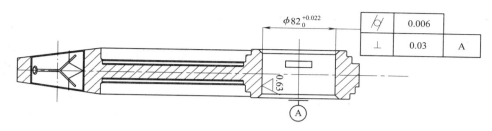

图 2.49　工序 260 工序尺寸

设备：立式珩磨机，两套夹具。

加工要求：大头孔径为 $\phi 82$，上偏差为 $+0.022$，下偏差为 0，圆柱度为 0.006 mm，粗糙度为 $Ra0.63\ \mu m$。

检测：气动塞规、粗糙度仪。

工艺要求：将标记点朝下装夹，珩磨大头孔。

珩磨作为大头孔的最终工序，属于精密和超精密加工。珩磨的特点是：珩磨加工余量很小，上道精镗大头孔工序精镗大头孔基本尺寸为 81.97，而本道工序珩磨大头孔基本尺寸为 82，可以看出留给本道珩磨工序加工余量为 $82-81.97=0.03$（mm），单边加工余量为 0.015 mm。加工的孔尺寸精度高，可达到 IT6～IT5 级，加工孔的圆度误差为 5 μm，表面粗糙度为 $Ra0.4\sim0.05\ \mu m$。

大头孔珩磨前必须经过精镗，以提高大头孔轴线的位置精度。这是由于珩磨只能对大头孔整形、保证大头孔直径尺寸精度，提高圆度和降低粗糙度，而不能矫正孔的歪斜和垂直度等位置精度。

粗糙度和圆度对安装定位瓦后，定位瓦和大头孔底孔的贴合度有重要影响。贴合度低容易造成连杆工作时出现拉瓦现象，对连杆的寿命有影响。

珩磨机床使用的刀具是珩磨头，珩磨头带有 8 块细粒度的金刚石磨条，当珩磨头进入大头孔后，靠液压扩张压力的作用涨紧在大头孔表面上，施加一定压力进行均匀磨削（图 2.50），珩磨余量一般为 0.03～0.04 mm，单边只有 0.02 mm 加工余量。珩磨时，珩磨头一边旋转，一边作上下往复运动。设备具有自动测量和自动补偿装置。珩磨头上带有气压检测传感器，随着大头孔直径被珩磨得越来越大，珩磨头与孔壁的间隙也越来越大，当达到设定值（珩磨到规定尺寸），珩磨机自动停机。由于连杆大头孔较浅，为了

图 2.50　连杆大头孔珩磨

获得正确的轴线位置和对端面的垂直度，以及减少喇叭口现象，珩磨时采用夹具浮动定心。

25. 工序 265　瓦槽倒角去毛刺

26. 工序 270　最终检查

连杆加工结束，最后对连杆进行终检。对连杆尺寸进行 100% 的终检。使用的检具是连杆综合测量仪。连杆总计检查 9 个项目，即连杆上下端面厚度、大头孔孔径、小头孔孔径、

小头孔和大头孔圆度、大头孔和小头孔之间的中心距、垂直度、平行度。

27．工序 280　称重、分组及标记

检查合格后，对连杆进行称重、分组，称出连杆质量。连杆经过锻造，然后进行各种机械加工，每个连杆质量不一样。称重分组的目的是把质量一样的连杆放在同一台发动机上。连杆质量分为 A、B、C、D、E、F、G 七个级别，其中 A 级别最轻，G 级别最重，如大于 3.77 kg，小于 3.79 kg 的连杆属于 A 级别。每个级别相差 16～20 g，如果把不是同一质量级别的连杆装在同一台发动机曲轴上，在高速旋转时其离心力、惯性矩就不一样，会造成发动机工作时振动。

28．工序 290　总成清洗

利用超声波清洗机对连杆装配前进行最后一次清洗，以保证清洁度。清洗完后进行发动机装配。

29．工序 300　拧松，防锈包装、装箱

2.3　连杆加工新工艺新技术

■ 2.3.1　连杆材料新技术

连杆毛坯材料需要力学性能好、质量轻，以保证其易加工，使用性能良好。连杆材料的发展趋势主要考虑高强度、轻量化、低成本，目前主要有以下两类材料。

钛合金材料：金属钛抗拉强度比较低，增加铝和钒及少量其他元素，提高其抗拉强度，改善切削性能。钛合金连杆可大大降低连杆重量，提高输出功率，降低噪声。但目前钛合金连杆成本很高，主要用于高端汽车上，暂时不适合产业化。

粉末冶金材料：合金粉末通过烧结锻造后，密度接近钢材密度，力学性能也相近，通过一定的锻造、热处理工艺，用于连杆的毛坯。粉末烧结锻造连杆主要是经济效益比较突出，材料、生产成本、能源消耗都有大幅度的改善。

■ 2.3.2　连杆加工新工艺

1. 连杆胀断工艺介绍

连杆胀断工艺是对连杆大头孔的断裂线处先加工出两条应力集中槽，然后带楔形的压头往下移动进入连杆大头孔，大头孔与压头之间还有一对半圆套筒。当压头往下移动时对大头孔产生径向力，使其在槽处出现裂缝，并最终把连杆盖从连杆本体上涨断而分离出来（图 2.51）。

（1）连杆胀断加工流程：应力槽加工→体盖胀断→吹屑（胀断口清理）→体盖合体。

（2）胀断连杆材料选用。胀断工艺要求连杆锻件

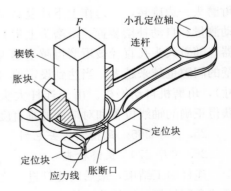

图 2.51　胀断方式

在裂解的过程中不能有过大的塑性变形，因此对连杆材料的要求是在保证其强韧综合性能指标的前提下，限制连杆的韧性指标，使其断口呈脆性断裂状态。最理想的胀断分离面是不带任何塑性变形的脆性断裂，可装配性达到最佳。

可用于连杆胀断的材料有粉末烧结材料、球墨铸铁、高碳钢（70♯钢）等。

2. 连杆胀断工艺与传统工艺比较

连杆胀断工艺与传统工艺比较见表2.3。

表 2.3 连杆胀断工艺与传统工艺比较

项 目	传 统 工 艺	胀 断 工 艺
大头孔粗加工	两个半圆，需要两次加工，断续切削	整圆，一次加工，连续切削，成本低
对口面加工	杆盖分离后需精磨	杆盖分离后断裂面定位，不需要加工
螺栓孔加工	需要加工出定位环孔，垂直度、中心距等要求较高	不需要定位的螺栓孔，省去精加工，加工简单
对口面质量	规则结合面，接触面积小	不规则断裂面完全啮合，接触面积大，提高了连杆的承载能力

第 2 章习题

第 3 章

发动机凸轮轴工艺

3.1 凸轮轴概述

■ 3.1.1 凸轮轴功用

凸轮轴是发动机配气机构的主要组成零件，凸轮轴的作用是驱动配气系统，通过传动件（挺杆、推杆、摇臂等）对各气缸进、排气门的开启和关闭按一定时间进行准确控制，保证发动机按一定规律进行换气。即控制发动机各缸气门的开启和关闭，同时驱动燃油和润滑油。凸轮轴工作时，凸轮外表面与挺杆间呈线接触，而不是面接触，同时要受到传动机件冲击力的作用，接触应力大，因此要求凸轮轴应具有足够的韧性和刚度，能承受冲击载荷，受力后变形小，且凸轮表面有较高的耐磨性。

■ 3.1.2 凸轮轴材料

常用凸轮轴材料有两类，一种是优质碳素钢材料，如45#钢、50#钢、58#钢，毛坯都是锻造出来的；另一种材料是铸铁材料，如球墨铸铁、经过特殊铸造工艺处理后变成冷激铸铁。

优质碳素钢材料凸轮轴毛坯锻造工艺如下。

第1步：加热。

第2步：模锻（包括滚压、预锻、终锻）。

第3步：热切边。

第4步：磨残余飞刺。

最后，经检查合格后，进行消除锻造应力，改善切削性能的热处理并校直。

优质碳素钢材料凸轮轴和冷激铸铁材料凸轮轴热处理工艺不同，优质碳素钢粗加工全部完成后，再进行热处理。如45#钢热处理完成后直接进入精加工；50#和58#钢淬火热处理完成后，先进行回火，再进入精加工。还有些材料精加工完成后，表面还要增加氮化层，有的还要增加磷化层来提高材料的耐磨性。

冷激铸铁的优点是后续工序不需要进行热处理，加工成本低。冷激铸铁一般用于低合金铸铁表面冷激处理，具有承受较大的弯曲与接触应力、表面层耐磨性高、硬度高、芯部仍有一定的韧性的特点。

东风发动机厂主要生产的凸轮轴品种有 4H 凸轮轴、康明斯凸轮轴和 X7 凸轮轴。其中，4H 凸轮轴材料为冷激铸铁，硬度很高，加工完毕后不用再热处理，直接可以装配，但是抗冲击能力弱，材料较脆，受到冲击时容易断裂。

美国康明斯凸轮轴材料也是冷激铸铁。康明斯凸轮轴型号有：4 缸康明斯发动机凸轮轴，适用于中型卡车；6 缸康明斯发动机凸轮轴，适用于重型卡车。康明斯发动机特点是功率大、技术先进，适合于山区、高原、长途运输。

X7 发动机凸轮轴材料采用优质碳素钢 58♯ 钢。毛坯采用锻造方法制造。在工艺安排上 X7 凸轮轴粗加工完毕后，需要淬火，然后回火，再进入精加工。

3.1.3　康明斯凸轮轴、X7 凸轮轴和 4H 凸轮轴结构特点简介

康明斯凸轮轴各部位名称如下。

最前面一小节也称小轴颈，是用来安装正时齿轮的。正时齿轮的安装采用过盈配合，通过把齿轮加热，然后通过热压装的方法装上去。

小轴颈前面还有一个台阶，用来保证齿轮和止推面之间的间隙要求，止推面轴向定位用的是第一主轴颈的前端面。前面还有清根槽。康明斯凸轮轴角向定位精基准为键槽，而加工键槽角向定位粗基准是定位凸台底面，该凸轮轴中间有一个偏心轮，其作用是带动机油泵，对发动机润滑油进行加压。X7 凸轮轴轴向尺寸较长，其角向定位精基准为键槽，而加工键槽粗基准是采用凸轮 V 形面定位。凸轮止推面轴向定位，采用凸轮前端面定位。

图 3.1　4H 凸轮轴角向定位基准

4H 凸轮轴角向定位粗基准是法兰盘上的豁口。以豁口为粗基准加工出法兰盘上的定位销孔（又称工艺孔），以后以法兰盘上的定位销孔为角度定位精基准（图 3.1）。凸轮轴加工的难点是精度要求高，凸轮有相位角度和凸轮形面要求。4H 凸轮轴法兰盘的作用：①紧固齿轮。把正时齿轮装在小轴颈上，靠螺栓和法兰盘连接起来。法兰盘右端有一个槽，称为止推槽。在发动机内部作为止推面进行轴向定位的安装基准。所有主轴颈在发动机内部是作为支撑用的，保证凸轮轴工作时的平稳性。②控制发动机气门的打开和关闭。控制发动机的进气和排气。4H 发动机后端面上还有 2 个孔，称为工艺孔，该孔的作用是插入拔销传递机床主轴扭矩，带动凸轮轴旋转。当轴的表面精加工完成后，就不能再通过夹紧两端轴颈外圆传递扭矩，以免对轴颈表面造成损伤。这时，可以通过把拔销插入工艺孔传递机床主轴扭矩，带动凸轮轴旋转，对凸轮轴进行精密加工。

3.1.4　凸轮轴工艺性分析

由于凸轮轴具有细而长，且形状复杂的结构特点，技术要求高。因此其加工工艺性较差。在凸轮轴加工过程中，有两个主要因素影响其加工精度。

1. 容易变形

凸轮轴细长，刚性差，易变形，在安排工艺过程时，要把各主要表面的粗、精加工工序

分开，这样粗加工产生的变形可以在半精加工中得到修正，半精加工中产生的变形在精加工中得到修正。在工艺中安排校直工序，同时在加工中采用辅助支撑提高刚度，减少变形。

2. 加工难度大、精度高

凸轮轴上凸轮、偏心轮属于复杂表面加工，加工尺寸精度高，还有形状、位置精度要求。一般凸轮轴轴颈、凸轮、偏心轮精度为 IT7～IT6 级精度，表面粗糙度 Ra 为 $0.4~\mu m$。同时由于批量大，设备上采用高精度的专用机床或者加工中心；工艺安排上，划分加工阶段，采用粗加工、半精加工、精加工三个阶段进行加工；定位基准选择上，采用基准统一、基准重合、互为基准等原则进行定位加工。

3.2　4H 凸轮轴加工工艺介绍

4H 凸轮轴主要精基准是两端中心孔，粗基准是 1、5 主轴颈和第 3 主轴颈两端面的厚度中心。4H 凸轮轴加工工艺介绍如下。

1. 工序 10　铣端面钻中心孔

设备：数控组合铣床（图 3.2）。

工步 1：铣凸轮轴两端面。

工步 2：钻两端面中心孔，使用铣端面打中心孔数控组合铣床加工，该机床一次安装后可以完成铣端面和钻中心孔加工内容，生产效率高，质量好。

扫一扫

4H 凸轮轴在工艺安排上第 1 道工序铣端面钻中心孔的目的，是为后续加工工序加工一个精基准。因为后面很多加工工序要以中心孔和凸轮轴端面定位，这种工艺安排符合基准先行的原则。

定位基准：使用凸轮轴 1、5 主轴颈两个轴颈外圆作为径向定位基准，限制 4 个自由度，同时使用中间第 3

图 3.2　铣端面打中心孔组合机床

主轴颈两端面的厚度中心作为轴向定位基准，限制 1 个轴向移动自由度。旋转自由度不用限制，因为对加工中心孔尺寸无影响，共限制自由度是 5 个。这种定位方式属于不完全定位方式。

定位元件：1、5 主轴颈各自采用一个浮动 V 形块和浮动压板定心定位与夹紧（图 3.2）。第 3 主轴颈也采用 V 形块定位，但是第 3 主轴颈 V 形块放置方向与 1、5 主轴颈的 V 形块不一样，用于限制凸轮轴的轴向移动（图 3.3）。

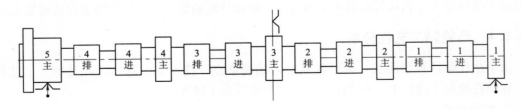

图 3.3　工序 10 定位基准

夹紧方式：浮动 V 形块和浮动压板对凸轮轴第 1、5 主轴颈外圆表面定心定位和夹紧。

此外，由于作为定位基准的 1、5 主轴颈外圆表面还没有加工，用没有加工的毛坯表面作为定位基准是粗基准，所以凸轮轴工艺安排上，径向粗基准是 1、5 主轴颈；轴向粗基准是第 3 主轴颈两端面厚度中心。工序 10 工序尺寸如图 3.4 所示。

中心孔检验方法：用锥面接触塞规检查中心孔 60°锥面，其接触面积不得小于 75％。

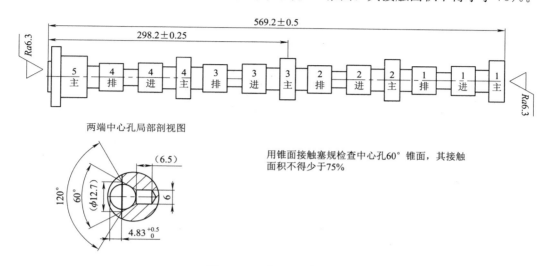

图 3.4 工序 10 工序尺寸

2. 工序 20 打标记

在轴的两个端面上打标记。标记内容包括生产日期、零件号、供应商代码。

定位基准采用轴颈外圆定位。

3. 工序 30 粗磨第 3 主轴颈

扫一扫

粗磨第 3 主轴颈的目的是解决细长轴加工刚性问题，用作后面粗加工装夹支撑点。后面工序要用第 3 主轴颈作辅助支撑。控制零件加工过程中的变形、跳动和让刀现象。凸轮轴是典型的细长轴零件，如果加工时只用两顶尖定位支撑，轴中间没有支撑，砂轮磨削到轴中间时，必然因为刚度低导致凸轮轴产生让刀变形，产生尺寸和形状误差。因此必须在轴中间加辅助支撑，提高凸轮轴的刚度。

辅助支撑只起支撑作用，不起定位作用，即不能限制工件的自由度，因此辅助支撑的结构一般是可调的、浮动的，并能锁紧。常采用的辅助支撑是中心架。

4H 凸轮轴使用的是带滚轮的 U 形浮动中心架，当凸轮轴顶尖定位完成后，U 形浮动中心架上的两个滚轮支撑靠向第 3 主轴颈，接触到第 3 主轴颈外圆表面后自动锁紧，起到支撑作用。

对辅助支撑中心架的一个使用要求是用于支撑的工件表面应尽量光滑，否则会引起轴的跳动、振动。因此本工序要粗磨第 3 主轴颈外圆，用作后面粗加工装夹支撑点，为后工序使用 U 形浮动中心架做准备。最终控制零件加工过程中的变形、跳动和让刀现象。

工序 30 工序尺寸如图 3.5 所示。

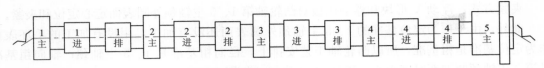

图 3.5　工序 30 定位基准

设备：平面磨床。

定位基准：采用两端中心孔定位，限制工件 5 个自由度（图 3.6）。

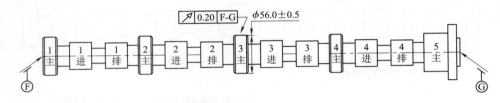

图 3.6　工序 30 工序尺寸

为了传递扭矩带动工件旋转，使用鸡心夹头夹持在第 1 主轴颈上，主轴通过拨销和鸡心夹头带动凸轮轴旋转。

4. 工序 40　粗车第 1、2、4 主轴颈，半精车第 1～4 主轴颈及倒角，并精车第 1～3 主轴颈

设备：数控车床。

定位基准：两端中心孔，小轴颈端面定位，共限制工件 5 个自由度（图 3.7）。中间第 3 主轴颈用中心架进行辅助支撑，增加工艺系统刚性，减少凸轮轴因切削产生的弯曲变形。

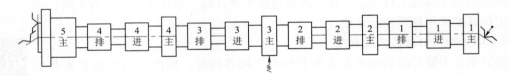

图 3.7　工序 40 定位基准

工步 1：粗车第 1、2、4 主轴颈。

工步 2：半精车第 1～4 主轴颈及倒角。

工步 3：精车第 1、2、3 主轴颈（工序尺寸如图 3.8 所示）。

工步 4：车第 1～4 主轴颈倒角（工序尺寸如图 3.9 所示）。

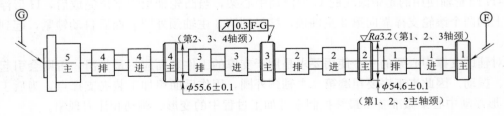

图 3.8　工序 40 工步 1、2、3 工序尺寸

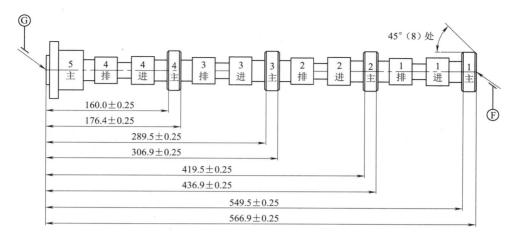

图 3.9 工序 40 工步 4 工序尺寸

凸轮轴加工精度高，产量大，因此在工艺安排上要划分加工阶段，即粗加工阶段、半精加工阶段、精加工阶段、光整超精加工阶段。划分加工阶段目的是：①有利于保证加工质量，因为粗加工切削力大、应力大、变形大，这些变形误差可以在精加工阶段进行修正；②有利于合理使用机床设备；③有利于及早发现毛坯缺陷并得到及时处理。

加工阶段的划分不是绝对的，对于毛坯精度高、余量小、刚性好、质量要求不高的工件可以不划分加工阶段。

5. 工序 50 精车其余轴颈、法兰、切槽并倒角

定位基准：两端中心孔，小轴颈端面定位。中间有中心架支撑（图 3.10）。

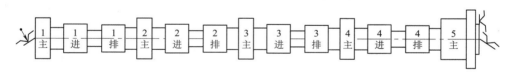

图 3.10 工序 50 定位基准

工步 1：精车第 4 主轴颈外圆。

工步 2：车法兰左右端面；

工步 3：粗精车第 5 主轴颈外圆、法兰盘轴颈外圆、小轴颈外圆及所有轴颈倒角（图 3.11）。

工步 4：粗车止推槽。

工步 5：精车止推槽。

工步 6：车清根槽（工序尺寸如图 3.12 所示）。

6. 工序 60 两端孔加工

设备：两端孔组合机床。

凸轮轴的钻孔、孔的攻丝，倒角全部在这个机床上完成。定位销孔和螺纹孔只有 4H 发动机凸轮轴上有，它是质量控制点，是后面工序的角向定位精基准。其他机型角向定位都是铣键槽定位，4H 凸轮轴没有键槽。

扫一扫

第4、5主轴颈为*Ra*3.2,其余加工表面为*Ra*1.6

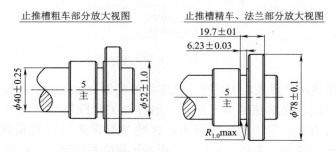

图 3.11　工序 50 工步 1、2、3 工序尺寸

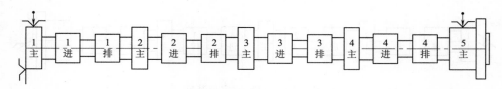

图 3.12　工序 50 工步 4、5、6 工序尺寸

　　定位基准:前后两个轴颈外圆,轴向定位基准是前端面。钻定位销孔的角度定位,粗基准是法兰盘上的豁口。后面以定位销孔为精基准加工凸轮,这是一个定位基准的转换(图 3.13)。

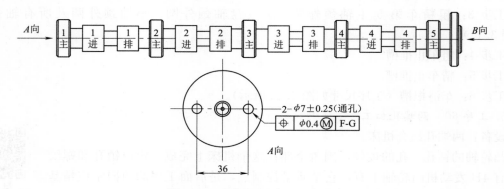

图 3.13　工序 60 定位基准

　　工步 1:钻第 1 主轴颈端面拔销孔 $\phi 7\pm 0.25$(图 3.14)。

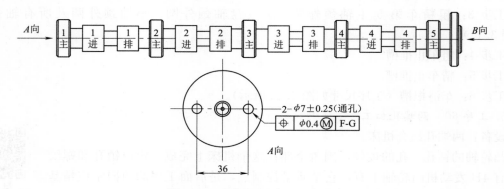

图 3.14　工序 60 工步 1 工序尺寸

工步 2：钻法兰端面定位销孔 $\phi7.8$。

工步 3：铰法兰端面定位销孔 $\phi8$（图 3.15）。

工步 4：法兰端面螺纹钻底孔。

工步 5：法兰轴颈螺纹攻丝 M8×1.25（工序尺寸见图 3.16），两端孔加工完毕后，后续工序就进入凸轮轴精加工阶段。

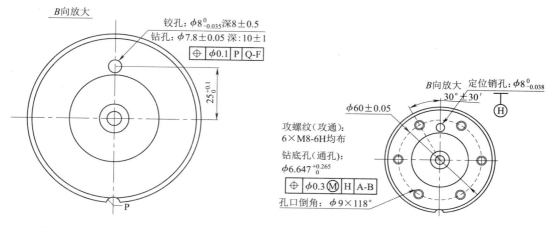

图 3.15　工序 60 工步 2、3 工序尺寸　　　图 3.16　工序 60 工步 4、5 工序尺寸

7. 工序 70　精磨第 3 主轴颈

定位基准采用两端中心孔。中间第 3 主轴颈用中心架进行辅助支撑（图 3.17）。工序 70 工序尺寸如图 3.18 所示，第 3 主轴颈是精加工装夹辅助支撑点，因此需要在精加工前首先精磨第 3 主轴颈。在后续工序中用中心架对第 3 主轴颈进行辅助支撑。控制零件加工过程中变形、跳动和让刀现象。

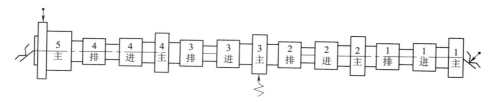

图 3.17　工序 70 定位基准

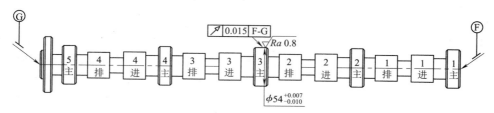

在整个轴颈宽度上的锥度，在直径上不超过 0.010
加工完后检查零件第 3 轴颈表面，不得有明显可见的砂眼、
气孔、黑皮和磕碰、划伤、多边形。

图 3.18　工序 70 工序尺寸

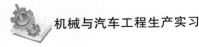

8. 工序 80　精磨其余所有主轴颈

设备：数控平面磨床。

定位基准：两端中心孔，中间第 3 主轴颈用中心架进行辅助支撑。凸轮轴主轴颈在发动机中主要作用是在缸体里支撑凸轮轴。

四缸发动机用 5 个主轴颈来支撑，六缸发动机用 7 个主轴颈来支撑。功率越大，凸轮轴越长，凸轮主轴颈越多。

工序内容：精磨 1、2、4、5 主轴颈（工序尺寸如图 3.19 所示）。

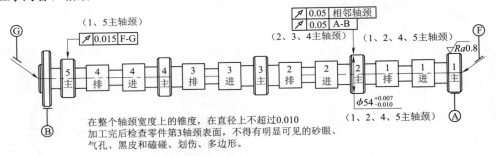

图 3.19　工序 80 工序尺寸

9. 工序 90　精磨小轴颈

加工内容：精磨正时齿轮轴颈外圆。即小轴颈外圆，台阶前端面，90°角清根。

设备：数控斜面磨床。

定位基准：两端中心孔，角向定位采用定位销孔（图 3.20）。

精磨正时齿轮轴颈外圆用于安装正时齿轮，正时齿轮和小轴颈的配合采用间隙配合。在发动机内部曲轴和凸轮轴的传动是靠这个齿轮来传动的。

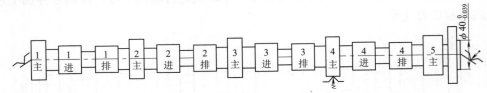

图 3.20　工序 90 定位基准

10. 工序 100　手动校直

细长轴在加工中很容易因为受到力、温度的影响而变形。凸轮轴校直即通过压床把变形量压回来，以保证零件的同轴度。

质量要求：2、3、4 主轴颈对 1、5 主轴颈的跳动小于 0.05 mm。可校直零件最大跳动量小于 0.1 mm，零件最多校直次数小于 5 次，校直后零件表面无明显裂纹、压痕和划伤。

校直定位基准：粗加工采用两端中心孔为定位基准。精加工校直采用凸轮轴两端轴颈外圆为定位基准（图 3.21），因为凸轮轴在发动机里工作时是用两端轴颈外圆为支撑点的。

11. 工序 110　粗、精磨所有凸轮

设备：全自动数控凸轮磨床。该工序是凸轮轴加工的关键工序。

扫一扫

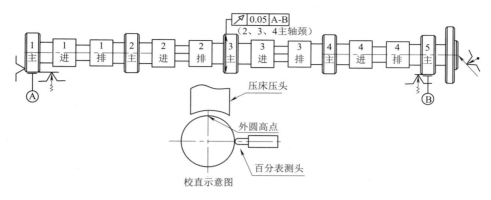

图 3.21　工序 100 定位及工序尺寸

定位基准：两端中心孔，角向定位采用定位销孔（康明斯凸轮轴为键槽是角度定位基准），中间用 3 个中心架来支撑（图 3.22）。

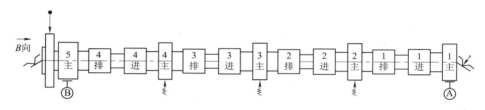

图 3.22　工序 110 定位基准

加工凸轮主要有两种模式：①传统的加工方法是机械仿型加工法，即用靠模凸轮法来加工，有仿型车床、仿型磨床，但是这种方法缺点是柔性差，不适合多品种凸轮加工，只能加工单一产品。②数控加工。通过程序控制砂轮加工凸轮的型面，即采用跟踪磨削法。加工时，砂轮和工件都旋转，同时砂轮在径向方向上通过数控程序控制前后移动，磨凸轮外圆型面。磨削时采用 CBN（立方氮化硼）砂轮进行磨削，因为凸轮材料为冷激球铁，硬度很高，一般砂轮磨不了。

工序内容如下。

工步 1：预磨全部凸轮；工步 2：粗磨全部凸轮；工步 3：半精磨全部凸轮；工步 4：精磨全部凸轮；工步 5：光磨全部凸轮（工序图如图 3.23 和图 3.24 所示）。加工完后检查各个凸轮，不得有可见的砂眼、气孔、黑皮和磕碰、多边形、划伤。

本工序磨削余量较大，达到 3 mm，磨削时，一个凸轮一个凸轮地磨，先粗磨后精磨。

磨削时采用 CBN 砂轮。CBN 砂轮的特点是热稳定性好，化学惰性强，磨削效率高，CBN 砂轮磨削线速度一般为 30～50 m/s，加工表面质量好。CBN 砂轮磨削时磨粒锋利，磨削力小，能获得较高的尺寸精度与较低的表面粗糙度，加工表面不易产生裂纹和烧伤，残余应力小，可用于加工各种淬硬钢、合金钢、模具钢、轴承钢、冷硬铸铁、高温合金。

图 3.25 所示为 CBN 砂轮实物。CBN 砂轮一般是在刚制轮毂外圆表面上沉积一层 CBN 磨粒层，CBN 磨粒层消耗完后，砂轮旋即报废。

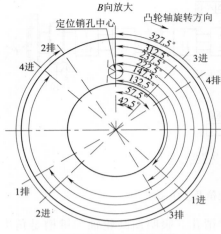

特别提示：
1. 上料前在两端中心孔内涂上机油；
2. 更改系统补偿参数和对刀时的参数输入，需有两人或两人以上确认并记录；
3. 零件的精加工面不允许有磕碰及划伤，凸轮上不允许有可测量刀痕；
4. 加工完后用锉刀去除凸轮边缘的毛刺，不得划伤轴颈和凸轮表面。

所有凸轮相位（相位允差为±15°）

图 3.23　工序 110 凸轮轴凸轮加工尺寸

加工完后检查各个凸轮不得有可见的砂眼、气孔、黑皮和磕碰、多边形、划伤。

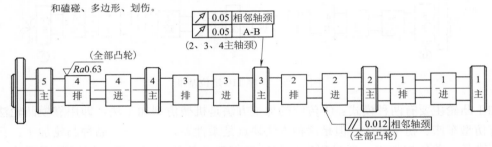

图 3.24　工序 110 凸轮轴凸轮加工尺寸

12. 工序 120　磁粉探伤

为了防止磨削后凸轮轴轴颈和凸轮表面有磨削烧伤产生的裂纹与缺陷，在凸轮磨削后需要对凸轮轴表面进行磁粉探伤。采用磷光磁粉探伤原理进行探伤。主要检查凸轮表面是否存在裂纹、气孔、烧伤等缺陷。

定位基准：轴的两端轴颈。

凸轮轴探伤结束后，还要对凸轮轴进行退磁处理。凸轮轴不能带磁进行工作。

图 3.25　CBN 砂轮

磁粉探伤质量控制要求如下。

（1）探伤前的凸轮轴必须清洁，不能有黏附磁粉的物质存在。

（2）零件进行周向磁化和轴向磁化，周向磁化电流为 750～1 500 A，轴向磁化时保证磁化量为 3 600～4 000 A/m。

（3）在紫外灯下，观察零件的次表面缺陷和表面缺陷（次表面缺陷是由于杂质引起的，杂质一般为细小的夹渣或条状氧化物；表面缺陷是指擦净磁悬浮液后，在光线好的地方肉眼可见的和手摸感觉得出的缺陷）。

（4）零件退磁后，保持零件最大剩磁量为 5 GS。

13. 工序 130　表面去毛刺

设备：光整机。

扫一扫

把凸轮轴埋在磨料里进行高速旋转，将零件表面的氧化层、毛刺都打磨掉。磨料材料为陶瓷材料。该工序质量控制要求如下。

（1）光整时间不少于 10 min，并根据光整效果适当调整。

（2）光整后 100% 目视检查凸轮，轴颈两边和其他表面不得有可见、触摸到的毛刺和锈斑。

（3）对去除不干净的毛刺在工作台上采用人工去除的方法，并清除掉所有孔内的磨屑。

（4）每季度清洗、筛选磨料一次，筛选后适量添加新磨料。

14. 工序 140　抛光

扫一扫

凸轮、凸轮轴颈精磨后，为了进一步提高其尺寸精度和降低表面粗糙度，还要进行光整加工。光整加工通常采用砂带抛光来完成。砂带抛光属于超精加工，一般可达到的尺寸精度等级为 6～5 级，粗糙度为 0.4～0.025 μm。

抛光工序采用的工具是细粒度的砂带，对所有主轴颈、凸轮进行砂带抛光。抛光的作用是降低零件表面粗糙度。表面粗糙度要求不同，采用的砂带磨粒大小也不一样。抛光时，砂带以一定的压力包在被抛光的凸轮轴表面上，工件以一定转速旋转，同时工件又作微量轴向左右移动，保证抛光面平行。抛光时采用煤油进行冷却润滑。一般抛光余量很小，产生的切削力和切削热也很小，从而能获得很细的表面粗糙度，采用砂带抛光还具有调整方便、磨削时间短、生产效率高等优点。经过砂带抛光后，凸轮轴轴颈和凸轮表面粗糙度可达 0.3 μm，为了减少方向性擦痕，工件在抛光时的旋转方向应该与精磨时相反。

此外，一般抛光余量很小，所以抛光工序不能提高工件加工表面的形状精度和位置精度。

定位基准：抛光采用的定位基准是凸轮轴两端中心孔，限制工件 5 个自由度（图 3.26）。

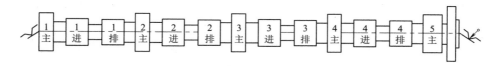

图 3.26　工序 140 定位基准

抛光工序内容如下。

工步 1：抛光所有主轴颈。

工步 2：抛光所有凸轮。

抛光方向：先逆时针再顺时针。

抛光时间：各 15 s。

所有主轴颈抛光后的直径尺寸为 $\phi54$ mm（上偏差正 0.004，下偏差负 0.02）；所有主轴颈表面粗糙度为 0.63 μm；所有进气凸轮基圆半径尺寸为 19 mm（上偏差为正 0.05 mm，下偏差为负 0.05 mm），所有排气凸轮基圆半径尺寸为 18 mm（上偏差为正 0.05 mm，下偏差为负 0.05 mm）；所有凸轮表面粗糙度为 0.4 μm，2～4 主轴颈对相邻轴颈的跳动为 0.05 mm。

工序尺寸如图 3.27 所示，抛光设备如图 3.28 所示。

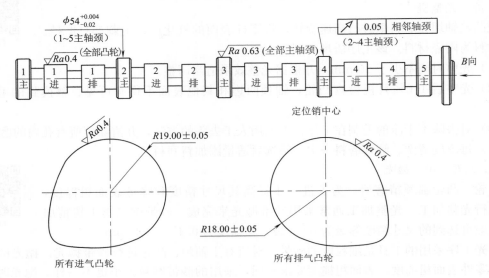

图 3.27 工序 140 工序尺寸

15. 工序 150　清洗

采用超声波清洗，清洗时间为120 s，喷淋时间为 90 s，干燥时间为 120 s，喷淋槽和超声槽温度为（50±5）℃。

超声波清洗工艺简介如下。

超声波是频率高于 20 000 Hz 的声波，它方向性好、穿透能力强，易于获得较集中的声能。超声波清洗机原理主要是通过换能器，将高频电能转换成机

扫一扫

图 3.28 凸轮轴抛光机

械振动，通过清洗槽壁将超声波辐射到槽中的清洗液中。由于受到超声波的辐射，使槽内液体产生很多微小气泡，并且这些微小气泡能够在超声波的作用下产生"空化现象"，即当声压或者声强的压力达到一定程度时，气泡会迅速膨胀，然后又突然爆裂。在爆裂瞬间产生强大的冲击波和压力，这种强大的冲击力能对被清洗零件表面上的污物进行高频撞击，剥离污物，最终达到清洗的目的。超声波清洗具有清洗洁净度高、清洗速度快的特点。能够有效清洗微小的裂缝和盲孔中的污物，不存在清洗死角，一般除油、除锈和磷化只要 3～5 min。

16. 工序 160　终检

凸轮轴终检尺寸如图 3.29 所示，零件加工面的缺陷检查标准如下。

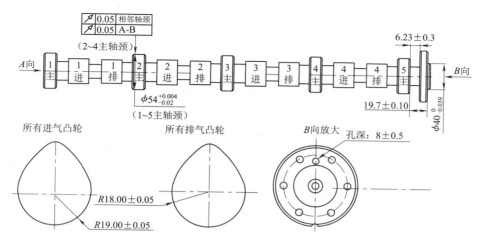

图 3.29　凸轮轴终检尺寸

（1）凸轮尖部：升程面不允许有缺陷；每个凸轮法兰面允许最多有 3 个大砂眼（任何方向上大小为 0.4～1.5 mm 的砂眼）；凸轮边缘不允许有缺陷。

（2）主轴颈上，大砂眼或疏松只要其周向间距大于 6.5 mm 是可以接受的；此外，只要小砂眼不在其他缺陷的周向 3 mm 范围之内，小砂眼允许存在。

所有主轴颈直径为 $\phi54$（上偏差为正 0.004 mm，下偏差为负 0.02 mm）。

小轴颈直径为 $\phi40$（上偏差 0，下偏差为负 0.039 mm）。

止推槽宽度为 6.23 mm（上偏差为正 0.03 mm，下偏差为负 0.03 mm）。

第 5 主轴颈后端到法兰后端距离：19.7 mm（上偏差为正 0.1 mm，下偏差为负 0.1 mm）。

所有进气凸轮基圆半径尺寸为 19 mm（上偏差为正 0.05 mm，下偏差为负 0.05 mm）。

所有排气凸轮基圆半径尺寸为 18 mm（上偏差为正 0.05 mm，下偏差为负 0.05 mm）。

2～4 主轴颈对相邻轴颈的跳动为 0.05 mm。

2～4 主轴颈对 1、5 轴颈的跳动为 0.05 mm。

定位销孔深度：（8±0.5）mm。

第 3 章习题

第4章

发动机缸盖工艺

4.1 缸盖概述

4.1.1 气缸盖的功用

缸盖相当于发动机的"呼吸道"和"消化道",作为发动机重要的核心 5C 部件(缸体、缸盖、曲轴、凸轮轴、连杆)之一,为典型的箱体类零件,在发动机上起重要作用。

(1)缸盖燃烧室面封闭气缸上部,并与活塞顶部和气缸壁一起形成燃烧室;燃烧室是内燃机(柴油/汽油发动机)将燃料的化学能转化为机械动能的场所。

(2)发动机缸盖是发动机的进排气导管阀座、气门弹簧、摇臂、推杆等组成的配气机构的装配基体。图 4.1 所示是顶置气门下置凸轮轴式配气机构缸盖。发动机工作时,曲轴旋转通过曲轴上的正时齿轮和凸轮轴上的正时齿轮啮合,把运动传递到凸轮轴上使凸轮轴旋转,凸轮轴上的凸轮 1 再推动挺柱 2 上下运动,推杆 3 一边和挺柱连接,一边和摇臂 7 相连,推杆上下运动控制摇臂摆动,摇臂一端和气门杆相

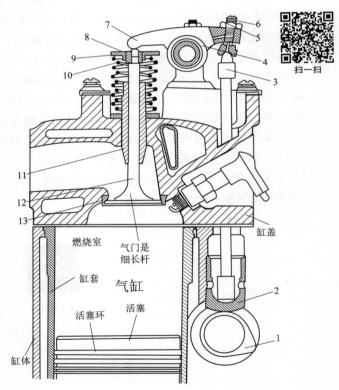

图 4.1　缸盖在发动机工作时透视图

1—凸轮轴;2—挺柱;3—推杆;4—摇臂轴;5—锁紧螺母;
6—调整螺钉;7—摇臂;8—气门锁片;9—气门弹簧座;
10—气门弹簧;11—气门导管;12—气门;13—气门座

连，气门杆插在气门导管里，在摇臂带动下在气门导管里作高速上下往复运动，控制气缸气门的开启和关闭，完成进气、排气和做功。

（3）发动机缸盖是发动机的进排气管、高压油管、喷油器/火花塞、燃油预热塞等组成的燃油供给系统的装配基体。

（4）气缸盖内部有铸造的冷却水套，其底面上的冷却水孔与缸体的冷却水套孔、整机的蜡式节温器、水泵及散热器、风扇等形成发动机冷却（大/小）循环系统，利用冷却液强制循环，冷却系统根据发动机实际温度及工况自动调节（发动机工作有一个温度范围，过高或者过低都不好），以便利用循环水套冷却燃烧室等高温部分，确保发动机工作水温相对稳定。发动机工作时气体压缩、燃烧，温度很高，其废气排放温度就达到 $500\sim700\ ℃$，气缸盖必须附加冷却水套进行降温。气缸盖底面是发动机燃烧室的一个组成部分，发动机在燃烧工作时，发动机缸盖直接面对一个高温、高压环境。

（5）形成发动机的机油润滑系统。气缸盖上所有的运动部件都需要润滑。例如，气门杆与气门导杆之间运动需要润滑；摇臂轴需要润滑，因为要不停地开启和关闭气门。

（6）形成发动机的机油润滑系统。气缸盖上机油道孔及气缸盖罩（防止尘埃及异物等落入造成机油变脏，另外防止机油溅出而造成油量缺少）形成发动机的机油润滑系统，对气缸盖上的运动摩擦副（摇臂与摇臂轴、气门与气门导管、凸轮轴与凸轮轴衬套）进行有效润滑，以延长其使用寿命，确保发动机正常工作。

气缸盖是内燃机零件中结构较为复杂的箱体零件，也是关键件，其精度要求高，加工工艺复杂，且加工质量直接影响发动机整体性能。气缸盖位于发动机的上部，其底平面经气缸衬垫用螺栓紧固在气缸体顶面上，为典型的箱体类零件，在发动机上起重要作用。缸盖的制造工艺的优劣，直接决定了发动机的制造成本、质量（动力性、经济性）和故障率。

4.1.2　气缸盖的分类

气缸盖的分类方法较多，根据结构和工作原理大致分为以下几种。

（1）根据每缸的气门数量，可分为 2 气门、3 气门（福田康明斯 ISG）、4 气门、5 气门（EA888、EA211）缸盖等。

（2）根据在每台发动上缸盖的数量，可分为整体式缸盖和分体式缸盖（一缸一盖、两缸一盖、三缸一盖）等。

（3）水冷发动机的气缸盖有整体式、分块式和单体式 3 种结构形式。在多缸发动机中，全部气缸共用一个气缸盖的，则称该气缸盖为整体式气缸盖；若每两缸一盖或三缸一盖，则该气缸盖为分块式气缸盖；若每缸一盖，则为单体式气缸盖。风冷发动机均为单体式气缸盖。

（4）根据其燃料分类，可分为汽油机缸盖、柴油机缸盖、压缩天然气（CNG）缸盖、液化石油气（LPG）缸盖、乙醇气缸盖等。

（5）根据气缸盖上凸轮轴的安装形式，气缸盖可分为单顶置凸轮轴式（SOHC）、双顶置凸轮轴式（DOHC）、凸轮轴下置式、装配分体式瓦盖的气缸盖、整体瓦盖上箱体的气缸盖等。

（6）根据燃料供给方式可分为（空气）自然吸气、涡轮增压、机械增压＋涡轮增压、

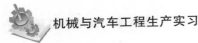

（燃油）化油器式、单点电喷、多点电喷、缸内直喷、混合喷射（Audi A4L）等形式。

（7）根据气缸盖上气门布置形式，可分为直列式、V形式等。

（8）根据气缸的冷却方式，可分为风冷发动机、水冷发动机。

（9）根据做功冲程，可分为两冲程发动机（摩托车发动机、进气压缩—做功排气）、四冲程发动机（汽车或工程机械用，进气—压缩—做功—排气）。

4.2 缸盖总体结构

■ 4.2.1 缸盖结构概述

缸盖为六面箱体类结构零件，包含6个主要的基本工作平面：缸盖顶平面（气缸盖罩盖安装面）（图4.2）、缸盖底平面（燃烧室面）（图4.3）、缸盖排气面（图4.4）、缸盖进气面（图4.5）、缸盖前端面、缸盖后端面；部分机型还包含了完整的弹簧窝座面（如DCi11）。这些大面积的平面，是全部工艺过程的基础（加工定位基准、测量基准）和装配基准，因此精度要求高（平面度为 $0.015/100 \times 100$，垂直度为 0.03，平行度为 0.05，粗糙度为 $Ra1.6$），加工难度大，对机床的几何精度、刀具的调整精度、工艺技术要求比较高。

扫一扫

图 4.2　DCi11缸盖顶平面　　　　图 4.3　DCi11缸盖底平面（燃烧室面）

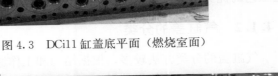

图 4.4　DCi11缸盖排气面　　　　　图 4.5　DCi11缸盖进气面

缸盖是结构复杂的多孔薄壁箱形零件，其上加工有进、排气门座孔，气门导管孔，火花塞安装孔（汽油机）或喷油器安装孔（柴油机），还有各种孔及螺纹孔，等等；在缸盖内还铸有水套、进排气道和燃烧室或燃烧室的一部分。缸盖本体一般需要压入导管、阀座、喷油器铜套或火花塞隔套、碗形塞、螺堵等特殊材料或结构的外协件，大大增加了气缸盖制造工艺的复杂程度。对于凸轮轴安装在气缸盖上的顶置凸轮轴缸盖，则气缸盖上还需要加工凸轮轴承孔或凸轮轴承座及其润滑油道。

■ 4.2.2 DCi11发动机缸盖总体结构特点

DCi11发动机缸盖总体结构有以下几个特点。

（1）缸盖为六缸整体式结构，每缸分布有 4 个气门，2 进 2 排。气门导管阀座底孔内分别镶入进、排气阀座和进、排气导管。

（2）整机采用缸内直喷技术，喷油器居中垂直布置，喷油器通过喷油器铜套传递热量冷却。此外，喷油器铜套将缸盖水套内的冷却液、喷油器溢流的燃油及高温高压燃气互相隔离。

（3）整机采用高压共轨技术，高压燃油分别通过位于进气侧的 6 只高压油管输送至喷油器内。高压油管安装在进气侧的高压油管连接孔内，用螺纹拧紧。

（4）进、排气道采用异侧布置，排气道位置比进气道高出 10 mm。

（5）进、排气道均采用"切向气道"＋"螺旋气道"的组合方式：气道绕气门导管右旋进入气缸，空气沿螺旋气道进入燃烧室，可以保证在低气门升程时能有较高的涡流强度，使燃油与空气充分均匀混合，以提高进气效率。

（6）缸盖内部铸造有上、下两层水套，冷却液从气缸盖底平面的机体上水孔进入，横流水双层水套采用自下而上、由后向前方向流动。缸盖内水流顺序为进气侧下水套→排气侧下水套→排气侧上水套→进气侧上水套→进气侧上水套的逆向冷却，再由气缸盖前端的出水孔流回水箱。

（7）缸盖最后一缸进气侧有一个较大的上水孔，冷却液大部分流经该孔进入气缸盖水套，然后由后向前依次冷却 6 缸、5 缸、4 缸、3 缸、2 缸、1 缸，最后流到 1 缸节温器前。

（8）节温器安装在缸盖前端，发动机小循环水流从缸盖流入缸体水泵入口。

（9）整机为凸轮轴下置式结构，推杆室位于排气侧，铸造成型，不需要机械加工，但不规则的铸造坯缝及氧化皮较难清理。

（10）燃油回油孔为长深孔，钻孔直径为 8.5 mm，深度为 933.5 mm，其中前端由碗形塞封堵，后端用螺纹连接装配燃油回油管。

（11）进排气面、前后端面、顶面及燃烧室面均铸造出砂孔，在整机上多通过碗形塞实现可靠封堵。在极寒气候条件下，水套内结冰体积膨胀后，可将碗形塞挤掉释放应力，防止缸盖冻裂。

■ 4.2.3 DCi11 发动机缸盖工作条件

缸盖内腔结构复杂，包含进气道、排气道及冷却水套，壁厚极不均匀，由此造成铸造残余应力很大。此外，气缸盖各部分的温度分布很不均匀，温度梯度大。底面燃烧室部分温度很高，而冷却水套部分的温度较低。进、排气道温度相差也很大，进气道进入的是常温气体，而排气道排出的是高温废气。活塞高速直线往复运动和气体压力产生的高温，冷态与连续运转时温度变化也很大。因此，气缸盖承受的机械应力和热应力都很大，是发动机设计制造难度最大的零件之一。

工作条件：①气体压力（高频脉冲机械应力——高温、高压燃气）；②缸体缸盖连接螺栓等安装附件的预紧力；③热应力；④内部润滑油、冷却水、废气对缸盖有腐蚀冲击。

缸盖设计应满足以下要求：

（1）缸盖应具有足够的刚度和强度。燃烧室密封工作时，压力巨大，所以缸盖铸造时，强度、刚性要好。工作时缸盖变形在允许的范围内，并保证与缸的接合面和气门座的接合面密封良好。缸盖变形大会加速气门座磨损、气门杆咬死和气缸密封遭到破坏，造成漏气、漏水和漏油，使内燃机无法工作。

（2）合理布置进、排气道等，力求使内燃机性能良好。

（3）结构力求简单紧凑，铸造及加工工艺性好，冷却充分，避免产生应力集中。

（4）冷却良好，尽量使缸盖温度场分布均匀，尽可能减小热应力，避免气门座之间形成裂纹。优化进、排气道的设计，以提高整机的动力性、经济性及满足日益提高的排放要求。

■ 4.2.4 缸盖气门导管、气门阀座

汽车气门，也称节气门，气门在发动机缸盖上。气门（value）的作用是专门负责向发动机内输入燃料并排出废气。

发动机配气机构包括驱动系统到气门头部的所有部件，配气机构有多种形式。根据凸轮轴的位置不同，配气机构可分为下置凸轮轴式、中置凸轮轴式、上置凸轮轴式（图4.6）。有些发动机凸轮轴会安装在缸盖上，而有些发动机凸轮轴会安装在缸体上，如4H发动机、DCi11发动机。图4.7所示为凸轮轴安装在缸体上的下置凸轮轴的顶置气门式配气机构。发动机工作时，曲

（a）凸轮轴下置　（b）凸轮轴中置　（c）凸轮轴上置

图4.6 配气机构结构形式

轴旋转通过曲轴上的正时齿轮和凸轮轴上的正时齿轮啮合，把运动传递到凸轮轴上使凸轮轴旋转，凸轮轴上的凸轮转动再推动挺柱（图4.8）上下运动。推杆一边和挺柱连接，一边和摇臂相连，推杆上下运动控制摇臂沿着摇臂轴旋转摆动。摇臂一端在气门弹簧弹性力作用下和气门杆尾端始终保持接触，气门杆插在气门导管里，在摇臂带动下在气门导管里作高速上下往复运动，控制气缸气门的开启和关闭，按照发动机每个气缸内所进行的工作循环和发火次序的要求，定时开启和关闭气缸的进、排气门，使新鲜可燃混合气（汽油机）或空气（柴油机）得以及时进入气缸，废气得以及时从气缸排出。

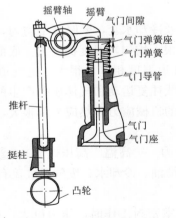

图4.7 下置凸轮轴的顶置气门式配气机构

图4.8 挺柱

　　气门间隙：为保证气门关闭严密，通常发动机在冷态装配时，在气门杆尾端与气门驱动零件（摇臂、挺柱或凸轮）之间留有适当的间隙。

　　气门组主要零件组成：气门、气门座、气门导管、气门弹簧等（图 4.9）。

　　气门是个喇叭状结构，分为杆部和头部（图 4.10），装在缸盖上的气门导管中，随着摇臂摆动进行往复运动，并且运动很快。气门头部朝向气缸，背面与气缸上的气门阀座（又称气门座圈）接触（图 4.11），气门落座时关闭燃烧室密封空气，为了保证燃烧室关闭时不漏气，要求气门头部锥面和气门阀座配合紧密，密封性好，有较高的配合精度。气门座圈直径对密封性有影响，气门座圈直径小密封性相对较好，但是传热性能较差。为了获得更多的新鲜空气参与燃烧，提高充气效率，一般来说进气门座圈直径比排气门座圈直径大。相应的气门头部直径是进气大于排气，气门头部厚度是进气小于排气。气门头部呈锥面，用于与座圈密封，其密封锥面进气门角度为 60°，排气门锥角为 45°。气门杆很长，刚度低，容易变弯，在运动过程中需要导向，因此在缸盖上要加气门导管进行导向和提高支撑刚度。在缸盖上要加工出导管底孔和阀座底孔，这两个孔是相通的，呈一一对应关系（图 4.12）。后面这些孔要安装气门导管（图 4.13）和气门阀座（或者座圈）（图 4.14）。其中排气阀座底孔上安装排气阀座（或者座圈），进气阀座底孔上安装进气阀座。

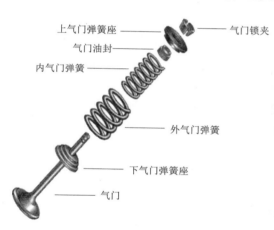

图 4.9　气门组的基本组成

图 4.10　气门

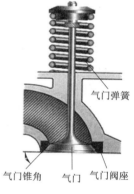

图 4.11　气门与气门阀座

图 4.12　导管底孔和阀座底孔

图 4.13　气门导管

图 4.14　气门座圈

传统发动机每个气缸只有一个进气门和一个排气门，现在多采用多气门技术，常见的是每个气缸布置有4个气门（2进2排），这种多气门结构容易形成紧凑型燃烧室，喷油器布置在中央，这样可以令油气混合气燃烧更迅速、更均匀，各气门的质量和开度适当地减小，使气门开启或闭合的速度更快。气门工作时，进气靠真空负压吸气，排气为压缩行程终了压力挤压将废气推出。因此排气较进气容易。为了获得更多的新鲜空气参与燃烧，提高充气效率，进气门尺寸大于排气门。排气门热负荷更大，气门头部厚度大于进气门，一般采用双弹簧驱动。

由于气门和气门座工作副的工况极其恶劣、苛刻，因此气门座圈必须具备以下几个特征。

（1）柴油机/高速汽油机正常运转时，气门每分钟开启关闭数千次，对气门座圈的冲击很大。此外，气门在开启和关闭时，密封锥面产生高速滑移摩擦，高速进气流夹杂着空气中的灰尘微粒，高温高压排气流夹杂着燃烧产物在经过气门时，也会对气门座产生高速摩擦，要求气门座圈具备良好的耐磨性。

（2）柴油燃烧的高温会传递给气门座圈，要求气门座圈具备一定的耐热性。

（3）材料在高温下组织成分会发生变化、变质。因此气门座圈的材料应具备热稳定性，材料在高温下不变质。

（4）柴油中的硫元素燃烧后生成 SO_2，遇水会生成硫酸，汽油中的铅元素燃烧后生成 PbO_2，对气门座圈会产生腐蚀损坏。因此气门座圈的材料应具备耐腐蚀性。

（5）气门座圈为薄壁零件，受配气机构工作时的冲击负荷较大，易变形和损坏。因此气门座圈的材质在高温下必须具有足够的刚度和强度。

（6）气门座圈受柴油燃烧的高温作用温度会升得很高，高温热量必须由气门座通过气缸盖本体传递给冷却水，才能保持气门和气门座圈不产生过大的热变形与损坏。因此气门座圈起着导热作用，材料必须有良好的热传导性。

（7）气门座圈成品一般是铸造切削、磨削而成的，因此材料应具备良好的铸造性能和切削加工性能。

（8）气门阀座和气门组成一对重要的密封摩擦副，承受配气机构的高频机械冲击作用，新鲜空气的冲洗（进气）、高温燃气的冲刷腐蚀（排气）、燃烧产物（积碳）、空气中粉尘颗粒等异物的磨损作用，以及热应力的交替作用，极容易发生变形、烧损甚至断裂损坏。

■ 4.2.5　DCi11发动机缸盖装配附件——喷油器铜套、碗形塞、高压油管、喷油器

缸盖在铸造时有很多出砂孔，缸盖加工完毕后，每个出砂孔上都要安装一个碗形塞（堵盖）（图4.15），把出砂孔堵上。碗形塞也称堵盖、闷盖，与厌氧胶一起实现铸造出砂孔的封堵，防止缸盖工作时渗漏。

喷油器是一种向发动机缸体燃烧室喷射高压燃油的装置。它将高压油泵来的燃油雾化成容易着火和燃烧的雾滴，以一定的喷油压力、喷雾细度、喷油规律、射程和喷雾锥角喷入燃烧室的特定位置，并使喷雾和燃

图 4.15　碗形塞（堵盖）

烧室大小、形状相适应，分散到燃烧室各处，和空气充分混合燃烧，其典型结构和实物如图 4.16 和图 4.17 所示。

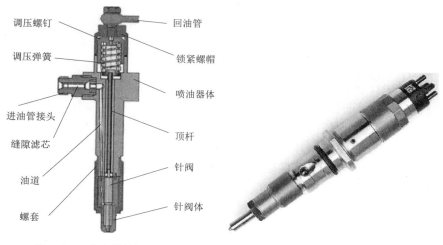

图 4.16　喷油器结构示意图　　　　　图 4.17　喷油器实物

喷油器套安装孔（阶梯孔）中压入喷油器铜套，在喷油器铜套中再安装喷油器（图 4.18）。喷油器上方连接高压燃油管路（高压油管），下方连接进气歧管。

在导管底孔和阀座底孔中间是喷油嘴孔，DCi11 发动机缸盖上共有 6 个喷油嘴孔，是缸盖上最小的孔（图 4.19）。

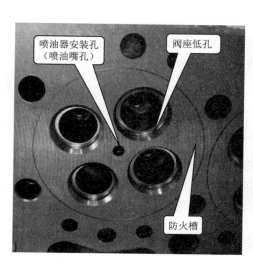

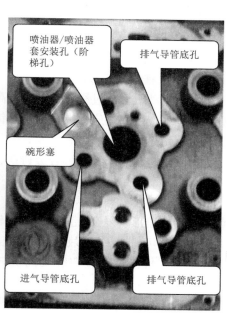

图 4.18　喷油器安装孔　　　　　　　图 4.19　气门导管底孔

喷油器铜套的主要作用是承载喷油器以及密封气缸盖内部水腔，隔离冷却水和燃油。喷油器铜套是以冷压装方式压入喷油器套安装孔（阶梯孔）中的，铜套的压装质量，直接影响到柴油机气缸盖的气密性和柴油机的燃烧性能。

　　喷油器铜套由紫铜材料冷挤压成型，底部车削加工，通过 O 型圈、环槽及喷油器铜垫将铜套外侧的冷却液与铜套内侧的低压燃油以及气缸内燃气隔绝，为气缸盖上的风险件、重要件、关键件（图 4.20）。

　　缸盖工作过程中，承受气体压缩做功和紧固气缸盖螺栓所造成的机械负荷，同时由于与高温燃气接触而承受很高的热负荷，因此，为了保证气缸的良好密封，缸盖应具有足够的强度和刚度，既不能损坏，也不能变形，以保证在气体的压力和热应力的作用下可靠地工作。为了使缸盖的温度分布尽可能的均匀，避免进、排气门座之间发生热裂纹，缸盖内部的进排气通道应使气体通过时流动阻力最

图 4.20　喷油器铜套

小，还应冷却可靠，并保证安装在其上的零部件能可靠地工作，以便对气缸盖进行良好的冷却。

■ 4.2.6　缸盖的常用材料及毛坯

　　1. 对缸盖材料的要求
　　（1）优良的综合机械性能，较高的强度和刚度。
　　（2）较高的疲劳强度、热疲劳强度及蠕变性能。
　　（3）良好的耐磨性。
　　（4）良好的导热性。
　　（5）优良的加工工艺性（铸造工艺性及切削加工性能）。

　　2. 缸盖常用材料
　　由于缸盖在发动机做功过程中需要承受高温高压燃气的爆发冲击力、螺栓预紧的机械应力、自身热涨冷缩产生的热应力以及残余的铸造加工残余内应力，所以要求缸盖本体有足够的强度、刚性及耐热性。

　　（1）常用缸盖材料有灰铸铁、合金铸铁、铝合金及镁合金等。

　　（2）卡车用发动机缸盖材料以灰铸铁（HT200、HT250 等）、合金铸铁或低铜铬铸铁为主。

　　优点：由于缸盖形状复杂，灰铸铁具有较好的耐磨性、耐热性、耐高压、减振性和良好的铸造工艺性以及切削加工性优良，具有较高的强度，尺寸稳定性好（膨胀率较小），原材料丰富，成本低，价格便宜。一般柴油机气缸盖都采用铸铁 HT200、HT250 或合金铸铁铸造。

　　缺点：尺寸庞大，比较笨重，散热性能不如铝合金。

　　（3）轿车用小型汽油发动机缸盖，多采用铝合金材料，充分发挥其密度小、导热性能好的特点。

　　和铸铁缸盖相比，铝合金缸盖导热性能较好，有利于适当提高压缩比，提高发动机效

率；铝合金质量也较轻，可以降低整车、整机的质量，符合车辆设计轻量化的发展方向。因此轿车用的轻型发动机多采用铝合金（ZL110）气缸盖。但是铝合金气缸盖刚度差，使用过程中容易变形。

（4）发动机缸盖材料发展。随着动力性、经济性的需求持续增长，尾气排放标准加严〔三高三低：高动力性（大功率、低速时输出大扭矩）、高燃油经济性、高可靠性、低排放、低噪声、低振动〕，迫使大功率柴油发动机纷纷提高压缩比，发动机的热负荷和机械负荷大幅度增加。

目前使用的灰铸铁和合金铸铁缸盖已经逐步达到其至超过了材料性能的极限。蠕墨铸铁（RuT375 等）已经逐渐取代常规材料，从早期的火车车轮、刹车等进入发动机缸盖的铸造生产领域。蠕墨铸铁具有较高的强度和刚性、良好的导热能力，缸盖经受急冷急热时，断面上温差较小，产生的热应力也较小，在一定的温度范围内仍然能保持较好的机械性能、耐热疲劳性能，表面不易产生裂纹，与合金铸铁相比，铸造性能好，缩松倾向小，渗漏率低，等等，所以蠕墨铸铁用于柴油机缸盖具有突出的优点。

3. 发动机缸盖毛坯制造

缸盖毛坯制造一般采用砂型铸造成型，其铸造方法取决于生产规模和缸盖结构的复杂程度。对于单件小批量生产多采用木模手工造型；在大批量生产时，采用金属机器造型、制芯、涂料，并能实现机械化流水作业。现在在产品设计和开发初期阶段，缸盖毛坯或样件一般采用快速成型（3D 打印）的方法获得。

经铸造清理后的缸盖毛坯常有很大的铸造内应力，影响缸盖机械加工的质量。为此，在加工前应采用时效方法消除内应力，但在大批量生产中采用人工时效和自然时效都有困难。经生产实验证明，在缸盖浇注后，在 400 ℃左右开箱，利用铸铁余热进行自然冷却，可减小铸造内应力。缸盖毛坯的技术要求是：毛坯不应该有裂纹、冷隔、浇不足、表面疏松（密集性针眼）、气孔、砂眼、沾砂等，并且保证定位基面（粗基准）、夹紧点和粗传送点光滑，一致性好。具体技术要求，各生产厂根据零件的具体使用情况，制定了详细的标准。例如，有的生产厂规定在气缸盖非加工表面上不允许有最大测量尺寸大于 3 mm，深度大于 1.5 mm 的气孔，尺寸未超过上述规定的单独气孔和凹坑的数量也不允许多于 7 个，在已加工的重要表面上不允许有数量多于 5 个的单独气孔，等等。主要缺陷的成因如下。

裂纹：铸造应力造成。

冷隔：浇注过程中铝水冷却速度不一致造成。

表面疏松：浇注温度不当或铝水成分不当。

气孔：浇注铝水中夹杂了空气。

砂眼：浇注铝水中夹杂了杂质。

粘砂：工件出炉温度不当或没有喷丸等。

4. 发动机缸盖附件材料

早期的气门阀座一般采用耐热合金铸铁材料。气门导管一般采用铸铁（含磷灰铁）。目前，粉末冶金材料在气门阀座和导管上运用得越来越多。

以 DCi11 缸盖产品为例，导管阀座相关参数如下。

（1）气缸盖的气门导管、气阀座圈由外协厂家提供，与缸盖导管底孔、阀座底孔过盈配合。进排气导管底孔与导管 $\phi 14$（0/+0.018）/（+0.023/+0.034））过盈量为 0.005～0.034，进气阀座与底孔过盈量为 0.07～0.11，排气阀座与底孔的过盈量为 0.06～0.10。

（2）进/排气气门导管材料为高磷铸铁 HT37（国Ⅲ）烧结铜钢（国Ⅳ），硬度为 HB212～269；进气气门座圈材料为 X200CrMoSi35-2M（国Ⅲ）、V581（国Ⅳ，铁基粉末冶金），硬度 HRA67～74；排气气门座圈材料为 X150 MoCrV12-8M、V571（国Ⅳ，铜基粉末冶金），硬度大于 HRA70。

（3）由于毛坯缺陷、加工及使用造成导管阀座损坏，可以按照返修工艺，取出后重新压装，补充加工至成品。

粉末冶金材料是以金属或金属粉末（或金属粉末与非金属粉末的混合物）作为原料，按照工艺要求不同比例混合，经过成形和烧结制造而成的金属材料、复合材料以及各种类型制品的工艺技术。粉末冶金与生产陶瓷烧制有相似之处。

4.3　DCi11 发动机缸盖工艺

4.3.1　DCi11 发动机缸盖零件介绍

DCi11 发动机缸盖零件介绍如下。

（1）缸盖毛坯尺寸长×宽×高＝946 mm×267 mm×153.25 mm。质量为 141 kg；硬度为 HB210～HB277；材料为 14M（相当于 HT280）。

（2）缸盖成品尺寸长×宽×高＝933.5 mm×257 mm×140 mm；质量为 105 kg。DCi11 柴油机气缸盖总成示意图如图 4.21 和图 4.22 所示。

图 4.21　DCi11 柴油机气缸盖总成示意图　　　　图 4.22　DCi11 柴油机气缸盖总成示意图
　　　　　　（顶平面）　　　　　　　　　　　　　　　　　　　（底平面）

（3）对缸盖毛坯的技术要求：不应有裂纹、浇不足、表面疏松、气孔、砂眼、粘砂等缺陷。定位基面（粗基准）和夹紧表面应该光滑平整。

（4）缸盖成品满足图纸要求的技术规范。

DCi11 缸盖总体结构见表 4.1。

表 4.1　DCi11 缸盖总体结构

底平面（燃烧室面）	进排气导管阀座安装底孔、导管孔—阀座锥面、喷油器孔、缸盖螺栓孔（通孔）、水孔、机油道孔、底面防火槽、气门坑
顶平面（气门罩盖安装面）	气门弹簧窝座面、紧固螺纹孔系（气门罩盖、排气制动、喷油器压板、摇臂支座）、顶面出砂孔、喷油器/喷油器套安装孔（阶梯孔）、气门导管底孔、推杆孔
进气面	进气道、进气面出砂孔、高压油管连接孔（阶梯孔）、进气歧管紧固孔系
排气面	排气道、排气面出砂孔、排气歧管紧固孔系
前端面	燃油回油道、线束孔、前端水盒紧固孔系
后端面	燃油回油道、回油管安装凹座及螺纹孔、后端面出砂孔

气门罩盖安装面，安装气门罩盖，防止灰尘杂质进入缸体。喷油气孔（是一个阶梯孔），还有一些不加工的孔，如出砂孔。

4.3.2　DCi11 发动机缸盖零件图

DCi11 缸盖零件图如图 4.23～图 4.28 所示。

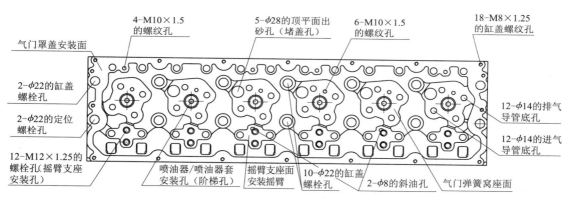

图 4.23　DCi11 发动机缸盖（顶平面）

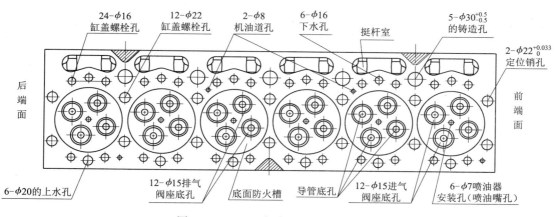

图 4.24　DCi11 发动机缸盖（底平面）

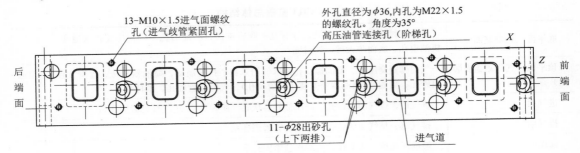

图 4.25　DCi11 发动机缸盖（进气面）

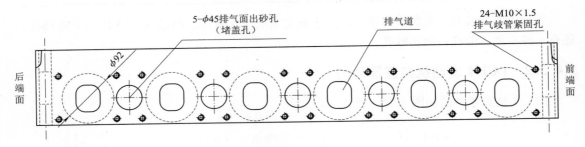

图 4.26　DCi11 发动机缸盖（排气面）

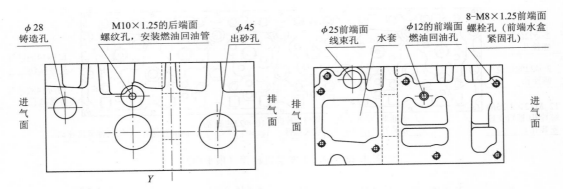

图 4.27　DCi11 发动机缸盖（后端面）　　　　图 4.28　DCi11 发动机缸盖（前端面）

■ 4.3.3　缸盖工艺设计

1. 工艺设计原则

（1）安排加工顺序时总的原则是先面后孔（或槽）、先粗后精、先主后次、先基准后其他，大致过程是顶平面加工、侧面加工、定位孔加工、一般孔加工、主要孔粗加工、主要孔精加工。

（2）基准统一，尽量提高工序集中，减少基准转换，特别是相互位置要求高的重要面和孔系，尽量集中在一道工序上一次定位夹紧完成，以减少重复定位误差的影响，有利于保证位置精度。

（3）为避免底平面划伤，影响缸盖的密封性和保证导管底孔、气门座底孔的加工精度，同时保证底面的平面度，在导管孔和气门座底孔精加工阶段之前将底平面精铣一次。

（4）加工过程中水腔渗漏试验一般安排一次，如果毛坯气孔、砂眼等缺陷严重，则需要安排二次。密封性试验在水腔加工完后进行。

（5）振动清理内腔铁屑杂物工序，应安排在与水腔有关加工工序以后最为适宜，免得振动清理后又加工与水腔有关部位，又有铁屑掺进去，以后还必须进行清洗。

（6）加工系统的柔性（多品种适应性）。

（7）辅助工序和检验工序的合理安排。

（8）边缘工艺、去毛刺、清洁度、防磕碰划伤。

（9）生产线的防错设计。

（10）制造全过程质量信息追溯。

2. 工艺水平的选择

工艺水平是指完成零件制造所采用的工艺方法、设备、工艺装备以及生产组织形式的总称；工艺技术需要完成制造工艺的传承及创新（传承是创新的基础，没有传承，创新就没有基础）、制造资源的统筹协调、秉承精益求精的传统制造精神或是执着的工匠精神的企业文化；汽车制造业被誉为"工业中的工业"，其工艺技术水平的高低，直接反应了中国制造的工业技术水平。

工艺水平恰当可获最佳的技术经济效果。确定工艺水平应遵循以下原则：①与生产纲领相适应的原则；②最佳经济效果的原则；③积极采用与生产纲领相适应的新工艺、新技术。简单概括为设备/技术的先进性、经济合理性、安全适用性等综合分析评估。

3. 定位基准的选择

基准是用来确定生产对象几何要素间的几何关系所依据的那些点、线、面。基准根据功用不同可分为设计基准和工艺基准两大类。

设计基准是指设计图样上采用的基准。

工艺基准是在机械加工工艺过程中用来确定本工序的加工表面加工后尺寸、形状、位置的基准。工艺基准按不同的用途可分为工序基准、定位基准、测量基准、装配基准。

定位误差包括基准不重合误差、基准位移误差。

4. 缸盖的基准

在缸盖产品要求中，主要有 3 个方向的基准：长度方向基准、宽度方向基准、高度方向基准。第一基准为缸盖底面的缸体缸盖，缸体合箱装配用的定位销 BV1，高度方向以底面为基准。

缸盖为典型的箱体类零件，其加工工艺复杂，加工精度高，定位方式一般为一面两销。由于缸盖质量较大（成品为 107 kg，毛坯为 141 kg），缸盖顶面与缸体无直接配合关系，因此，实际加工过程中，一般不采用产品基准，而是采用缸盖螺栓孔靠近底面及顶面的两端作为定位及检测基准。缸盖顶面及该面上的两个定位销孔常用来作为过渡基准，缸盖底面（与缸体的接合面）及该面上的两个定位销孔作为主要定位基准。

（1）粗基准的选择。粗基准——过渡基准/精基准：采用底面 3 个铸造工艺凸台小平面（P_1、P_2、P_3）、两个进气阀座底孔（BV123、BV129，水平分中）和两个进气门阀座底孔（BV121、BV131，垂直分中）为粗定位基准，加工出顶平面及 2 个工艺销孔，再以顶平面及

2个工艺销孔定位加工底平面及其孔系,保证座圈底孔壁厚均匀、进排气道质量尽可能少偏切(切削加工可能破坏气道的结构,影响进排气涡流比),以及其他非加工面的壁厚均匀。[加工设备:进口 CNC 加工中心,顶面或顶面基准面加工;加工获得的精基准:顶面及顶面 BV3~BV9、BV10~BV16($\phi20$)]。

(2)基准转换。过渡基准——过渡基准:加工底面及底面 BV3~BV9,作顶面孔系加工的定位基准[顶面及顶面 BV3~BV9($\phi20$)]。

(3)基准转换。过渡基准——精基准:导管阀座精加工需要用顶面及顶面 BV3~BV9 定位,定位部位需要修整[底面及底面 BV3~BV9($\phi22$)]。

(4)过渡基准的使用。

粗加工阶段:切削效率要求高,切削力较大,考虑到缸盖毛坯大批量生产过程中,可能发生铸造上下砂箱错箱,或者模具保养不当,可能导致毛坯局部肥大及余量不均匀,影响加工质量;另外,多次定位插拔定位销会对定位销孔造成破坏,使用第二套定位系统(加工设备:国产专机 YNX151/152;基准:顶面 BV10~BV16)。

半精加工阶段(进排气面及前后端面孔系加工、导管阀座底孔精加工):工艺内容繁杂,工序比较集中(国产 CNC 自动线 EQRX09 线,顶面基准面及顶面 BV3~BV9)。

精加工阶段:工艺要求高,箱体类零件多选用一面两孔为精基准,在加工中遵循基准统一原则,保证夹具结构的统一,达到设计基准与定位基准、装配基准重合,利用夹具、设备及刀具共同保证加工精度(进口 CNC 加工中心,顶面及顶面 BV3~BV9)。

■ 4.3.4　缸盖加工主要内容

缸盖加工工艺复杂,从其零件图可以看出主要加工表面及内容如下。

(1)平面及凹槽的铣削、磨削加工(底面防火槽及卸荷槽、喷油器小孔环槽、凸轮轴瓦片槽)。

(2)凹座的锪削加工(高压油管孔口、燃油回油孔孔口)。

(3)螺栓孔钻削加工。

(4)进排气面及前后端面螺纹孔系钻削、倒角及螺纹攻丝加工。

(5)预铸出砂孔孔系扩孔、镗削、铰削加工。

较难加工的工艺内容如下。

(1)导管底孔的精密镗/铰削及阀座底孔的精密镗削加工。

(2)导管孔的精密镗/铰削及阀座锥面的精密镗削/车削加工。

(3)燃油回油孔的枪钻加工。

(4)喷油器孔系加工。

(5)高压进油管连接孔加工。

除了机械加工工艺过程外,还包含以下辅助工艺过程:

(1)清洗工艺。伴随着加工过程,零件需要经过多道清洗工序,包括粗加工之后的简易清洗,以及时清理表面及内腔的粗加工铁屑,防止铁屑黏结生锈,提高现场 5S 水平。导管阀座压装前、瓦盖拧紧前的中间清洗,为装配工序创造有利的条件;零件总成下线前,需要最终进行彻底清洗。缸盖总成的燃油系统、机油系统及水套的清洁度(杂质含量、颗粒度)

对整机的可靠性也有重要影响，也要彻底清洗。

（2）压装工艺。缸盖上需要压装气门导管、气门阀座、出砂孔碗形塞片、喷油器铜套、定位销等优质材料制造的外协件。外协件的装配质量对发动机总成工作的可靠性起到重要作用。

（3）拧紧工艺。气缸盖的瓦盖拧紧质量对缸盖加工质量及整机装配质量都有重要影响。部分气缸盖产品采用了螺堵密封机油道，通过在螺纹上涂胶后拧紧，实现螺纹的可靠密封。

（4）试漏工艺。分别封闭待测试的密封通道，包括机油道、燃油道、水道、气道，向内腔充入压缩空气的方法确认内腔的泄漏部位。传统的方法为将密封的缸盖沉入水中，观察是否有气泡持续冒出；现在已演变为干式试漏，通过差压式传感器、压降式传感器或者流量传感器精确判断测试通道是否泄漏。大批量生产过程中，如果毛坯缺陷比例大，一般在粗加工完成后、精加工之前安排第一次泄漏试验，可尽早排除不良的毛坯零件，避免精加工造成浪费。在全部完成加工后再进行总成泄漏试验，确保缸盖总成产品无"三漏"（漏水、漏油、漏气）。

■ 4.3.5　加工工艺顺序的安排

1. 基准先行原则

基准表面先加工，为后续工序提供定位基准，进行可靠定位。第一精基准加工完成后，可以根据需要进行基准转换，形成其余的精基准。

轴类零件第一道工序一般为铣端面、钻中心孔，然后以中心孔定位加工其他表面。

箱体类零件（如发动机缸盖、汽车变速箱壳体等）的第一道工序一般是定位基准面及基准定位销孔的加工（一面两销）。

加工方法：小批量生产采用划线找正加工；大批量生产采用专用夹具，定位基准与铸造基准一致。

注意事项：①先定位，后夹紧；②可以完全定位，也可以不完全定位，但是不能欠定位，谨慎采用过定位；③毛坯粗基准只能用一次；④精基准在加工、装配等工序中多次使用，尽量不要破坏；⑤为了保证最终精加工工序的精度，精加工前可修整加工基准，也可以采用两套定位系统（如阶梯铰定位销孔，或者 4 个定位销孔），粗、精加工阶段分段使用。

2. 先面后孔原则

当零件有较大的平面可以用来作为基准时，多采用先加工平面，再以平面定位加工孔（如螺栓孔、紧固小孔、键槽、瓦片槽、防火槽、卸荷槽等），以保证孔和平面之间的位置精度。

（1）切除大表面的加工层，容易发现内部缺陷，减少加工浪费，同时减小精加工变形量。

（2）深孔加工尽可能安排在前面工序，以避免较大的切削内应力，影响精加工的质量。

（3）先面后孔加工，定位比较稳定可靠，装夹比较方便。应尽量避免在粗糙的表面、斜面、圆弧面上直接钻孔，这会导致刀具引偏或打刀。

（4）平面表面与孔口的毛刺会向孔口外翻出，便于清理毛刺。

（5）一般很多零件的面是主要定位基准和测量基准，先加工面符合基准先行原则。

案例：如果先加工底面防火槽，再加工燃烧室面，则底面防火槽圆周毛刺很多。

3. 先主后次原则

先加工主要表面（位置精度要求较高的基准面和工作表面），后加工次要表面。次要表面的加工一般在主要表面达到一定精度后，最终精加工前。

4. 先粗后精原则

粗、精分开的优点如下：

（1）有利于消除粗加工时产生的热变形和内应力，提高精加工的精度。

（2）有利于及时发现废品，避免浪费工时，增加生产成本。

对于精度要求较高的零件，按由粗到精的顺序依次进行，逐步提高加工精度。这一点对于刚性较差的零件尤其不能忽视。

5. 加工工序总体安排

通常的过程是：顶底平面、过渡基准加工→主定位基准加工→前后端面及进排气阀侧面加工→主要孔粗加工及一般孔系加工→精铣底面，导管阀座底孔及精加工。

特殊加工工序及边缘工序安排：贯穿于气缸盖的全部工艺过程中，进排气道部分的修正加工，以及在切削加工工序之间插入气门阀座及气门导管的压装、清洗等工序，这些特殊工艺不同程度地提高了气缸盖的加工和工艺安排的复杂性。

大批量生产线采用专机自动线＋加工中心柔性生产线组织生产，采用复合刀具和多轴组合机床高速切削加工，尽可能提高生产率，以减少设备投入及占地面积。尽可能工序集中，减少基准转换，以减小零件的制造误差。

敏捷制造及柔性化：目前的缸盖产品周期短，变化快，特别是排放持续升级，催生了缸盖产品结构升级较快。为了适应柔性生产系统，并保证缸盖产品质量，需要重视缸盖加工系统对多品种生产的适应性。

6. DCi11缸盖加工工艺流程

DCi11缸盖加工工艺流程见表4.2。

表4.2 DCi11缸盖加工工艺流程

DCi11缸盖加工工艺流程（分解版）	
基准面加工	①毛坯上线检查及零件编号；②顶面定位基准面及定位销孔（BV3和BV9，BV10和BV16）加工；③半精铣底平面，底面定位销孔（BV3和BV9）加工；④精铣顶平面、顶面定位销孔（BV3和BV9）修整加工
平面加工	①粗铣进排气面；②粗铣前后端面；③粗铣底平面；④粗铣顶平面；⑤精铣进气面；⑥精铣排气面；⑦半精铣底平面；⑧精铣顶平面；⑨精铣底平面
进/排气导管底孔及阀座底孔加工	①钻导管底孔的定心孔；②钻通导管底孔粗扩阀座底孔；③粗扩阀座底孔，并孔口倒角；④粗镗阀座底孔，并孔口倒角；⑤立铣导管底孔沉孔；⑥扩导管底孔引导孔；⑦扩通导管底孔；⑧精铰导管底孔；⑨精镗阀座底孔
高压油管加工	①粗锪高压连接孔孔口沉孔 $\phi36\pm0.2$；②立铣高压连接孔孔口沉孔 $\phi20\pm0.2$；③复合钻钻削高压连接孔 12.75/16.1/19；④精锪高压连接孔孔口沉孔 $\phi35.5\pm0.5$；⑤扩高压连接螺纹孔及孔口倒角（$\phi20.5$）；⑥钻通高压连接孔 $\phi12.7$；⑦精铰高压连接孔 $\phi16.5$；⑧高压连接螺纹孔攻丝 M22×1.5；⑨立铣高压连接孔限位孔 $\phi4.2$

续上表

DCi11 缸盖加工工艺流程（分解版）	
喷油器孔系加工	①立铣喷油器孔 $\phi28\pm0.2$；②复合钻钻削喷油器小孔（$\phi11.5/\phi9.6$）；③复合镗喷油器孔及孔口倒角（$\phi31.5/\phi33.5$）；④精镗喷油器套安装孔（$\phi28.5\pm0.1$）；⑤复合铰喷油器套安装孔（$\phi32/\phi34$）；⑥复合精铰喷油器套安装小孔（$\phi12/\phi10$）；⑦插补铣喷油器小孔环槽（$R0.5$）；⑧喷油器孔台阶处倒角加工（$\phi32/\phi28.5$）；⑨喷油器孔自动去毛刺
进/排气导管孔及阀座锥面精加工	①精铣底平面，测量底面位置；②测量导管孔位置；③铰进气导管孔引导孔，粗镗进气阀座锥面；④铰排气导管孔引导孔，粗镗排气阀座锥面；⑤精铰进气导管孔，精镗进气阀座锥面；⑥精铰排气导管孔，精镗排气阀座锥面
辅助/边缘工艺	①清洗（简易、中间、最终）；②检测（抽检、SPC专检、三坐标送检）；③压装（导管压装、阀座压装、碗形塞压装、喷油器铜套压装）；④试漏（半总成、总成）；⑤拧紧（瓦盖、上下缸盖）；⑥最终检查；⑦防锈包装；⑧刷镀、返修

7. DCi11 缸盖生产线及工艺流程介绍

缸盖生产工艺编制要与生产纲领相适应，不同生产纲领其工艺编制内容不一样。DCi11 缸盖生产线初期投产，根据市场需求，年产量设计为 30 000 辆份，编制的工艺流程图如图 4.29 所示。

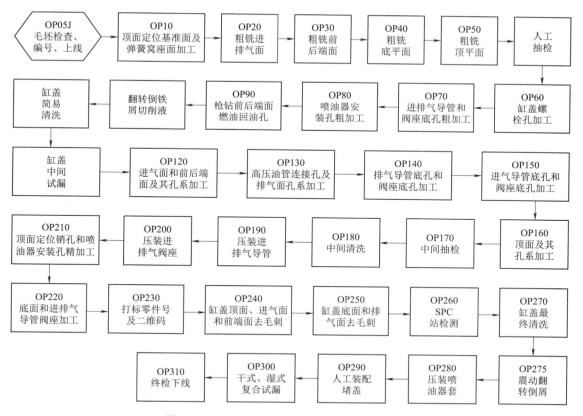

图 4.29　DCi11 缸盖工艺流程图（30 000 辆份）

机加工工序 16 道；辅助工序 14 道；SPC（统计过程控制）站检测 4 道。

OP20、OP30、OP40、OP50 四道工序构成一个全封闭的铣削全自动化小线，上料、下料、加工，输送完全自动化，不需要人干预；OP60、OP70、OP80、OP90 四道工序构成一个全封闭的钻削全自动化小线，OP90 序以前为粗加工阶段，粗加工的特点是切削余量大，铁屑多，因此 OP90 序结束后，增加翻转工序倒铁屑、切削液。缸盖中间试漏工序主要对缸盖水套密封性进行检测，及早发现铸造和加工缺陷，避免后续精加工的浪费。

清洗工序：所有的装配工序在装配前都需要清洗，以保证装配质量。

工序 OP210：顶面定位销孔加工。因为在前面粗加工中，都用到定位销孔定位，定位销孔受力有磨损和变形，因此在精加工前需要对定位销孔进行修整，以提高定位销孔的定位精度。

工序 OP220：三台日本加工中心进行加工。

工序 OP260：SPC 站检测。在机械加工工序中穿插一些辅助工序，尤其是在一些关键工序后要安排检测工序。

机械加工工艺向着工序集中、高柔性方向发展，一台设备上尽量加工更多的内容，与传统专机刚性缸盖生产线 40～50 台设备相比较，目前缸盖生产线只有十几台设备，都是高柔性的加工中心。生产线节拍为 8 min。

8. DCi11 缸盖生产线及工艺流程介绍

DCi11 缸盖生产线中期年产量设计为 60 000 辆份，编制的工艺流程图如图 4.30 所示。

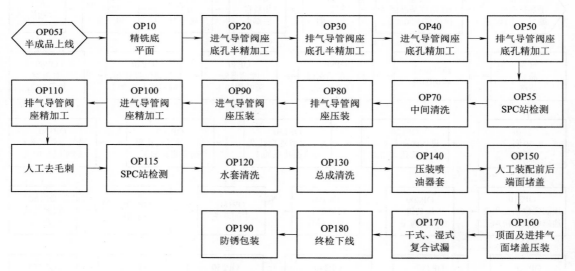

图 4.30　DCi11 缸盖工艺流程图（60 000 辆份）

60 000 辆份加工方案，把缸盖粗加工委托第三方进行加工，即外委加工，公司只进行附加值较高的精加工。外委加工的好处是降低设备投资，转移风险。例如：OP10 工序设备投资 1 000 万元，OP20 工序设备投资 800 万元。外委后，企业节省了这些工序设备的资金投入。目前这个生产线设备投资 6 000 万元，否则自己全部投资、加工，设备投资 1.8 亿元。此外缸盖粗加工附加值低。

60 000 辆份产能 DCi11 缸盖生产线设计前提：综合开动率（OEE）80%，五天三班（每天 20.5 h），全年工作 245 天，生产节拍为 4 min/件。

粗加工：DCi11 缸盖粗加工进行外委加工。

外委加工工艺内容：各面粗、精加工→各面螺纹孔和堵盖孔加工→缸盖螺栓孔加工→喷油器安装孔加工→进气面高压油管连接孔加工→前后端面燃油回油孔加工→清洗和试漏。

精加工：DCi11 缸盖精加工在发动机厂自制。

精加工内容：底面精加工、进气排气导管阀座底孔的半精加工和精加工、进气排气导管阀座精加工，以及零件检测、导管阀座/堵盖/喷油器铜套装配等内容。精加工由 7 台主机、9 台辅助设备和 2 台 SPC 站组成，完成 DCi11 缸盖的精加工。

物流输送：铸造厂毛坯→外委粗加工→发动机厂精加工。

4.3.6　DCi11 发动机缸盖主要工序内容

1. OP10 顶面定位基准面、弹簧窝座面及定位销孔加工

工步 1：顶平面上定位基准面（气门罩盖安装面）及气门弹簧窝座面粗加工；工步 2：钻顶面定位销孔 BV3、BV9、BV10、BV16（$\phi19.5\pm0.165$）；工步 3：铰顶面定位销孔 BV3、BV9、BV10、BV16（$\phi20\pm0.033$）；工步 4：钻进排气导管底孔引导孔（24 个引导孔）。

第一道工序在工艺安排上先粗铣顶平面定位基准面及钻 4 个定位销孔 BV3、BV9、BV10、BV16 符合基准先行原则，后工序要用顶平面上气门罩盖安装面及顶面定位销孔作精基准进行定位加工其他表面。整个缸盖加工精基准采用一面两孔定位。为了保证缸盖最终精加工工序的精度，精基准采用两套定位系统（BV3 孔、BV9 孔）和（BV10 孔、BV16 孔），粗加工阶段使用 BV10 孔、BV16 孔定位，半精加工阶段及精加工阶段使用 BV3 孔、BV9 孔定位作精基准（图 4.31）。采用两套定位系统是因为缸盖粗加工阶段切削余量大、受力变形大、磨损大，粗加工后 BV10 孔、BV16 孔定位精度下降，后续工序不易再使用。在精加工阶段使用 BV3 孔、BV9 孔定位可提高定位精度，减少定位误差，提高加工精度。

扫一扫

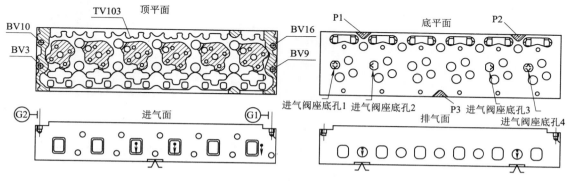

图 4.31　OP10 工序定位夹紧图

设备型号：三菱重工加工中心 M-H800T407（X，Y，Z，B 轴），双交换托盘 APC，链式刀库＋自动换刀装置 ATC（容量 40 把，最大直径为 320 mm，最大质量为 35 kg），dalmec 助力机械手（意大利）大大节省了辅助时间（更换刀具、装夹零件）。HSKA100 刀

柄接口，刀具高压内冷＋外冷，集中冷却，集中排屑。使用中心钻钻进排气导管底孔引导孔。

物流方式：气动助力机械手人工上下料。加工检测完成的缸盖，由机动滚道自动输送到后工序。

该工序采用底平面上 P1、P2、P3 三个铸造工艺凸台小平面定位（图 4.32），同时采用铸造的 4 个进气阀座孔分中定位。其中利用进气阀座底孔 2 和进气阀座底孔 3 实现自动液压左右分中。进气阀座底孔 1 和进气阀座底孔 4 实现自动液压前后分中（图 4.31）。这种粗基准的选择好处是粗基准与铸造基准统一。

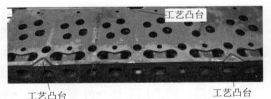

图 4.32　缸盖毛坯粗基准

另外以进气阀座孔为粗基准加工定位销孔，以后再以定位销孔为精基准反过来加工阀座孔，符合互为基准原则。采用这种以阀座底孔为粗基准的互为基准原则可以保证后序导管阀座底孔以及其他非加工面的壁厚均匀，防止进排气道过切（切削加工不良会影响进排气涡流比）。之后以进气道为基准加工阀座底孔、导管底孔。此外，由于缸盖底面面积大，只用 P1-P2-P3 点支撑，缸盖刚度低、变形会很大，因此在夹具设计上缸盖底面应有辅助支撑，防止零件夹紧变形过大。

根据"六点定位原理"，有些其他型号缸盖，也有采用底面 P1-P2-P3＋后端面工艺凸台＋进气面工艺凸台作为毛坯粗基准的。

注意：毛坯（铸造、锻造）基准只能用一次；经过机械加工的基准为精基准，可以多次使用（图 4.33）。

图 4.33　缸盖加工精基准

夹紧采用进气面上的进气道孔和排气面上的出砂孔进行夹紧，使用压板夹紧。

工艺凸台（工艺孔）概念：在选择定位基准时，经常遇到这样的情况，工件上没有能作为定位基准的恰当表面，这时就有必要在工件上专门加工出定位基面，或者在毛坯铸造时铸造出定位基面，这种基面又称辅助基准，常见辅助基准如孔（又称工艺孔）或者面（又称工艺凸台）。工艺孔或者工艺凸台在零件的工作中没有用处，它是仅为加工的需要而设置的。如轴类零件加工用的中心孔、活塞加工用的止口和下端面。缸盖铸造的 3 个三角形工艺凸台面等，用于粗加工定位基准（图4.32）。

主要加工尺寸（图4.34）如下：

（1）顶面定位基准面至底面 P1、P2、P3 的距离为（138.4±0.25）mm。

（2）定位销孔的直径为 $\phi20$（0/+0.033）。

（3）定位销孔的中心距为（900±0.05）mm。

（4）主定位销孔 BV9 到水平分中的距离为（483.7±0.25）mm。

（5）BV3～BV9 中心连线到垂直分中的距离为（31±0.25）mm。

（6）BV10～BV16 中心连线到 BV3～BV9 中心连线的距离为（95±0.03）mm。

（7）弹簧窝座面到顶面定位基准面的距离为（28.9±0.15）mm。

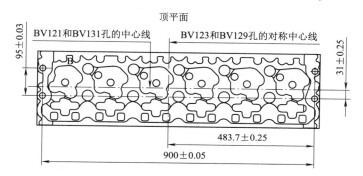

图 4.34　OP10 工序尺寸

2. OP20 粗铣进排气面

工步1：粗铣进气面（图4.35）。

本工步分2次走刀，第1次走刀切除进气面大部分余量，完成粗铣功能；第2次走刀，切除剩下小部分余量，完成精铣功能。

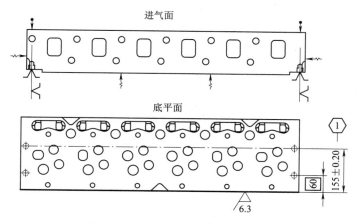

图 4.35　OP20 粗铣进气面工序图

工步2：粗铣排气面（图4.36）。

本工步分2次走刀，功能同前所述。

加工姿态：顶平面朝下，缸盖平躺。

定位：一面两销定位。其中一面是顶面定位基准面，两销是顶面上的 BV10 和 BV16 定位销孔。为完全定位方式，限制缸盖 6 个自由度。

为节省设备投资及占地面积，本工序采用双面卧式铣削工艺，进气面与排气面同时进行粗铣。

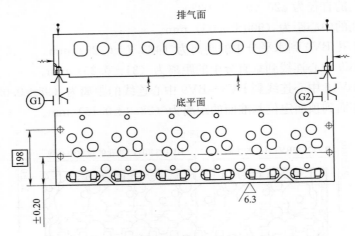

图 4.36　OP20 粗铣排气面工序图

3. OP30 粗铣前后端面

工步 1：粗铣前端面（分 2 次走刀）（图 4.37）。

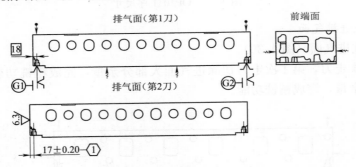

图 4.37　OP30 粗铣前端面工序图

工步 2：粗铣后端面（分 2 次走刀）（图 4.38）。

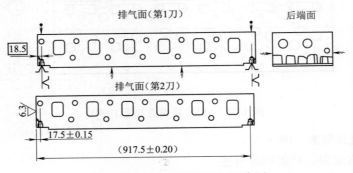

图 4.38　OP30 粗铣后端面工序图

加工姿态：顶平面朝下，缸盖平躺。

定位：一面两销定位。其中一面是顶面定位基准面，两销是顶面上的 BV10 和 BV16 定位销孔。为完全定位方式，限制缸盖 6 个自由度。

本工序采用双面卧式铣削工艺，前端面与后端面同时进行粗铣。两把铣刀旋向相反，一侧为左旋铣刀，一侧为右旋铣刀。

4. OP40 粗铣底平面（分 2 次走刀）

加工姿态：进气面朝下，缸盖侧立。

定位：一面两销定位。其中一面是顶面定位基准面，两销是顶面上的 BV10 和 BV16 定位销孔（图 4.39）。

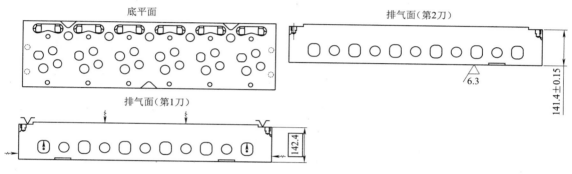

图 4.39　OP40 粗铣底平面工序图

5. OP50 粗铣顶平面

OP50 粗铣顶平面定位基准及加工尺寸如图 4.40 所示。

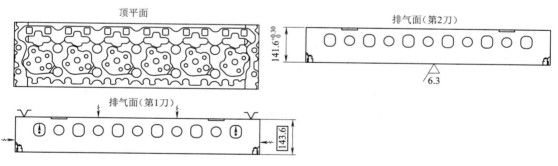

图 4.40　OP50 粗铣顶平面定位基准及加工尺寸

加工姿态：进气面朝下，缸盖侧立。

定位：半精铣后的底平面定位。大平面限制 3 个自由度。为不完全定位。

夹紧方式：OP20～OP50 工序都采用液压夹紧。

辅助支撑：发动机缸盖是薄壁零件，刚性低，为防止零件夹紧力或切削力过大，导致缸盖变形，在支撑面上要加辅助支撑，提高零件刚度。

OP20～OP50 各道工序中，每道工序在加工相关表面时往往都要进行 2 次走刀。除了提高精度外，还有一个因素是因为缸盖各面毛坯余量较大。如顶平面余量 9.25 mm，底平面切削余量 4 mm。因此在毛坯粗铣时要特别注意同一工序内多次走刀的余量分配，确保刀具避开硬化层加工，防止刀具过快磨损。同时加工设备主轴、夹具、丝杠螺母副及轴承应具备足够的功率、扭矩及刚性，避免闷车产生废品，损坏设备主体及定位夹紧装置。DCi11 缸盖为直列六缸整体式缸盖，平面度高，粗精铣后表面不允许有磕碰、划伤、生锈、啃刀，精铣加工需要采用较大直径的可转位的机夹式硬质合金面铣刀，一次走刀完成。

干式铣削与湿式铣削：本工序铣削加工为高速半封闭加工，会产生大量的切削热，切削热量大部分被铁屑带走，少部分被零件和刀具吸收。

湿式铣削时，铣刀片切出离开工件表面时被乳化液冷却，再切入工件表面时温度又上升，刀片的热量在反复急剧变化（相当于淬火），刀片表面产生热应力，会导致微观裂纹的产生，影响加工质量，降低刀具寿命。因此硬质合金刀片除采用表面涂层技术外，还广泛采用干式铣削。

铣削加工的排屑：进口夹具的大坡度设计可有效排屑，同时配备自动强制螺旋排屑装置、真空油雾处理装置，将高温铁屑迅速送出设备，防止温度变化对设备加工精度的影响。国产的粗铣专机自动线采用湿式铣削，采用大流量离心式叶片泵，将加工铁屑随切削乳化液一起送往集中冷却站，强制排屑，减少车间粉尘。

6. OP60 缸盖螺栓孔加工

工步 1：从底面钻缸盖螺栓孔 BV4～BV8、BV11～BV15，钻孔直径为 10-ϕ22±0.26（图 4.41）。

工步 2：从底面钻缸盖螺栓孔 BV17～BV40，钻孔直径为 24-ϕ16±0.215（图 4.41）。

工步 3：从顶面钻通缸盖螺栓孔 BV4～BV8、BV11～BV15，钻孔直径为 10-ϕ22±0.26 钻通（图 4.42）。

工步 4：从顶面钻通缸盖螺栓孔 BV17～BV40，钻孔直径为 24-ϕ16±0.215 钻通（图 4.42）。

定位：一面两销定位。顶面定位基准面和顶面上的两个定位销孔 BV3、BV9（图 4.41、图 4.42）。

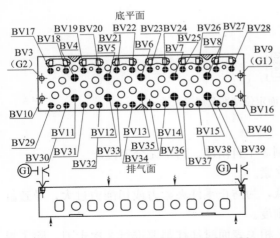

图 4.41　OP60 缸盖底平面螺栓孔加工图

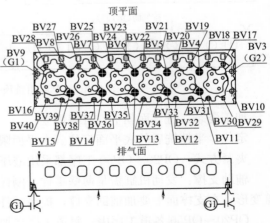

图 4.42　OP60 缸盖顶平面螺栓孔加工

7. OP70 进排气导管和阀座底孔粗加工

工步 1：粗扩底平面上进气阀座底孔 BV120～BV131（图 4.43）（采用扩孔刀）。

工步 2：粗扩底平面上排气阀座底孔 BV80～BV91（图 4.43）（采用扩孔刀）。

工步 3：从顶平面上钻通进气导管底孔 TV120～TV131（图 4.44）。

工步 4：从顶平面上钻通排气导管底孔 TV80～TV91（图 4.44）。

定位：一面两销定位。顶面定位基准面和顶面上的两个定位销孔 BV3、BV9。

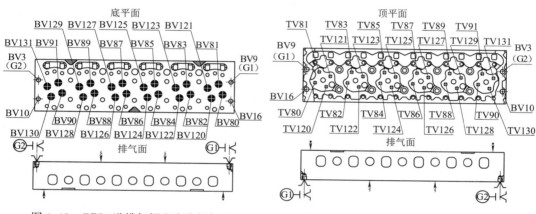

图 4.43　OP70 进排气阀座底孔粗加工　　　　图 4.44　OP70 进排气导管底孔粗加工

8. OP80 喷油器安装孔粗加工

工步 1：钻喷油器安装孔 TV101～TV106 小孔。

工步 2：扩底面 BV53～BV58 水孔。

工步 3：扩喷油器安装孔 TV101～TV106 小孔。

工步 4：复合扩喷油器安装孔 TV101～TV106。孔口倒角定位：一面两销定位。顶面定位基准面和顶面上的两个定位销孔 BV3、BV9（图 4.45、图 4.46）。

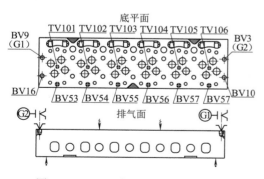
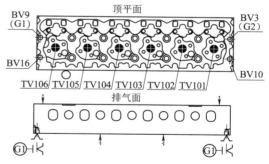

图 4.45　OP80 底面孔系加工及定位　　　　图 4.46　OP80 顶面孔系加工及定位

9. OP90 枪钻前后端面燃油回油孔

工步 1：枪钻前端面燃油回油孔 FV1。

工步 2：枪钻后端面燃油回油孔 RV1。

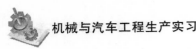

定位：一面两销定位。顶面定位基准面和顶面上的两个定位销孔 BV3、BV9（图 4.47、图 4.48）。

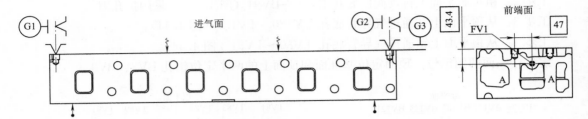

图 4.47　OP90 前端面燃油回油孔加工及定位

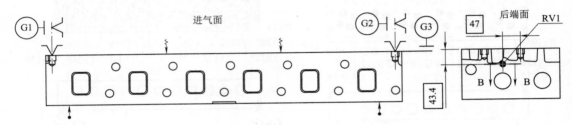

图 4.48　OP90 后端面燃油回油孔加工及定位

10. OP120 进气面和前后端面及其孔系加工

工步 1：测量后端面 RV1 孔位置坐标（T21）。

工步 2：精铣前端面和后端面（T51）。

工步 3：钻前端面 FV2～FV8，FV10 螺纹底孔（T2）（其中钻底孔 8-ϕ6.8+0.11/−0.15）。

工步 4：前端面 FV2～FV8，FV10 孔攻丝 8-M8×1.25 螺纹（T13）。

工步 5：钻前端面 FV9 线束孔及孔口倒角（T3）（钻孔直径为 ϕ24.5±0.15）。

工步 6：铰前端面 FV9 线束孔（T4）（铰孔直径为 ϕ25+0.084/0，铰孔前留铰孔余量为 0.5 mm）。

工步 7：扩前端面 FV1 沉孔及孔口倒角（T5）。

工步 8：铰前端面 FV1 沉孔（T6）。

工步 9：扩后端面 RV2 堵盖孔及孔口倒角（T7）。

工步 10：铰后端面 RV2 堵盖孔（T8）。

工步 11：扩后端面 RV3、RV4 堵盖孔及孔口倒角（T9）。

工步 12：铰后端面 RV3、RV4 堵盖孔（T10）。

工步 13：锪后端面 RV1 沉孔（T11）。

工步 14：扩后端面 RV1 螺纹底孔及孔口倒角（T12）。

工步 15：攻后端面 RV1 孔 M10×1.25 螺纹（T14）。

定位：一面两销定位。顶面定位基准面和顶面上的两个定位销孔 BV3、BV9（图 4.49）。

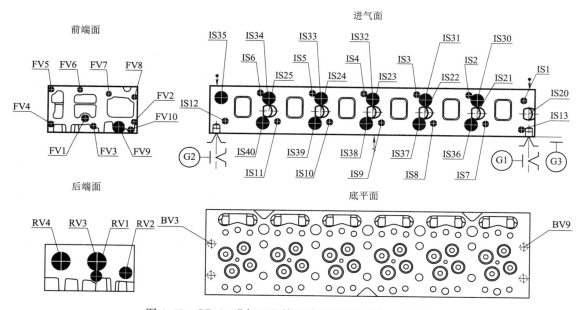

图4.49　OP120进气面和前后端面及其孔系加工及定位

11. OP130进排气面及其孔系加工

工步1：复合钻高压油管连接孔IS20～IS25（T1）。

工步2：精锪高压油管连接孔IS20～IS25沉孔（T2）。

工步3：扩高压油管连接孔IS20～IS25螺纹底孔及孔口倒角（T3）。

工步4：钻高压油管连接孔IS20～IS25通孔（T4）。

工步5：铰高压油管连接孔IS20～IS25（T5）。

工步6：攻高压油管连接孔IS20～IS25孔M22×1.5螺纹（T6）。

工步7：立铣高压油管连接孔IS20～IS25限位孔（T7）。

工步8：精铣排气面（T51）。

工步9：钻排气面ES1～ES24螺纹底孔（T8）。

工步10：攻排气面ES1～ES24孔M10×1.5螺纹（T9）。

工步11：扩排气面ES30～ES34堵盖孔及孔口倒角（T10）。

工步12：铰排气面ES30～ES34堵盖孔（T11）。

定位：一面两销定位。顶面定位基准面和顶面上的两个定位销孔BV3、BV9（图4.50）。

12. OP140排气导管底孔和阀座底孔加工

OP140定位基准及加工孔系如图4.51所示。

工步1：钻底面定位销孔BV3、BV9（图4.52）。

工步2：铰底面定位销孔BV3、BV9（图4.52）。

工步3：钻螺栓孔BV10、BV16（图4.53）。

工步4：钻底面销孔BV1、BV2（T5）。

工步5：铰底面销孔BV1、BV2（T6）。

工步6：扩底面排气导管底孔沉孔BV80～BV91（图4.54）。

工步7：底面排气阀座底孔BV80～BV91倒角各面拉削任务（图4.54）。

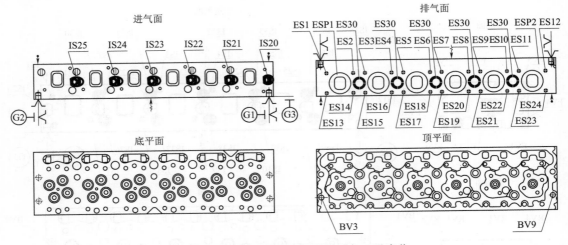

图 4.50 OP130 进排气面及其孔系加工及定位

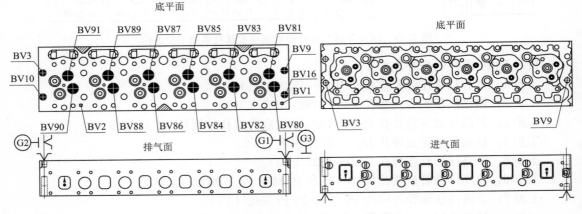

图 4.51 OP140 定位基准及加工孔系

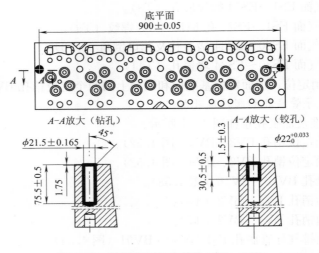

图 4.52 钻铰底面定位销孔 BV3、BV9

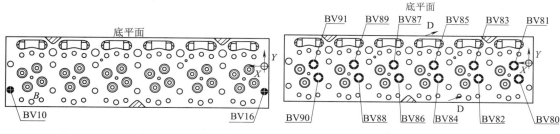

图 4.53　钻螺栓孔 BV10、BV16　　　　图 4.54　底面排气导管底孔沉孔及排气阀座底孔加工

13. OP150 进气导管底孔和阀座底孔加工

OP150 进气导管底孔和阀座底孔加工及定位如图 4.55 所示。

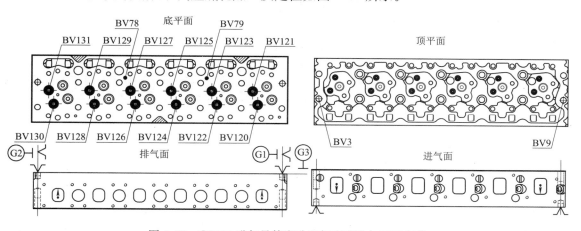

图 4.55　OP150 进气导管底孔和阀座底孔加工及定位

工步 1：半精铣缸盖底平面（T51）。

工步 2：钻底面 BV78～BV79 油孔（图 4.56）。

工步 3：扩进气导管底孔沉孔 BV120～BV131（图 4.57）。

工步 4：进气阀座底孔 BV120～BV131 倒角（图 4.58）。

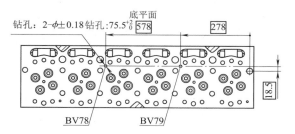

图 4.56　钻底面 BV78～BV79 油孔

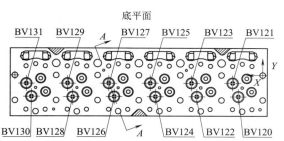

图 4.57　扩进气导管底孔沉孔 BV120～BV131

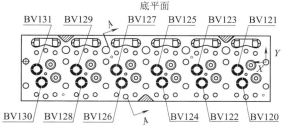

图 4.58　进气阀座底孔 BV120～BV131 倒角

14. OP160 顶面及其孔系加工

OP160 顶面及其孔系加工及定位如图 4.59 所示。

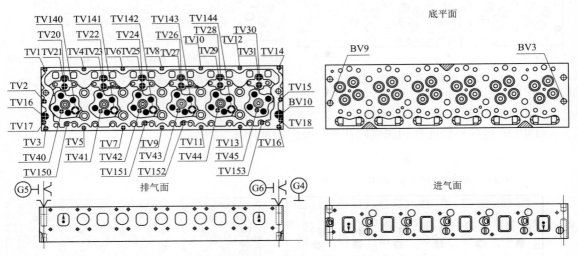

图 4.59　OP160 顶面及其孔系加工及定位

工步 1：精铣顶平面（图 4.60）。

工步 2：精铣弹簧窝座面（图 4.61）。

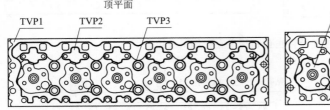

图 4.60　精铣顶平面

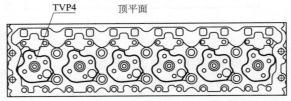

图 4.61　精铣弹簧窝座面

工步 3：钻顶平面 TV1～TV18 螺纹底孔（图 4.62）。

工步 4：攻顶平面 TV1～TV18 孔 M8×1.25 螺纹（图 4.62）。

工步 5：钻顶平面 TV20～TV31 螺纹底孔（图 4.63）。

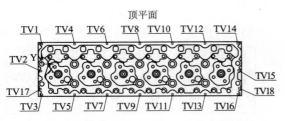

图 4.62　钻攻顶平面 TV1～TV18 螺纹底孔

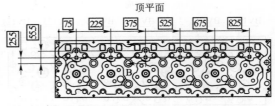

图 4.63　钻攻顶平面 TV20～TV31 螺纹底孔

工步 6：扩顶平面 TV20～TV31 沉孔（图 4.63）。

工步 7：攻顶平面 TV20～TV31 孔 M12×1.25 螺纹（图 4.63）。

工步 8：锪顶平面 TV50～TV51 油孔引导孔。

工步 9：钻顶平面 TV50～TV51 油孔。

工步 10：扩顶平面 TV140～TV144 堵盖孔及孔口倒角（图 4.64）。

工步 11：铰顶平面 TV140～TV144 堵盖孔（图 4.64）。

工步 12：钻顶平面 BV10、BV16 缸盖螺栓孔（图 4.65）。

工步 13：顶平面 BV80～BV91、BV120～BV131 进排气导管底孔倒角（T6）。

工步 14：钻顶面 TV150～TV153 螺纹底孔（图 4.66）。

工步 15：钻顶面 TV40～TV45 螺纹底孔（图 4.66）。

工步 16：攻顶面 TV40～TV45、TV150～TV153 孔 M10×1.5 螺纹（图 4.67）。

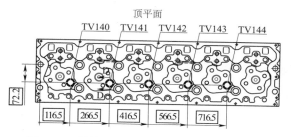

图 4.64　扩铰顶平面 TV140～TV144 堵盖孔

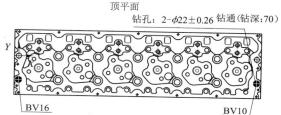

图 4.65　钻顶平面 BV10、BV16 缸盖螺栓孔

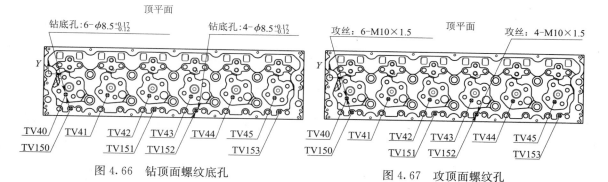

图 4.66　钻顶面螺纹底孔

图 4.67　攻顶面螺纹孔

15. OP210 顶面定位销孔和喷油器安装孔加工

OP210 序加工及定位如图 4.68 所示。

工步 1：钻顶平面 BV3、BV9 定位销孔（图 4.69）。

工步 2：铰顶平面 BV3、BV9 定位销孔（图 4.69）。

工步 3：复合扩喷油器套安装孔 TV101～TV106 小孔及孔口倒角（T18）。

工步 4：复合铰喷油器套安装小孔 TV101～TV106。

工步 5：精扩喷油器套安装孔 TV101～TV106。

工步 6：复合精铰喷油器套安装 TV101～TV106。

16. OP220 底面环槽和防火槽加工

OP220 底面环槽和防火槽加工及定位如图 4.70 所示。

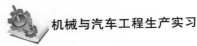
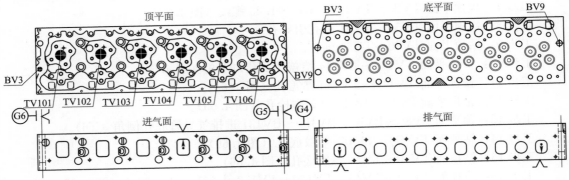

图 4.68　OP210 序加工及定位

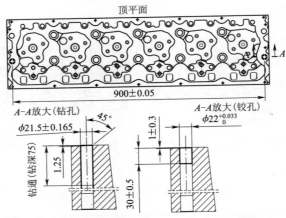

图 4.69　钻铰顶平面 BV3、BV9 定位销孔

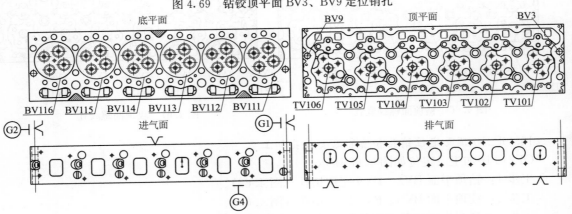

图 4.70　OP220 底面环槽和防火槽加工及定位

工步 1：锪底面防火槽。

工步 2：插补铣喷油器套安装孔环槽 BV101～BV106。

第 4 章习题

第 5 章

发动机缸体工艺

5.1 发动机缸体概述

5.1.1 发动机缸体的功用

发动机缸体的功用有以下几点：

（1）气缸体是发动机安装所有零件的基础件，其构成发动机的机体。发动机通过缸体将发动机的曲柄连杆机构（活塞、连杆、曲轴、飞轮等）和配气机构（缸盖、凸轮轴、进气歧管、排气歧管、挺杆、正时齿轮等）以及供油、润滑、冷却等机构连接为一个整体。

扫一扫

（2）气缸体上部的圆柱形空腔称为气缸，下半部为支承曲轴的曲轴箱形成为曲轴运动的空间。气缸体内部铸有许多加强筋，满足发动机工作时燃料燃烧的需要，确保发动机的刚性和强度。气缸体的结构要求有良好的耐磨、耐热、抗氧化性能。

（3）气缸体内部铸有冷却水套，且和气缸盖冷却水套相通，冷却水在水套内不断循环，带走部分热量，对发动机起冷却作用。

（4）气缸体内部有润滑油道，满足发动机工作时润滑的需要。

5.1.2 发动机缸体的分类

发动机缸体近似六面体箱式结构，薄壁，有润滑油道、冷却水道、安装螺孔等多种孔系，有多种连接，密封用凸台和小平面。为提高机体刚度和强度，还分布有许多加强筋。

1. 根据曲轴孔中心与油底壳位置和形状分类

根据气缸体曲轴孔中心与油底壳安装平面的位置不同和形状特点，通常把气缸体分为以下 3 种形式（图 5.1）：

（1）一般式结构（平分式结构）。油底壳安装平面和曲轴旋转中心在同一高度。优点是机体高度小、重量轻、结构紧凑、便于加工，曲轴拆装方便；但其缺点是刚度和强度较差。

（2）龙门式结构。油底壳安装平面低于曲轴的旋转中心。优点是强度和刚度都好，能承受较大的机械负荷；缺点是工艺性较差、结构笨重、加工较困难。这种结构较常见。

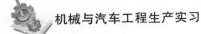

（3）隧道式结构。主轴承孔为整体式，采用滚动轴承，主轴承孔较大，曲轴从气缸体后部装入。其优点是结构紧凑、刚度和强度好；缺点是加工精度要求高、工艺性较差、曲轴拆装不方便。

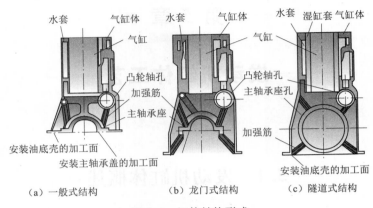

图 5.1 缸体结构形式

一般式结构（又称平分式结构）发动机有 EQ491、ZD30，龙门式结构发动机有 EQ6100、EQ6102、EQ6105、4H、DCi11，隧道式结构发动机缸体一般用于大型发动机上。

2. 根据缸套结构与冷却水的接近程度分类

缸体内表面由于受高温高压燃气的作用，并与高速运动的活塞接触而极易磨损。为提高缸体的耐磨性和延长缸体的使用寿命，根据缸套结构与冷却水的接近程度分类，发动机缸体结构分为无缸套、干式缸套、湿式缸套 3 种。

（1）无缸套。无缸套发动机缸孔与活塞接触的内表面没有镶嵌任何气缸套，在缸体上直接加工出气缸，又叫作整体式气缸。这种缸体强度和刚度好，缸体尺寸和质量小，能承受较大的载荷。这种气缸对缸孔内壁强度、硬度以及耐磨性要求很高，缸体材料如果是灰铸铁，内壁一般要经过特殊热处理，加入微量元素如 Cr、Cu、SiC 等，此外有的缸壁还采用激光处理，以提高缸体内壁材料的硬度、强度和耐磨性。无缸套缸体铸造时材料选择需要兼顾强度、耐磨性及加工性。此外这种缸体对活塞环也有特殊要求，一般采用外圆镀铬的活塞环，在光滑的内壁上形成一对良好的摩擦副，减少摩擦。对于铝制发动机无缸套技术则是利用热喷涂技术在铝制发动机气缸内壁喷涂一层耐磨涂层，取代传统的铸铁缸套。这不仅能够降低发动机的质量和油耗，同时能显著降低发动机的摩擦，提升发动机的性能。无缸套缸体成本较高。4H 缸体属于无缸套缸体（图 5.2）。

扫一扫

图 5.2 4H 发动机无缸套缸体结构形式

（2）干式缸套。缸套通过压床镶入缸体，与活塞和活塞环接触磨损，从而保护缸体，降低制造成本；同时，气缸套可以从气缸体中取出，因而便于修理和更换，并可大大延长气缸体的使用寿命。

干式缸套结构是指气缸套装入气缸体后，缸套的外壁不直接与冷却水接触，而和气缸体的缸套孔内壁直接接触，壁厚较薄，一般为 1～3 mm。它具有整体式气缸体的优点，强度和刚度都较好，但加工比较复杂，缸套内表面和缸体上缸套孔底孔都需要精加工，并且缸套与缸体缸孔内壁采用过盈配合，拆装不方便，散热不良。中小负荷汽油机广泛采用干式缸套，如 EQ6102、EQ6105 发动机。

（3）湿式缸套。湿式缸套的特点是气缸套装入气缸体后，其外壁直接与冷却水接触，气缸套仅在上、下各有一圆环地带和气缸体接触，壁厚一般为 5～9 mm。它散热良好，冷却均匀，加工容易，通常只需要精加工内表面，而与水接触的外表面不需要加工，拆装方便，但缺点是强度、刚度都不如干式气缸套好，而且容易产生漏水现象，应该采取一些防漏措施。

为了防止湿式缸套水道内的冷却液进入油底壳，在湿式缸套的下部设有密封圈，也称阻水圈。同时缸套在装入缸体后，缸套的上平面高于缸体的上平面 0.05～0.15 mm，安装缸盖后，可以将缸套压紧，防止漏水和漏气。柴油机多采用湿式缸套。DCi11、X7 发动机采用湿式缸套结构（图 5.3、图 5.4）。发动机缸体湿式缸套实物图如图 5.5 所示。

扫一扫

图 5.3　DCi11 发动机湿式缸套结构

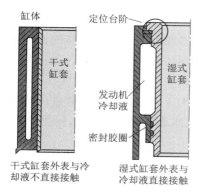

图 5.4　干式缸套和湿式缸套结构对比

图 5.5　发动机湿式缸套实物图

5.1.3　缸体零件常用材料及特点

发动机是汽车的心脏，而缸体是发动机的骨架和外壳，在缸体内外安装着发动机主要零部件，其尺寸较大，结构复杂，壁厚较薄又很不均匀（最薄处仅为 3～5 mm）。缸体在工作过程中需承受燃气爆发力及螺栓紧固力所产生的热应力和机械应力，在这些大小、方向变化的力和力矩作用下，使机体产生横向和纵向的变形，变形超过许用值时将影响与机座相连零部件的可靠性和工作能力，尤其是活塞、连杆等零件的工作可靠性和耐磨性会受到严重影响，并导致发动机不能正常工作。因此要求缸体材料具有良好的综合性能，即应具有足够的强度、刚性、耐热性、导热性、耐磨性、耐蚀性，能承受发动机做功过程中燃气爆发力所产生的热应力和机械应力。此外，还应具有良好的加工工艺性和经济性。最后对材料的再循环应用性及减少对环境的影响也是需要考虑的重要方面。

缸体常用的材料一般有灰铸铁、铝合金两种，其他不常用的还有合金铸铁及镁合金等。

（1）灰铸铁由于具有良好的机械性能、铸造性能和耐热性能，而且具备价廉、吸震、不易开裂、易加工等特点，在很多工业领域中被定为复杂形状零件的首选材料，特别是交通运输行业用作制造发动机的材料。卡车用发动机的缸体材料多以灰铸铁为主。

表 5.1 为东风公司发动机厂发动机缸体常用材料。

表 5.1　东风公司发动机厂发动机缸体常用材料

发动机缸体	6100 缸体	6102 缸体	6105 缸体	4H 缸体	DCi11 缸体
牌号	HT200	HT250	HT250	HT250	HT250
硬度	HB170～241	HB170～255	HB170～255	HB179～241	HB230～277

（2）小型发动机的缸体多采用铝合金材料，充分发挥其密度小、导热性能好、易加工等特点。因为铝合金缸体质量轻，导热性良好，冷却液的容量可减少，启动后，缸体很快达到工作温度，并且和铝活塞热膨胀系数完全一样，受热后间隙变化小，可减少冲击噪声和机油消耗，而且和铝合金缸盖热膨胀相同，工作中可减少冷热冲击所产生的热应力。

轿车发动机缸体一般采用铝合金，如神龙、本田、东风乘用车等。

5.1.4　缸体毛坯

缸体内部有很多复杂的型腔，其壁较薄，有很多加强筋，所以缸体的毛坯采用铸造方法生产。灰铸铁缸体大批量生产时一般采用金属模砂型铸造、机器造型，以提高铸件精度。铸件被浇铸及落砂后，还要用喷丸等方法清理铸件表面。

在机械加工以前，需要经过时效处理（一般为人工时效）以消除铸件的内应力，改善材料的机械性能。要求在铸造车间对缸体进行初次的水套水压试验，水压为 $3 \times 10^6 \sim 5 \times 10^6$ MPa，在 1～3 min 不得有渗漏现象。

缸体铸造毛坯的质量和外观要求：对非加工面不允许有裂纹、缩孔、缩松及冷隔、缺肉、夹渣、黏砂、外来夹杂物及其他降低缸体强度和影响产品外观的铸造缺陷，特别是缸孔与缸套配合面，主轴承螺孔内表面、顶面，主轴承装轴瓦表面不允许有任何缺陷。

■ 5.1.5　缸体的技术要求

缸体的许多平面均作为其他零件的装配基准，这些零件之间的相对位置是由缸体来保证的。缸体上很多螺栓孔、油孔、出砂孔、气孔以及各种安装孔都能直接影响发动机的装配质量和使用性能，所以对缸体的技术要求相当严格。

1. 顶面和底面

顶面应平整、光洁，才能与缸盖有良好的接触，保证发动机装配后在此部分不漏油、气和水。底面平面度及表面粗糙度要求较高才能保证在装配油底壳后不漏油。此外，在缸体的许多加工工序中，底面还是后续各加工工序的精基准面，这就更加要求底面有较高的精度和较低的表面粗糙度。

一般顶面、底面的平面度误差为 0.05/100 mm，0.1～0.2/全长，表面粗糙度 Ra 为 1.6～6.3 μm。

2. 前后端面

前后端面一般为相对较次要的安装基面，一般平面度不得大于 0.10 mm，表面粗糙度 Ra 为 6.3～3.2 μm。其余一般为次要平面，可经简单加工满足其要求。

3. 缸套孔

缸套孔是气体压缩燃烧和膨胀的空间，并对活塞起导向作用，缸套孔表面是发动机磨损最严重的表面之一，它决定了发动机的大修期和寿命。

各缸套孔其本身的尺寸精度、形状精度及其表面粗糙度要求都很严，因为缸套孔的直径误差、圆度误差、圆柱度误差以及表面粗糙度直接影响到装配缸套后的松紧程度，影响到发动机的性能。气缸孔在安装气缸套后应保证合适的过盈量，如 EQ6100 汽车发动机气缸过盈量规定为 0.045～0.075 mm。多缸发动机缸套孔间应保持严格的孔间距及相互的轴线平行度，以保证各缸活塞连杆的装配和运动关系。一般缸套孔的精度为 IT7～IT6 级，表面粗糙度 Ra 为 0.8～1.6 μm，圆柱度公差为 0.01 mm，缸孔对主轴承孔的垂直度为 0.05 mm。

4. 曲轴主轴承座孔

曲轴主轴承座孔应该有较高的尺寸精度和较低的表面粗糙度，这是曲轴主轴颈轴承和连杆轴颈正确装配的保证。多缸发动机的缸体，各缸的曲轴主轴承座孔还应有严格的同轴度要求，才能保证曲轴的正确装配。一般曲轴主轴承座孔的精度为 IT7～IT6 级，表面粗糙度 Ra 为 0.8～1.6 μm，各孔同轴度误差不应超过 0.06 mm。

5. 凸轮轴孔及其挺杆孔

凸轮轴孔及其挺杆孔的精度对保证发动机配气系统的装配和正确运动关系极为重要，凸轮轴孔不仅应与曲轴主轴承座孔有精确的孔间距及平行度要求，从而使得凸轮轴与曲轴通过齿轮形成正确的啮合，而且应与挺杆孔有严格的垂直关系，才能保证挺杆的正确运动而不被"卡死"。当然多缸发动机的凸轮轴孔在各孔间还应有很高的同轴度，才能保证凸轮轴的正确装配。一般凸轮轴孔的尺寸精度为 IT7～IT6 级，同轴度要求为 0.03～0.06 mm，与曲轴主轴承座孔的平行度要求为 0.05/600～0.10/600 mm，表面粗糙度 Ra 为 0.8～1.6 μm。挺杆孔精度为 IT8～IT7 级，表面粗糙度 Ra 为 1.6～3.2 μm。其余一般为次要的螺栓孔、油孔等。

6. 孔与孔、孔与平面的位置精度

为保证发动机的正常工作，缸体很多主要表面间都有极高的位置关系要求，主要如下：

(1) 各缸孔轴线对于曲轴主轴承座孔与凸轮轴孔轴线的垂直度不得大于 0.05 mm。

(2) 曲轴主轴承座孔与凸轮轴孔轴线的平行度不得大于 0.1 mm。

(3) 前、后端面对于曲轴主轴承座孔轴线的垂直度不得大于 0.15 mm、0.10 mm。

(4) 各缸孔对于安装曲轴的中间主轴承座的止推端面的纵向位置精度为 0.25 mm。

缸体的主要技术要求见表 5.2。

表 5.2　缸体主要技术要求一览表

部　位	尺寸精度 IT	表面粗糙度 $Ra/\mu m$	位置公差/mm	其　他
主轴承孔	7～6	1.6～0.8		圆柱度为 0.007～0.02 mm，各孔对两端的同轴度公差值为 $\phi 0.025～\phi 0.04$ mm
气缸孔	7～6	1.6～0.8	0.06～0.16	有止口时公差为 0.03～0.05 mm，各缸孔轴线对主轴承孔轴线垂直度为 0.06 mm
凸轮轴承孔	7～6	3.2～0.8		各孔的同轴度公差值为 $\phi 0.03～\phi 0.04$ mm，各凸轮轴轴承孔对各主轴承孔的平行度公差值为 0.06～0.1 mm
挺杆孔	7～0	1.6～0.4		对凸轮轴轴线垂直度为 0.04～0.06 mm
顶面	—	1.6～0.8	—	对主轴承中心线尺寸公差为 0.1～0.16 mm
后端面	—	3.2～1.6		对主轴承轴线的垂直度为 0.06～0.08 mm
主轴承座接合面	—	3.2～1.6		锁口宽度公差为 0.026～0.05 mm

■ 5.1.6　缸体零件加工工艺特点

1. 定位基准选择

(1) 精基准选择。大多数缸体加工均是选用底面及底面上的两个工艺孔作为精基准，采用"一面两销"方式定位（图 5.6），符合基准统一原则。其优点如下：

1) 底面轮廓尺寸大，工件安装稳定可靠。

2) 缸体的主要加工表面大多数可用它作为精基准，因此，减少了基准转换而引起的定位误差，利于保证这些表面的相互位置精度。例如，主轴承座孔、凸轮轴承孔、气缸孔及主轴承座孔端面等都可用它作为精基准来保证位置精度。

3) 由于大部分工序均采用该统一基准，使较多工序的定位与夹紧方式较为相似，因此其夹具结构也较为相似（或部分相似）。

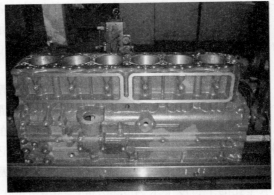

图 5.6　EQ6100 缸体底面"一面两销"定位

由此可减少夹具设计与制造工作量。由于采用单一定位基准，可避免加工过程中经常翻转工件，方便物流。

底面一面两孔作为精基准也有一些缺点：用底面定位加工顶面时，必然存在基准不重合产生的定位误差，难以保证顶面至主轴承座孔轴线的距离公差（用来保证压缩比）。

此外，由于缸体复杂，为了便于加工、安装，有些缸体精基准往往不止一个。例如：DCi11 缸体其精基准有两个：一个是左侧面 3 个加工好的工艺凸台面 AP1、AP2、AP3 和两个定位销孔 LH28、LH29 作为精基准；另一个是缸体底面"一面两孔"作为精基准，当加工缸体底面及底面孔系时采用左侧面一面两孔作为精基准。当加工左侧面及左侧面孔系时使用缸体底面"一面两孔"作为精基准。定位元件普遍采用"一面两销"定位，用顶面或两侧面夹紧。

（2）粗基准选择。粗基准最主要的任务就是加工出符合要求的精基准。由于缸体的形状复杂、铸造误差较大、铸件表面不平整等原因，如果一开始就用粗基准定位加工大平面（精基准用到的底面），则因切削力较大、夹紧力较大、切除余量较大而引起内应力较大等因素，导致缸体产生较大的变形。

发动机缸体一般常用主轴承座孔、气缸孔或缸体上的对称平面等作为粗基准。因为主轴承座孔轴线、气缸孔轴线是缸体其他很多表面的设计基准，先用主轴承座孔为主要粗基准加工工艺凸台面或者底面、侧面，符合基准重合原则，能使其加工出的精基准较好地保证缸体各表面的位置关系和加工余量均匀。在以前由于其半圆孔结构，装夹不方便，所以国内生产中较少用作粗基准。但是现在很多缸体已开始采用主轴承座孔作为粗基准。

如 DCi11 发动机缸体其加工粗基准为主轴承座孔、气缸孔和第 4 主轴承孔两侧面。在铸造厂毛坯铸造完成后，就直接以主轴承座孔、气缸孔和第 4 主轴承孔两侧面为粗基准加工出 3 个工艺凸台面 AP1、AP2、AP3 和两个定位销孔 LH28、LH29，作为后序的精基准。

2. 加工顺序安排

在考虑机械加工顺序时，除按照一般的机械加工顺序安排的 4 个原则"先基面后其他，先主后次，先面后孔，先粗后精"外，还要考虑缸体零件特殊性的一些因素。

（1）一般性原则。

1）先基面后其他。应在工艺路线的最开始阶段先加工出精基准面："一面两销"。如前面的分析，宜先加工较大的平面，再安排两个销孔的加工，而且要尽快地将其提高到一定精度。

2）先主后次。缸体零件比较复杂，在各个表面（或方向上）都有一些主要表面和较多的次要表面，在加工的各个阶段，先考虑主要表面加工，再安排次要表面加工，而次要表面加工可以根据主要表面的加工从加工方便与经济角度出发进行安排。

缸体零件的主要表面还有很高的精度要求，这些高精度表面的加工易出现废品。先主后次可以减少因主要表面加工报废时所造成的损失。

3）先面后孔。先加工出缸体零件上较大的平面，并用其定位加工孔，可以保证定位准确、稳定，且夹具相对较简单。另外，缸体上有若干的水孔、螺纹孔等，其孔口处虽一般为较小的平面，但先加工这些平面，切去表面的硬质层，再加工这些平面上的孔，可避免因表面凸瘤、毛刺及硬质点的作用而引起的"钻偏"和"打刀"等现象，提高孔的加工精度。

4）先粗后精（粗、精分开）。先粗后精有利于消除粗加工时产生的热变形和内应力，提高精加工的精度。所以在整个工艺路线的安排上或一些主要表面的加工时均要粗、精分开。另外，先粗后精还有利于及时发现废品，避免浪费工时和增加生产成本。

5）工序集中。缸体零件上相互位置要求较高的孔系和平面一般尽量集中在同一工序中加工，以减少装夹次数，从而减少安装误差的影响，有利于保证其相互位置精度要求。

6）合理安排时效处理。一般在毛坯铸造之后安排一次人工时效即可，对一些高精度或形状特别复杂的零件，应在粗加工之后再安排一次人工时效，以消除粗加工产生的内应力，保证缸体缸盖加工精度的稳定性。

（2）其他因素。

1）因缸体是较大型铸造件，所以容易发现内部缺陷的工序应安排在工艺路线较前一些的位置。

2）因缸体上的主轴承座孔为半圆孔，需与轴承盖装配后才能加工，所以还要先将主轴承座孔与轴承盖二者的结合部分加工到正确接合的程度后，装配轴承盖，再安排主轴承座孔的加工。

3）合理安排工艺顺序，避免加工应力引起的变形。例如，把各深孔加工尽量安排在较前面的工序，以免这些深孔的加工带来较大的内应力，影响以后工序的加工精度的获得与精度的保持。再如，DCi11 缸体加工，缸孔粗镗加工余量大，变形大，不能粗镗后立即进行半精镗和精镗，应适当间隔一部分工序，留有充足的应力释放时间，应力释放后再进行半精镗、精镗，以保证加工精度。

4）缸体上相互位置要求高的重要面和孔系，尽量集中在一道工序上一次定位夹紧完成，以减少重复定位误差的影响，有利于保证其相互位置精度。如主轴承座孔与凸轮轴孔系，除同轴线上的孔有同轴度要求，两组孔系还有较高的相互位置要求，应该一次装夹，同时加工。

5）缸体上有较多的次要的螺纹孔和台阶凸面，宜利用专用机床和加工中心对较多的表面同时加工，既容易获得其相互位置精度，又有利于提高生产率。

6）水套、油道泄漏试验次数根据毛坯气孔、砂眼等缺陷严重情况安排一至两次，如果毛坯缺陷比例大，最好在油道加工完后，缸体精加工之前安排第一次泄漏试验，可尽早排除泄漏零件，避免精加工浪费；在全部完成加工后再进行第二次泄漏试验，确认精加工后有无泄漏。

7）在机械加工顺序中，还要适当安排检验、清洗等工序。清洗采用定点定位高压清洗。中间清洗工序应安排在与水套有关的加工工序之后再装配，试漏之前，保证水套清洗干净，装配面干净，试漏封堵面清洁，保证装配力矩可靠，试漏封堵可靠。部件装配完进行精加工后，再进行最终清洗，保证缸体总成的清洁度。

■ 5.1.7 DCi11 发动机结构特点

采用雷诺发动机技术的 DCi11 发动机，使用了先进的共轨电喷技术，以优化对各个喷油嘴的燃油供给量。通过 V-MAC 电子控制系统处理来自一系列压力、温度、速度传感器的技术数据，对燃油流量、油压和喷射正时进行控制。这种系统的应用带来了车辆高性能、低油耗、灵活驾驶和低噪声的优异表现。这种 11 L 排量的六缸发动机拥有 4 种功率级别：290 马力、340 马力、375 马力和 420 马力。DCi11：D 表示柴油，C 表示高压共轨；i 表示电喷，11 表示容量 11 L。

　　进气侧布置高压油泵、ECU（电子控制单元）、高压油管、共轨、离心式机油细滤器、燃油滤清器、起动机、发电机（图 5.7）。排气侧布置有增压器、机油冷却器总成（机油滤清器）、空压机总成（图 5.8）。

扫一扫

图 5.7　DCi11 发动机进气侧

图 5.8　DCi11 发动机排气侧

　　发动机前端面布置有水泵总成、涨紧轮及皮带总成、减振器、风扇皮带轮（图 5.9）。后端面布置有飞轮及信号盘、飞轮壳等（图 5.10）。

图 5.9　DCi11 发动机前端面

图 5.10　DCi11 发动机后端面

5.1.8　DCi11 发动机缸体结构特点

　　DCi11 发动机缸体的质量和外形尺寸大，气缸体长×宽×高为 934 mm×326 mm×493 mm；缸心距为 150 mm，质量为 285 kg，形状较复杂，为六面体结构，它属于高强度、薄壁多孔的复杂铸件，最小壁厚仅 5 mm，两侧面设有多处螺纹孔小凸台、凸边及加强筋以满足发动机其他零部件装配和基体强度的需求。龙门高为 112 mm；龙门底部采用框架结构加强，采用湿式厚壁气缸套，4 个 O 型密封圈密封（缸体上 2 个，缸套上 2 个），缸体侧面采用曲面带加强筋及龙门底部采用框架结构（图 5.11），可有效提高气缸体整体刚度，降低噪声。顶端定位，缸孔小平台珩磨其主要平面，孔的

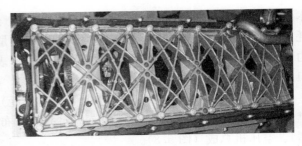

图 5.11　气缸体底部加强板

加工精度及其相互位置精度要求较高。此外，缸体上还有许多工艺定位销孔、安装定位销和缸盖紧固螺栓孔。

1. 缸体顶面

缸体水孔和缸套相通，构成一个循环冷却系统。缸体螺栓孔用于固定缸盖。缸体顶面有 M14 缸盖螺栓孔、缸套安装定位孔、排气侧上水孔、进气侧上水孔，为控制水流，均衡缸盖各缸的冷却，由前至后孔径逐渐变大。上油孔及 14 个 M20 缸盖螺栓孔、12 个挺杆孔如图 5.12、图 5.13 所示。

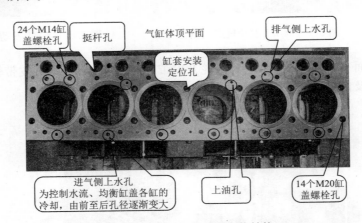

图 5.12　DCi11 缸体顶面实物结构

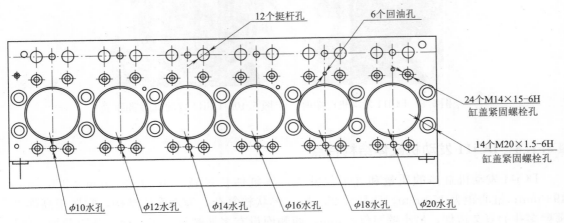

图 5.13　DCi11 缸体顶面结构

挺杆孔是配气机构的一部分。DCi11 发动机凸轮轴孔在缸体上，凸轮轴旋转推动挺杆、推杆、摇臂最终开启或关闭气门。

2. 缸体底平面结构

DCi11 缸体底面结构如图 5.14 所示。

扫一扫

图 5.14　DCi11 缸体底面结构

缸体底平面有 14 个瓦盖螺栓孔、2 个工艺销孔（缸体加工主要采用一面两销定位）、3 个大孔、6 个回油孔、6 个喷油嘴安装销孔、7 个曲轴销油孔、7 个油孔、17 个加强板安装孔。气缸体底部装有加强板，增加缸体刚度，降低噪声。加强板为压铸铝制件，内置油道，分流润滑油至离心式机油滤清器。

3. 缸体前端面孔系介绍

缸体前端面有曲轴轴承孔、螺栓孔、凸轮轴孔和定位销孔（图 5.15、图 5.16）。

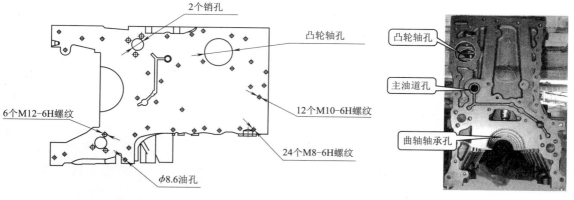

图 5.15　DCi11 缸体前端面　　　　　　图 5.16　DCi11 缸体前端面实物

合理的螺栓布置保证紧固的联结和可靠的密封。前、后端面均与主轴承盖一起组合精加工。前端铸有润滑油道。

凸轮轴孔用于装凸轮轴，在发动机工作时通过凸轮轴旋转控制进、排气门。凸轮轴孔压入衬套后，有的发动机型号还需要对衬套进行精镗或者精铰，有的压入后不需要再加工。DCi11 发动机压入衬套后不需要后续加工，直接可以使用。

4. 缸体后端面孔系介绍

缸体后端面孔系包括曲轴主轴承孔、螺栓孔、凸轮轴孔、定位销孔（图 5.17、图 5.18）。

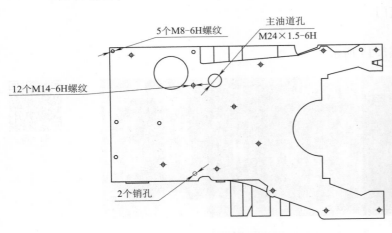

图 5.17　DCi11 缸体后端面　　　　　　　图 5.18　DCi11 缸体后端面实物

5. 缸体左侧面孔系介绍

缸体左侧面孔系包括定位销孔（LH28 和 LH29）、螺栓孔、油孔。

DCi11 缸体加工时，有竖立、侧卧不同的加工方式，其定位基准也不一样。当进行顶面加工和底面加工时，采用左侧面上 3 个小工艺凸台面 AP1、AP2、AP3 和左侧面上的两个定位销孔（LH28，LH29）作定位基准，即左侧面上一面两孔定位（图 5.19）。加工其他表面时采用底面的一面两孔定位。夹紧一般用顶面/两侧面夹紧。底面一面两销定位完后，通过加工中心工作台回转，实现一次安装把 4 个面加工完毕。

6. 缸体右侧面孔系介绍

缸体右侧面孔系包括螺栓孔和光孔。DCi11 缸体右侧面如图 5.20 所示。

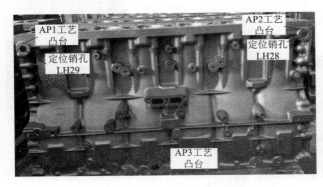

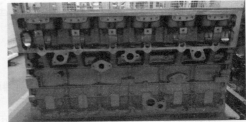

图 5.19　DCi11 缸体左侧面　　　　　　　图 5.20　DCi11 缸体右侧面

■5.1.9　ZD30 发动机结构和工艺特点

1. ZD30 发动机结构特点

ZD30 发动机是日产设计的一款轻型柴油发动机（图 5.21），排量为 3.0 L，气缸排列形式为直列四缸。压缩比为 16.9∶1。最大功率为 110 kW/3 600 rpm，采用了增压中冷、电控高压共轨等特有技术，大量装配于轻卡、轻客和皮卡等车型。

由于商用车柴油发动机压缩比比汽油机高得多，燃烧震动大，发动机会长时间高负荷运行，因此 ZD30 发动机缸体材料选用比铝合金强度和刚度更高、成本更低的优质合金铸铁。为了弥补铸铁缸体带来的多余重量，ZD30 发动机进行了轻量化结构设计，如气门室罩盖使用工程塑料。缸盖选用高强度铝合金作为材料（图 5.22），并且整体铸造，具有很强的散热能力。ZD30 发动机总质量约为 241 kg。

扫一扫

扫一扫

图 5.21 ZD30 发动机成品　　　　图 5.22 ZD30 铝合金缸盖

ZD30 采用了涡轮增压的进气方式和双顶置凸轮轴 16 气门配气结构。采用齿轮和静音链条二级混合传动驱动两根凸轮轴，分别对进/排气门进行控制（图 5.23）。双顶置凸轮轴搭配16 气门使发动机进排气量更大、更精准，有效提升了发动机的动力。双凸轮轴顶置目前已属主流布置方式，相对于中置和底置凸轮轴，对气门的开闭控制会更加精确。

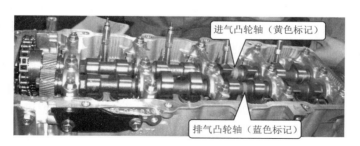

进气凸轮轴（黄色标记）

排气凸轮轴（蓝色标记）

图 5.23 ZD30 双顶置凸轮轴配气结构

进排气门各由 1 根凸轮轴驱动，即一个凸轮轴为排气凸轮轴，控制 8 个排气门；一个凸轮轴为进气凸轮轴，控制 8 个进气门。曲轴采用锻钢材料，采用了 8 块平衡块，减震和抑噪效果相对 4 个平衡块更好，此外前端使用大螺母紧固扭振减振器总成。

发动机在运行时缸体上会作用很大的交变载荷，这些交变载荷有缸体内气体对缸盖底面的气体压力、经活塞作用于各缸筒的侧推力、经曲轴加在各主轴承上的力。因此对缸体结构设计的要求是必须有足够的强度和刚度来支撑上述交变载荷。既不能出现应力超过材料允许极限而发生破坏和失效，也不能出现过大的变形，尤其是主轴承座处，过大的变形会使振动加剧，产生破坏、失效等严重后果。

ZD30 发动机缸体在结构上与 DCi11 发动机缸体差异较大，ZD30 缸体不是整体结构，而是分为上缸体和下缸体两部分（图 5.24），分别加工后，最后合箱（合拢），用螺钉拧紧为一体（图 5.25）。结构上采用"平分式缸体＋整体框架式主轴承盖（曲轴瓦盖）"结构，这种结构使缸体下部刚度，尤其是主轴承座处刚度比一般龙门式缸体结构下部刚度提高很大，能降低发动机的工作噪声和振动。此外，相比分离式，整体式曲轴瓦盖在装配精度上会更好。曲轴上下轴瓦采用钢制铝基合金减摩材料。

扫一扫

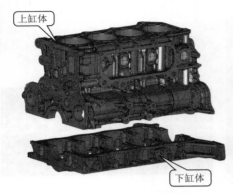
上缸体
下缸体

图 5.24　ZD30 缸体结构

图 5.25　ZD30 缸体装配

东风公司轻型发动机厂 ZD30 缸体生产线借鉴日产成熟的技术管理经验，引入精益生产理念进行设计，整条生产线由高效加工中心和柔性专机组成，主要生产设备有 60 台，整线采用 U 形布局。

整线主要采用桁架机械手和自动输送线输送，孔系加工采用高效加工中心，具有柔性高效的优点。曲轴孔精镗和顶面精铣采用日本丰田工机的设备，具有在线自动检测反馈、自动调整补偿功能。缸孔精镗采用德国克劳斯毛瑟（KLAUSE MAUSSER）的设备，采用先进的拉镗工艺。缸孔精密磨削采用德国格林精密珩磨机进行交叉网纹珩磨。缸孔检测采用日本东测（TOSOKU）的设备，具有在线自动检测、自动分组、自动打印功能。总成清洗采用德国 MTM 设备，具有高压清洗和高压去毛刺功能，总成试漏采用德国科斯特的设备，采用干式检漏技术，自动检测油道、水道的密封性。

2. ZD30 发动机典型零件工艺特点

ZD30 发动机缸盖加工定位基准为上顶面、下底面以及面上的两个孔，采用"一面两孔"定位，因此在第一道工序铣上、下两个端面，然后加工定位孔，把精基准加工出来。

曲轴主要定位基准为两个中心孔，因此在第一道工序铣端面钻中心孔，把定位基准加工出来。后续划分粗加工阶段、精加工阶段，保证加工精度。曲轴粗加工采用数控车削、车拉、内铣、MQL 深孔钻技术；精加工采用专用数控设备磨削、全自动校直、全自动平衡和砂带抛光等先进工艺。

缸体关键表面是缸孔，因为精度要求高，采用粗镗、半精镗、精镗、珩磨工艺路线加工。缸孔珩磨后要进行缸孔检测，为后面活塞装配打基础。为了保证活塞在缸孔中工作时不漏气、漏油，对活塞直径和缸孔直径有严格的配合精度要求，而缸孔和活塞在切削加工时有加工误差，直径都不完全一致，因此在装配时采用选配法装配，即根据前面检测出的缸孔直径和活塞直径数据，挑选满足配合精度要求的活塞进行装配，即配缸（图5.26、图5.27）。

图5.26　ZD30缸体缸孔　　　　　　　图5.27　活塞连杆总成

ZD30上缸体、下缸体分别加工完成后，还要装配在一起（合箱），再对主轴轴承孔进行最后精镗，以保证缸体主轴轴承孔同轴度要求。

在装配阶段，把下缸体往上缸体上装配时，缸体上有装配基准（装配定位孔），先安装装配定位销（过盈配合），确定并固定好上缸体和下缸体正确的装配位置，最后用螺栓紧固。

■ 5.1.10　EQ4H 发动机结构和工艺特点

1. EQ4H 发动机结构特点

EQ4H 发动机是由东风商用车发动机厂生产的 EQH145-30、EQH160-30、EQH180-30、EQH200-30 发动机的总称。这4款发动机，均为四冲程、水冷、直列四缸、增压中冷、电控共轨柴油发动机（图5.28、图5.29），额定功率覆盖 $140\sim200$ 马力范围，排放达国Ⅲ标准，适用于 $7\sim14$ t 卡车，$6\sim8$ m 豪华客车和 $8\sim12$ m 普通客车。

图5.28　EQ4H 发动机整机布置（进气侧）

图 5.29　EQ4H 发动机整机布置（排气侧）

EQ4H 发动机缸体特点：材料为 HT250，无缸套。长×宽×高为 550 mm×370 mm×427 mm。有封闭式挺杆室。缸体结构为龙门深裙式，水泵、机油泵部分集成在缸体前端，前后贯穿的主副油道（图 5.30）。通过和后端板、飞轮壳的装配配合，形成完整的曲轴箱通风装置，通风回油通过缸体后端铸造回油通道实现（图 5.31）。下置式凸轮轴，通过挺柱、推杆、摇臂、气阀轭驱动气门（图 5.32），缸体内置封闭式挺杆室，凸轮轴布置在发动机左侧（进气侧）；底部预留缸体加强板安装螺栓孔。

图 5.30　EQ4H 缸体前端面

图 5.31　缸体后端面铸造回油通道

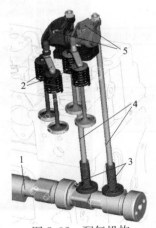

图 5.32　配气机构

1—凸轮轴；2—气阀轭；3—平底菌形挺柱；
4—推杆；5—摇臂

2. EQ4H 发动机加工工艺特点

EQ4H 发动机缸体孔多、面多，各孔之间有较高的位置精度要求。平面加工多用铣刀铣削。孔的加工方法主要采用镗孔、铣孔、麻花钻、枪钻钻孔。缸体的定位方式普遍采用"一面两孔"方式定位。由于缸体形状复杂，在整个加工过程中采用了多个精基准定位，包括缸体挺杆室侧面"一面两孔"、缸体顶面"一面两孔"、缸体底面"一面两孔"（图 5.33）。中间进行了多次精基准转换。初始用的精基准为缸体挺杆室侧面"一面两孔"（图 5.34）。后面再以缸体挺杆室侧面"一面两孔"定位，铣底面、钻铰底面工艺销孔，加工出底面精基准。后面粗镗、半精镗缸孔都以底面"一面两孔"定位加工。

缸体一般采用正面、两侧面夹紧。粗加工、半精加工采用 4 个夹紧点夹紧；精加工采用 2 个夹紧点夹紧。

扫一扫

扫一扫

图 5.33　缸体底面"一面两孔"定位基准　　图 5.34　缸体侧面"一面两孔"定位基准

4H 发动机缸体加工工序流程如下：

05J 毛坯上线→OP10 粗铣、半精铣缸体前后端面→OP20 粗铣、半精铣缸体顶面→OP30 粗铣缸体底面、瓦盖结合面→OP40 粗镗曲轴半圆孔→OP50 精铣底面、瓦盖结合面、钻铰工艺销孔→OP60 铣主轴承座两侧面→OP70 粗镗缸孔→OP80 半精镗缸孔→OP90 前端面部分孔系加工、铣机冷器面→OP100 前后端面螺纹孔系加工→OP110 机冷器面孔系加工→OP120 挺杆室侧凸台及孔加工→OP130 瓦片槽、BV61 孔及瓦盖螺栓孔加工→OP140 缸盖螺栓孔、推杆孔、挺杆孔面加工→OP150 底面螺纹孔、活塞冷却喷嘴安装面及孔系加工→OP160 斜油孔 BV62～BV66、顶面油孔及挺杆孔加工→OP170 增压器回油孔、直油孔、斜油孔加工→OP180 工艺油孔、缸盖定位环孔、顶面水孔及深油孔加工→OP190 粗、精拉沉割槽→OP200 打标记→OP210 中间清洗→OP220 中间试漏→OP230 缸体振动、翻转倒屑→OP240 人工装瓦盖总成、套螺栓、预拧紧→OP250 瓦盖拧紧打瓦盖标记→OP260 半精镗凸轮轴孔、扩挺杆孔、铣止推面→OP270 精铣缸体前后端面、精锪水泵锥孔及油泵孔→零件检测→OP280 精镗凸轮轴孔、止推孔、铰前销后环孔→OP290 扩、精铰挺杆孔→OP300 精铣顶面、精镗缸孔→零件检测→OP310 缸孔珩磨→OP320 缸孔检测、分组、打标记→OP325 人工吸铁屑清理毛刺→OP330 总成清洗→OP340 装主副油道孔螺堵→OP350 人工压装出砂孔堵盖、工艺油孔螺堵及放水孔螺堵→OP360 压凸轮轴衬套→OP370 总成水套试漏→OP380 终检下线→OP390 防锈包装。

5.2 DCi11缸体主要加工工艺流程

DCi11缸体主要加工工艺流程如下。

1. 工序05 铣左侧面工艺凸台面及钻铰左侧面定位销孔（图5.35）

工序内容：

(1) 铣缸体左侧面3个工艺凸台面AP1、AP2、AP3。

(2) 钻铰工艺凸台面上销孔LH30。

(3) 钻铰工艺凸台面上LH28、LH29两个定位销孔。

工序目的：基准先行，加工左侧面3个凸台面AP1、AP2、AP3和两个定位销孔LH28、LH29，是后面工序的精基准之一。

定位方式：以主轴承座孔，第3、4气缸孔以及第4主轴承孔侧面为粗基准定位。

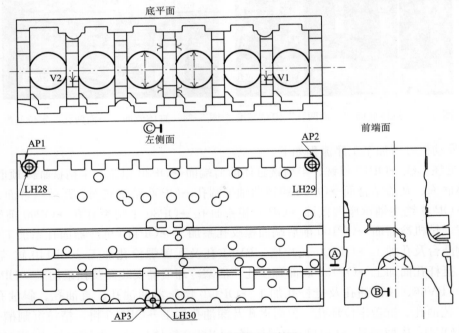

图5.35 工序05工序图

2. 工序10 粗铣缸体前后端面（图5.36）

定位：采用左侧面3个加工好的凸台面AP1、AP2、AP3和两个定位销孔LH28、LH29定位。为"一面两销"定位方式，限制缸体6个自由度。

夹紧方式：右侧面液压夹紧，缸体为薄壁件，为提高缸体加工刚性，在左侧面除了3个工艺凸台面AP1、AP2、AP3支撑外，还要有辅助支撑。

加工方式：采用双边组合机床一次安装后对缸体前后端面同时铣削。

本工序加工前后端面切削余量大，为了减少切削力，减少加工变形，粗铣分为两次走刀，第一次走刀切削2.8 mm，第二次走刀切削1 mm。

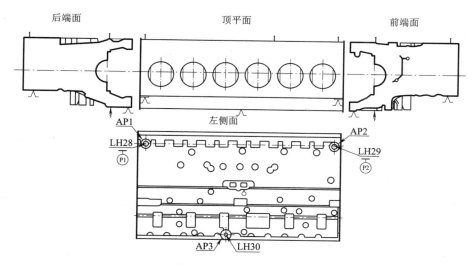

图 5.36　工序 10 工序图

3. 工序 20　粗铣缸体顶平面（图 5.37）

定位：采用左侧面 3 个加工好的凸台面 AP1、AP2、AP3 和两个定位销孔 LH28、LH29 定位。为"一面两销"定位方式，限制缸体 6 个自由度。

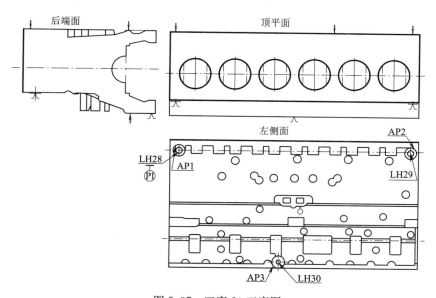

图 5.37　工序 20 工序图

本工序粗铣缸体顶平面切削余量大，为了减少切削力，减少加工变形，粗铣分为两次走刀，第一次走刀切削深度 3.5 mm，第二次走刀切削深度 1 mm，同时提高铣削速度，降低进给量，以提高加工表面质量。

4. 工序 30　粗铣缸体底平面、瓦盖接合面及止口面（图 5.38）

定位：采用左侧面 3 个加工好的凸台面 AP1、AP2、AP3 和两个定位销孔 LH28、LH29 定位。为"一面两销"定位方式，限制缸体 6 个自由度。

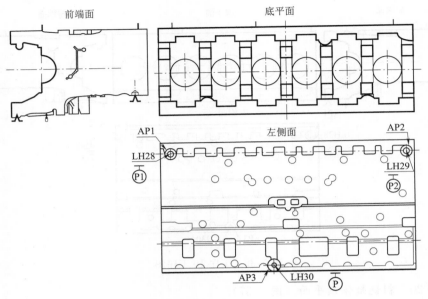

图 5.38 工序 30 工序图

5. 工序 40 粗镗缸体曲轴半圆孔

定位：采用左侧面 3 个加工好的凸台面 AP1、AP2、AP3 和两个定位销孔 LH28、LH29 定位。为"一面两销"定位方式，限制缸体 6 个自由度（图 5.39）。

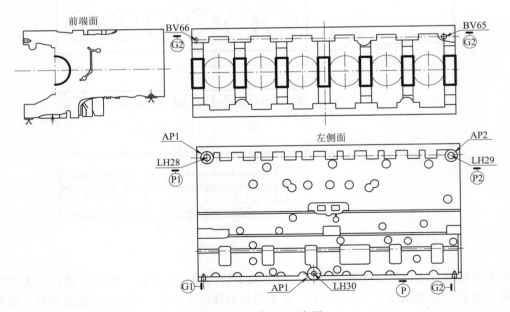

图 5.39 工序 40 工序图

6. 工序 50 半精铣底平面、钻铰底平面定位销孔及底面其他孔加工（图 5.40）

工序内容：半精铣底平面、钻铰底平面上 BV66、BV65 两个定位销孔。该缸体底平面和 BV66、BV65 两个定位销孔作为后续工序的定位基准。

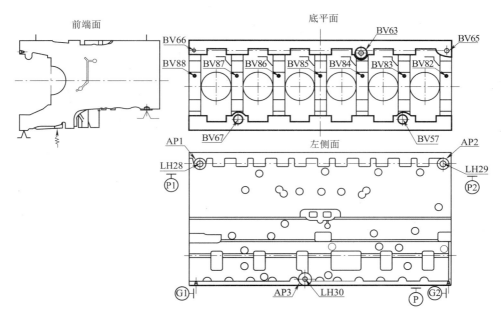

图 5.40　工序 50 工序图

　　对于一些复杂零件，有时考虑到加工方便、定位准确，其精基准往往有多个，在不同的加工阶段使用不同的精基准。因此在加工过程中涉及基准转换。

　　缸体加工主要精基准有两个：一个是左侧面一面两孔，另一个是底平面一面两孔。

　　7. 工序 60　铣主轴承孔后侧面及第 4 主轴承孔两侧面（图 5.41）

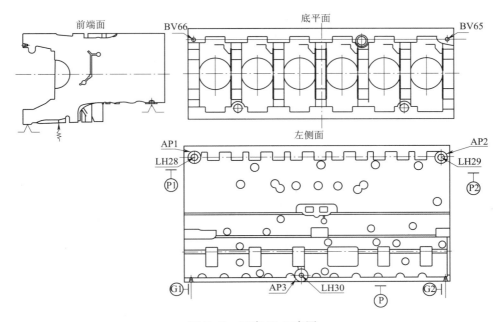

图 5.41　工序 60 工序图

8. 工序 70　铣主轴承孔前侧面及 7 个瓦片槽（图 5.42）

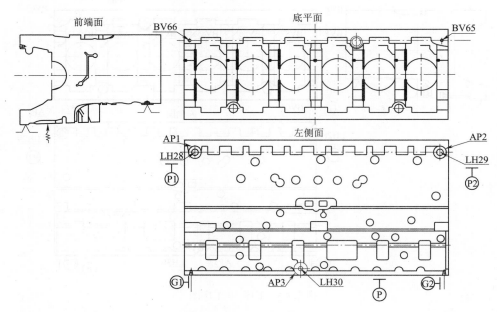

图 5.42　工序 70 工序图

瓦片槽用于在主轴承孔上定位、安装轴瓦（图 5.43）。

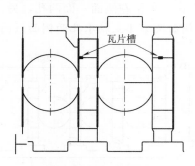

图 5.43　瓦片槽结构

9. 工序 80　缸体翻转回转清洗翻转 90°再回转

10. 工序 90　钻凸轮轴孔、主油道孔（图 5.44）

采用枪钻专机钻削主油道孔 FV43、RV15，并粗镗凸轮轴孔 FV42。

由于主油道孔较深，达到 935 mm，为了减少工序节拍，加工时使用枪钻从前后端面同时钻主油道孔。凸轮轴孔加工方式也采用从前后端面同时钻凸轮轴孔，减少加工时间。

定位采用"一面两孔"定位。一面为缸体底平面，两孔为缸体底面上的 BV65、BV66。

注： 这里精基准进行了转换，不再用左侧面和左侧面上的 LH28、LH29 孔定位。

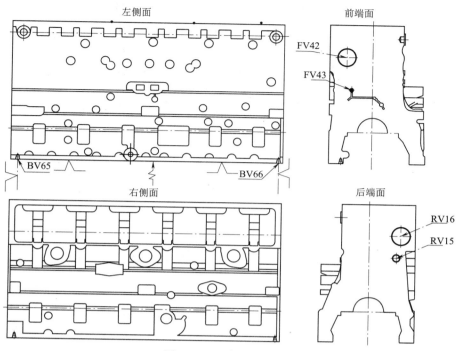

图 5.44　工序 90 工序图

11. 工序 100　粗镗缸孔、水套孔（图 5.45）

工步 1：粗镗 TV101～TV106 缸孔上口、下口（图 5.46）。

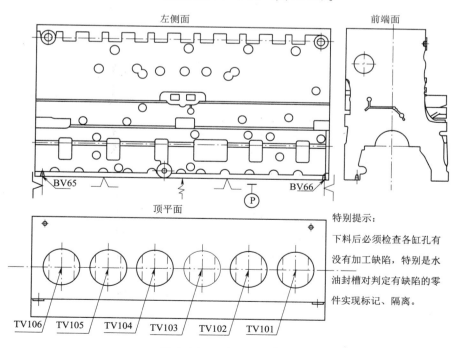

特别提示：

下料后必须检查各缸孔有没有加工缺陷，特别是水油封槽对判定有缺陷的零件实现标记、隔离。

图 5.45　工序 100 工序图

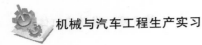

工步 2：半精镗 TV101～TV106 缸孔上口。

工步 3：粗镗 TV101～TV106 缸孔上止口（图 5.47）。

工步 4：粗镗 TV101～TV106 缸孔水套孔及其上下孔口倒角（图 5.47）。

定位：采用"一面两孔"定位。一面为缸体底平面，两孔为缸体底面上的 BV65、BV66。

12. 工序 110　粗镗缸孔下口水油封槽口（图 5.48、图 5.49）

定位：采用"一面两孔"定位。一面为缸体底平面，两孔为缸体底面上的 BV65、BV66。

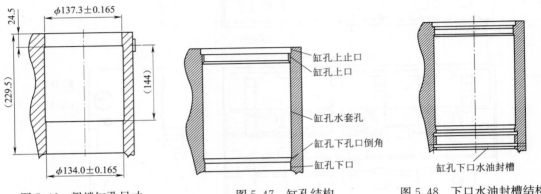

图 5.46　粗镗缸孔尺寸　　　　图 5.47　缸孔结构　　　　图 5.48　下口水油封槽结构

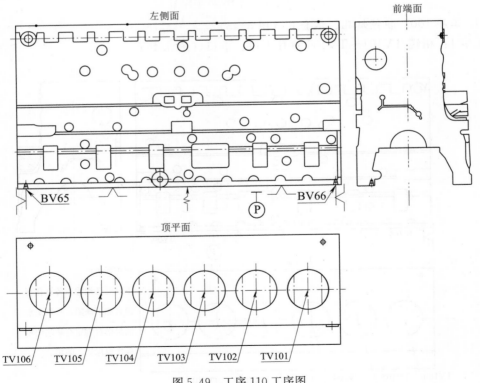

图 5.49　工序 110 工序图

13. 工序 120　粗、精铣缸体左侧面（图 5.50）

工步 1：粗铣缸体左侧机滤面、螺栓凸台面及导向面。

工步 2：精铣缸体左侧机滤面、螺栓凸台面及导向面。

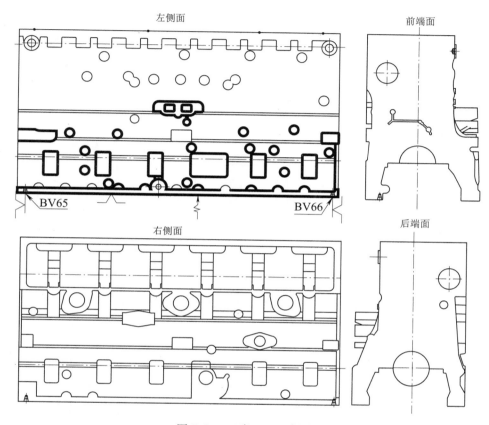

图 5.50　工序 120 工序图

14. 工序 130　粗精铣缸体右侧面（图 5.51）

工步 1：粗铣缸体右侧挺杆室面、右侧水、油孔面及导向面。

工步 2：精铣缸体右侧挺杆室面、右侧水、油孔面及导向面。

15. 工序 140　中间清洗缸体左右侧面铁屑及回转缸体

16. 工序 150　打零件二维码标记

17. 工序 160　钻缸体底面主轴承斜油孔及内腔回油孔（图 5.52）

工步 1：预钻缸体底平面 BV82～BV88 主轴承斜油孔。

工步 2：钻缸体底平面 BV82～BV88 主轴承斜油孔及内腔 BV76～BV81 回油孔。

工步 3：钻通缸体底平面 BV82～BV88 主轴承斜油孔及内腔 BV76～BV81 回油孔。

定位：采用缸体底面"一面两销"定位。

机床：斜油孔专机。

左侧面 前端面

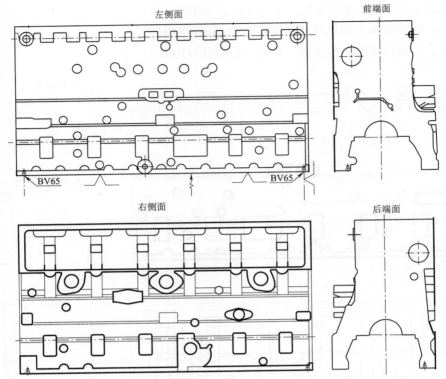

图 5.51　工序 130 工序图

前端面 底平面 左侧面

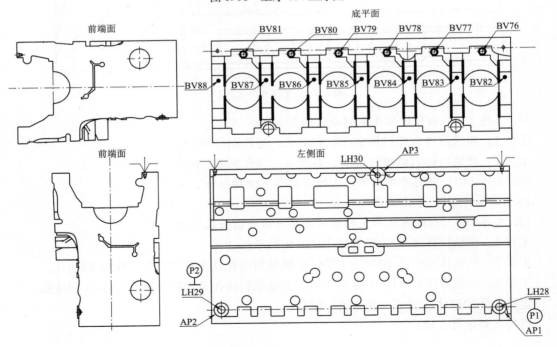

图 5.52　工序 160 工序图

18. 工序 170 钻右侧面斜油孔及水孔（图 5.53）

工步 1：预钻缸体右侧面 RH18 油孔。

工步 2：二钻缸体右侧面 RH18 油孔及预钻 RH15～RH17 水孔。

工步 3：三钻缸体右侧面 RH18 油孔及预钻 RH15～RH17 水孔。

工步 4：四钻缸体右侧面 RH18 油孔及预钻 RH15～RH17 水孔。

机床：斜油孔专机。

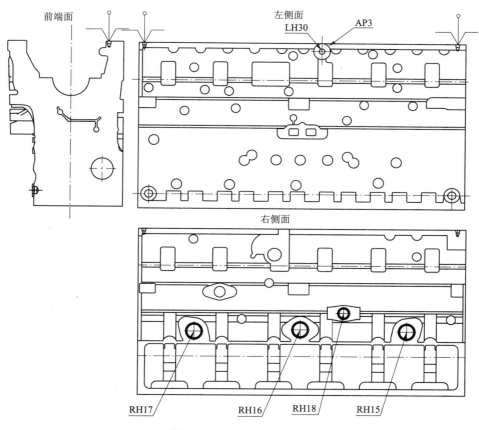

图 5.53 工序 170 工序图

19. 工序 180 前后端面孔系加工（图 5.54）

工步 1：钻 FV1～FV18、FV20、FV22～FV24、FV26、FV27 螺纹底孔及孔口倒角。

工步 2：攻 FV1～FV18、FV20、FV22～FV24、FV26、FV27 孔 M8 螺纹。

工步 3：钻前端面 FV36～FV41 螺纹底孔及沉孔倒角。

工步 4：攻前端面 FV36～FV41 孔 M12-6H 螺纹。

工步 5：预钻前端面 FV47 油孔。

工步 6：钻前端面 FV47 油孔。

工步 7：攻 FV47 油孔孔口螺纹。

工步 8：钻前端面 FV29～FV34 螺纹底孔及孔口倒角。

工步 9：攻前端面 FV29～FV34 孔 M10 螺纹。

工步 10：钻前端面 FV44～FV46 螺纹底孔及孔口倒角。

工步 11：攻前端面 FV44～FV46 孔 M10 螺纹。

工步 12：钻后端面 RV1～RV12 螺纹底孔及沉孔倒角。

工步 13：攻后端面 RV1～RV12 孔 M14-6H 螺纹。

工步 14：钻后端面 RV13、RV14 销孔。

工步 15：钻前端面 FV48、FV49 销孔并倒角。

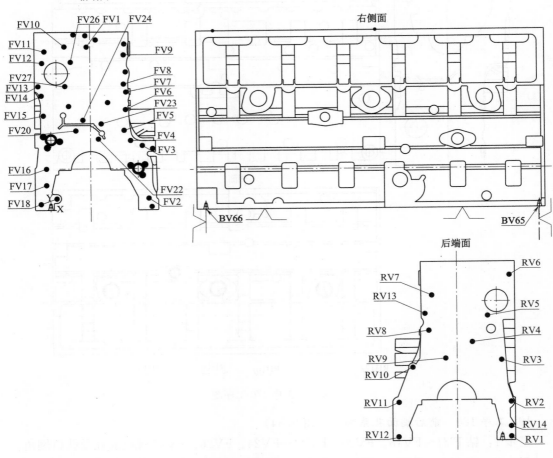

图 5.54　工序 180 工序图

20. 工序 190　铣右侧挺杆定位销安装面、左侧螺栓孔凸台面、精基准面及后端面部分孔系加工

工步 1：铣右侧挺杆定位销安装凸台面及左侧发动机打号面

工步 2：铣左侧面 LH2、LH3、LH41～LH45、LH12、LH53～LH59 螺栓凸台面。

工步 3：精铣 LH28、LH29 精基准凸台面。

工步 4：扩 LH28、LH29 销孔。

工步 5：铰 LH28、LH29 销孔。

工步 6：扩后端面主油道 RV15 孔。

工步 7：攻后端面主油道 RV15 孔螺纹。

工步 8：钻后端面 RV18～RV22 螺纹底孔并孔口倒角。

工步 9：攻后端面 RV18～RV22 孔 M8 螺纹。

工步 10：半精镗后端面凸轮轴孔及倒角。

机床：卧式加工中心。工序 190 工序图如图 5.55 所示。

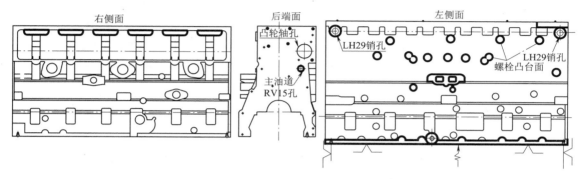

图 5.55　工序 190 工序图

21. 工序 200　左侧面孔系加工（图 5.56）

工步 1：钻 LH2～LH5、LH7、LH31～LH35、LH46～LH52、LH53～LH57 螺纹底孔并沉孔倒角。

工步 2：钻 LH41～LH45 螺纹底孔并沉孔倒角。

工步 3：钻 LH58、LH59 螺纹底孔并沉孔倒角。

工步 4：攻左侧面 LH2～LH5、LH7、LH31～LH35、LH41～LH45、LH46～LH52、LH53～LH59 孔 M8 螺纹。

工步 5：钻左侧面 LH9～LH11 螺纹底孔及孔口倒角。

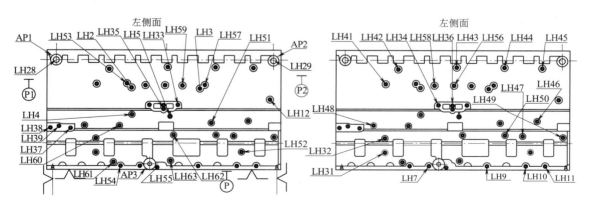

图 5.56　工序 200 工序图

工步 6：攻左侧面 LH9～LH11 孔 M10 螺纹。

工步 7：阶梯钻 LH12 螺纹底孔。

机床：卧式加工中心。

22. **工序 210　右侧面孔系加工（图 5.57）**

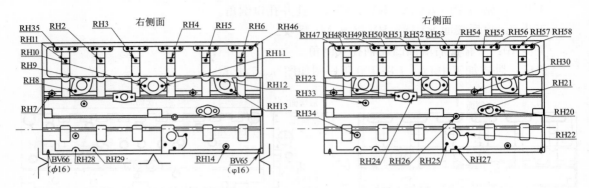

图 5.57　工序 210 工序图

23. **工序 220　粗、精铣喷油嘴安装凸台面、底面油孔及部分螺栓孔加工（图 5.58）**

工步 1：粗铣底面 BV45～BV50 喷油嘴安装凸台面。

工步 2：精铣底面 BV45～BV50 喷油嘴安装凸台面。

工步 3：钻 BV15～BV40 螺纹底孔并孔口倒角。

工步 4：攻 BV15～BV40 孔 M8 螺纹。

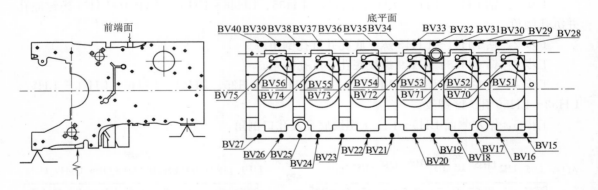

图 5.58　工序 220 工序图

24. **工序 230　底面部分孔系加工（图 5.59）**

工步 1：钻底面 BV45～BV50 活塞冷却喷嘴油孔并孔口倒角。

工步 2：铰底面 BV45～BV50 活塞冷却喷嘴油孔。

工步 3：钻 BV100～BV113、BV115～BV121 螺纹底孔并孔口倒角。

工步 4：阶梯钻底面 BV1～BV14 瓦盖紧固螺栓孔底孔及沉孔。

工步 5：攻底面 BV1～BV14 瓦盖紧固螺栓孔螺纹。

机床：卧式加工中心。

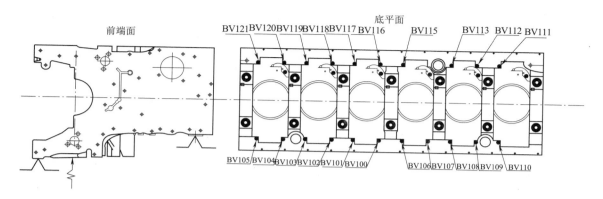

图 5.59　工序 230 工序图

25. 工序 240　顶面水孔、缸盖定位销孔及深油孔加工、预钻顶面挺杆孔（图 5.60）

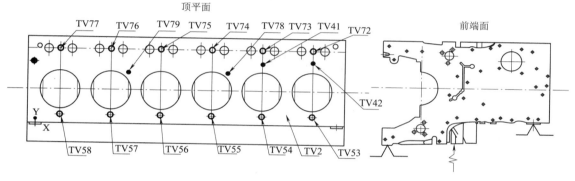

图 5.60　工序 240 工序图

26. 工序 250　缸体翻转回转清洗

27. 工序 260　缸体挺杆孔、缸盖紧固螺栓孔加工（图 5.61）

工步 1：扩顶平面 TV60～TV71 共 12 个挺杆孔。

工步 2：钻顶平面 TV17～TV40 共 24 个缸盖紧固螺栓孔底孔及沉孔。

工步 3：攻顶平面 TV17～TV40 共 24 个缸盖紧固螺栓孔螺纹。

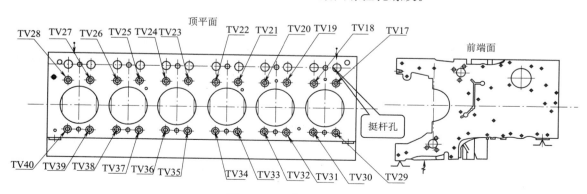

图 5.61　工序 260 工序图

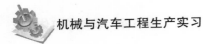

28. 工序 270　精铣底平面、瓦盖结合面、顶面缸盖紧固螺栓孔加工（图 5.62）

工步 1：钻顶平面 TV3～TV16 缸盖紧固螺栓孔底孔及沉孔。

工步 2：攻顶平面 TV3～TV16 缸盖紧固螺栓孔螺纹。

工步 3：精铣底平面。

工步 4：精铣瓦盖结合面。

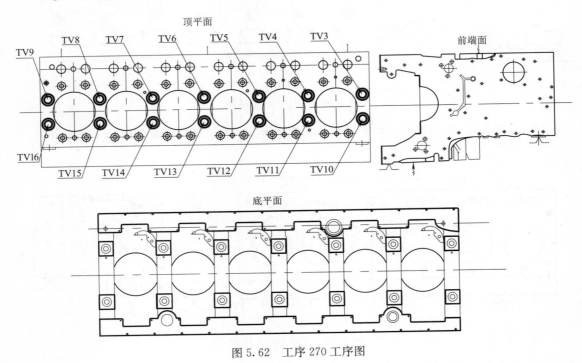

图 5.62　工序 270 工序图

5.3　缸体主要表面加工方法

■ 5.3.1　平面加工

缸体上需要加工的平面主要有气缸盖结合面（缸体顶面）、前后端面、两侧面、主轴承座接合面，其共同特点是加工精度要求高、面积大。缸体平面加工一般有拉削和铣削两种方法。

1. 拉削加工

拉削平面是一种高效率、高精度的加工方法，主要用于大批量生产中。这是因为拉削平面的生产率很高，而且拉刀或工件的移动速度比铣削的进给速度要快得多。拉削速度一般为 8～10 m/min，而铣削时工作台的进给量一般小于 1 m/min。拉刀可在一次行程中去除工件的全部余量，而且粗、精加工可一次完成。拉削的精度较高，这是因为拉刀各刀齿的负荷分布良好，修光齿（校准齿）能在较佳的条件下工作，切削速度低，刀齿的使用寿命高。此外，拉床只有拉力（或工件）的移动，因此运动链简单，机床的刚度高。拉削平面的精度最高可达 IT7，表面粗糙度为 $3.2\sim1.6\ \mu m$。

拉削不但可以加工单一的、敞开的平面，也可以加工组合平面，在发动机零件的加工中得到广泛的应用。若用拉刀加工缸体主轴承座孔分离面（对口面）和锁口面，既满足了高的生产率也保证了组合平面间的位置和尺寸精度，所以在国内外汽车制造业中被广泛采用。

图 5.63 所示为拉削 EQ6100 型汽油机缸体平面用的卧式双向平面拉床示意图。缸体毛坯用推料器通过上料辊道推上第一工位回转夹具，自动夹紧后，然后拉削。第一工位拉削完后，第一工位回转夹具复位，由另一个推料器推入翻转装置，回转 180° 后被推入第二工位回转夹具。定位、夹紧后回转 90°，刀具溜板做反向行程拉削。加工以后第二工位回转夹具复位，机体被推出，由辊道送至下一道工序。

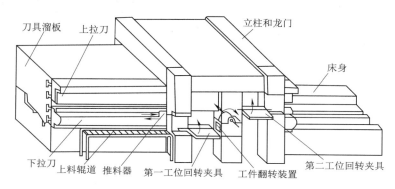

图 5.63　卧式双向平面拉床示意图

该拉床一次安装可以完成粗拉缸体 6 个面的拉削任务，工序拉削总余量为 $3\sim5$ mm，采用拉刀为组合式硬质合金镶齿平面拉刀，由 1784 把刀刃组成。平均每个刀刃拉削 $1\sim2\ \mu m$。拉削速度最高达到 $25\sim30$ m/min，并实现无级变速，实际应用为 $7\sim8$ m/min。

粗拉缸体 6 个表面（图 5.64）：工艺特点是工件不动，拉刀纵向移动，从左向右进行工位 1 拉削，回程时从右向左进行工位 2 拉削。

工位 1：拉底面、锁口面、对口面、半圆面 4 个表面。

工位 2：拉顶面、侧窗口面两个表面。

拉削刀具制造和调整比较困难，较复杂，投资和生产费用较大，生产柔性差，不适合多品种生产，在企业已经很少应用。

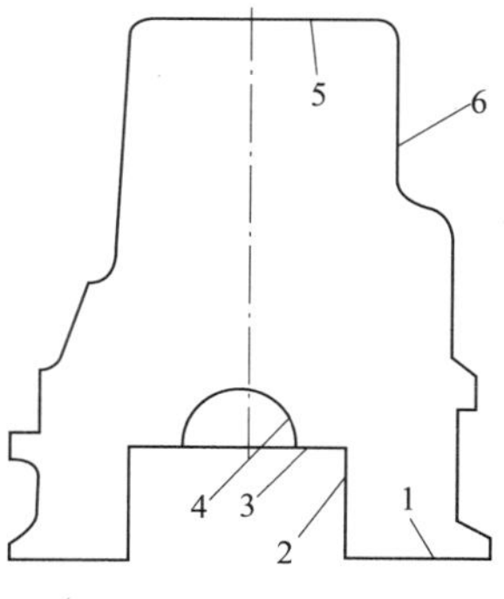

图 5.64　EQ6100 缸体各拉削加工面位置图

1—底面；2—锁口面；3—对口面；4—半圆面；5—顶面；6—侧窗口面

2. 铣削加工

铣削表面是一种高效率、高精度、经济的加工方法，主要用于多品种大量生产中。这是因为铣削平面的生产率较高，相对拉床，铣床简单，耗能低。大面一般采用刚性铣床，小面及铝合金材料，一般采用加工中心铣削。

缸体各面根据其加工精度要求一般采用以下加工顺序：粗铣—半精铣—精铣。

加工机床：采用加工中心、数控铣床、组合机（专用机床）。

量检具：粗糙度用粗糙度仪。距离用三坐标仪。

缸体平面加工采用端铣方式，端铣适用于铣削宽大的表面，其特点如下。

（1）生产率较高。硬质合金可转位面铣刀是最常见的端铣刀之一（图 5.65），上镶有较多的硬质合金刀片，刀盘直径较大，一般为 $\phi75\sim\phi660$ mm，个别可达 $\phi1\,000$ mm。各刀齿依次参加切削，没有空行程损失。在一次行程中可将工件平面加工完成。端铣刀的刀杆粗，悬伸短，刚度高。另外，端铣刀镶装硬质合金刀片，可进行高速铣削。高速铣削缸体时切削速度可达 $80\sim130$ m/min，比一般高速钢刀具切削速度高 $3\sim4$ 倍。此外由于铣刀的齿数多，在每齿进给量 a_f 保

图 5.65　硬质合金可转位面铣刀实物

持不大的情况下，能获得比一般铣刀较大的每分钟进给量 v_f，生产率较高。此外加工余量大。如 4H 缸体前后端面铣削，当输送链把 4H 缸体送到加工工位，数控组合铣削专机左右两个动力头（铣刀）可同时对 4H 缸体前后端面进行铣削。夹紧采用液压夹紧，夹紧力大，允许切削厚度大。可以两边同时铣，每边铣削厚度达 10 mm。

（2）表面质量较高。端铣时的加工余量主要是由刀齿的外刃（主刀刃）完成的，端面的切削刃和内刃（副刀刃）起修光作用。精铣端铣刀刀齿的主要切削刃、副切削刃之间一般有一段长度为 f_0 的修光刃。由于端铣时刚度大，铣刀与工件表面接触弧较长，参加切削的刀齿数目多，因此铣削平稳，振动小，粗糙度低。

对于小平面加工，采用卧式或立式组合机床，不仅能满足加工精度要求和较高的生产率要求，还有利于实现自动化和多品种生产。

图 5.66 所示是旋转式多工位组合铣床，该组合铣床用于粗铣 6100 缸体底平面。其工艺特点如下：

（1）多工位圆台铣床有 6 个工位，一次安装 6 个缸体，加工时机床连续加工，安装零件时工作台不停机，圆盘工作台不停地旋转，没有空行程损失。因此效率非常高，所以在汽车零件平面加工时，这种多工位组合机床应用比较多。

（2）采用的铣削方式是端铣方式，用的刀具是可转位硬质合金端铣刀（可转位硬质合金面铣刀），这类铣刀刀盘直径比较大，在一次行程过程中可以将工件平面加工完。因此效率很高。

另外端铣刀刀杆粗而悬伸短，刚度较高，同时参加切削的刀齿数目较多，因此切削平稳，振动小，如果再配合较高的切削速度，也可达到比较低的粗糙度。

图 5.67 所示为双工位组合机床，用于同时加工 6105 发动机缸体前端面、后端面。其特点是圆盘面铣刀布置在工件的两侧，每侧有一把端铣刀。其加工过程如下：缸体先在工作台上以一面两孔定位，然后工作台做横向缓慢进给运动，刀具旋转进行加工。需要指出的是，6100 汽油机缸体、柴油机缸体其前后端面分别要进行粗加工和精加工，采用的加工方式与机

床都是这种双工位组合铣床，只不过，在刀具选择和切削用量上不同。粗加工采用粗齿端铣刀，转速慢；精加工采用密齿端铣刀，转速快。用的刀具是可转位硬质合金端铣刀（可转位硬质合金面铣刀），可以高速铣削。

图 5.66　缸体加工多工位圆工作台铣床　　　　5.67　缸体前端面、后端面加工双工位组合机床

5.3.2　孔与孔系加工

缸体主要加工的孔是缸孔、主轴承孔、凸轮轴孔及挺杆孔等，这些孔的直径较大，孔较深，尺寸精度和表面质量要求较高，这些孔组成的孔系均有较严格的位置精度要求，因此给加工带来较大的困难。另外，缸体中还有很多纵横交叉的油道孔，虽然其精度要求不高，但孔深较大，在大批量生产时也是一大难题。

1. 缸孔总体加工工艺

缸孔的质量对发动机基本性能有很大影响，其尺寸精度为 IT7～IT6，表面粗糙度为 $Ra1.6～0.8\ \mu m$，各缸孔轴线对主轴承孔的垂直度为 0.06 mm，有止口的深度公差为 0.03～0.06 mm，所以缸孔是难度较大的加工部位（图 5.68）。例如，6102 发动机缸体缸孔直径尺寸为 $\phi102$（+0.045/0），缸套底孔直径为 $\phi107$（+0.045/0）；6100 发动机缸体缸孔直径尺寸为 $\phi100$（+0.06/0），缸套底孔直径为 $\phi105$（+0.045/0）、圆度为 0.01、位置度为 $\phi0.15$、垂直度为 0.035。

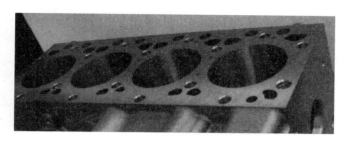

图 5.68　4H 发动机缸体缸孔

缸孔加工时应注意以下两点：

（1）缸孔的粗加工工序应尽量提前，以保证精加工后零件变形最小并尽早发现缸孔内的

铸造缺陷，最大限度减少机械加工的损失。

（2）缸孔的精加工或最终加工应尽量后移，以避免其他表面加工时造成缸体变形。为保证工作表面的质量和生产效率，珩磨余量要小。

缸体顶面局部结构及其工艺要求如下：

（1）缸孔加工采用粗镗、半精镗及精镗、珩磨方式加工。

（2）DCi11发动机采用湿式缸套结构，其缸孔加工工艺为粗镗缸孔上下口→粗镗缸孔上止口、水套孔→插补铣镗水、油封槽孔→精镗缸孔上下口→精镗上止口→精镗水、油封槽孔。

（3）4H发动机缸体属于无缸套缸体，其缸孔加工工艺为粗镗缸孔→镗下倒角→半精镗缸孔→精镗缸孔及缸孔上倒角→粗、半精、精珩缸孔。

（4）EQ6102、EQ6105发动机属于干式缸套。其缸孔加工工艺为粗镗缸孔底孔→半精镗缸孔底孔→镗下止口→精镗缸孔底孔→压装缸套→缸孔倒角→精镗缸孔→粗、精珩磨缸孔。

2. 缸孔的加工阶段划分

（1）粗镗缸孔。其主要目的是从缸孔表面切去大部分余量，要求机床刚性足，动力性好。常采用镶有4片或6片硬质合金刀片的镗刀头，切削深度较大，在其直径方向上为3～6 mm，因此容易产生大量的切削热，使工件和机床主轴温度升高。为防止这种情况的发生，可将缸孔分为2次或3次加工，冷却主轴，以便减少缸体的变形。在大批量生产中，多采用多轴同时加工4或6缸，因此切削扭矩较大。为了改善切削条件，有的组合镗床已采用不同向旋转的镗杆和立式或斜置式刚性主轴。

（2）半精镗缸孔。加工时使用装有多片硬质合金刀片的镗刀头，在镗杆上部设有一个辅助夹持器，其上装有倒角刀片。当半精镗缸孔的工作行程接近结束时，倒角刀片在缸孔上部倒角。

（3）精镗缸孔。精镗时通常采用单刀头，采用自动测量与刀具磨损补偿装置。

图5.69所示为精镗EQ6100发动机缸体6轴立式金刚镗床。金刚镗床是一种高速精细镗床，由于最初采用金刚石材料作成镗刀而得名。现以选用硬质合金代替金刚石。这种机床的特点如下：

1）切削速度较高，而进给量和切削深度很小，在高速、小切深及小进给的加工过程中可获得很高的加工精度和很小的表面粗糙度。镗孔的尺寸精度可达IT6级，表面粗糙度可控制到$Ra\ 0.8～0.2\ \mu m$。因此可以加工出质量很高的表面。

2）主轴端部设有消震器，且结构粗短、刚性高，故主轴运转平稳而精确。

图5.69　精镗缸孔底孔多轴立式金刚镗床

3）金刚镗床主要用于成批、大量生产中加工零件上的精密孔及其孔系。金刚镗床广泛地用于汽车、拖拉机制造中，常用于镗削发动机气缸、油泵壳体、连杆、活塞等零件上的精密孔。

（4）珩磨缸孔。珩磨是磨削加工的一种特殊形式，属于超精加工或光整加工，是最终保证缸孔质量和获得表面特性的重要工序。它不仅可以降低加工表面的粗糙度，而且在一定的条件下还可以提高工件的尺寸及形状精度。

1）珩磨原理。如图 5.70 所示，使用圆周上装有油石磨条并与机床主轴浮动连接的珩磨头作为工具，珩磨加工时工件固定不变，利用安装在珩磨头圆周上的多条油石（磨条），由张开机构将磨条沿径向张开，使其压向工件孔壁，以使产生一定的面接触。同时使珩磨头旋转和往复运动，通过珩磨头圆周的径向磨条，从加工表面上切除一层极薄的金属，从而实现珩磨。珩磨过程中有 3 种运动，即珩磨头的旋转运动、上下往复运动和垂直加工表面的加压力产生的径向进给运动。

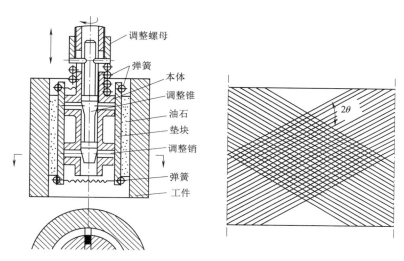

图 5.70　缸孔珩磨的工作原理

为了提高珩磨效率，在珩磨缸孔时采用 8～10 个磨条替代过去的 4～6 个磨条，这样就可很快地去除珩磨余量，孔壁上的压力较小也较均匀，珩磨时发热少，可提高磨条的寿命。

当珩磨余量较大时，加工也可分为粗珩和精珩。例如，珩磨 DCi11 发动机缸体的珩磨头由 18 个珩磨条组成。其中有 6 个导向条、6 个细珩磨条（金刚石磨粒，铜为黏结剂）、6 个粗珩磨条（立方氮化硼磨粒）（图 5.71）。

2）加工方式。先粗后精，靠液压压缩珩磨头中间轴，控制粗、精加工。在导向条周围有排气孔，可气动在线测量缸孔直径，当缸孔直径磨到要求时，珩磨机床会自动停机。

珩磨时，粗珩余量为 0.06～0.07 mm，使用较软的磨料，自励性好，切削作用强，生产率较高，但加工表面易划伤；精珩时余量为 6～7 μm，选用硬的磨条，可用 120#～280# 或 W28～W14，当然也可采用价格较贵的金刚石磨条。用金刚石磨条珩磨铸铁缸孔时，为了减少珩磨时发热量和改善磨条与工件表面的摩

图 5.71　珩磨头实物

擦，使用煤油作为冷却液，或采用水来代替油，不仅降低了珩磨成本，珩磨后还不需清洗。

珩磨头与工件之间的旋转和往复运动，使砂条的磨粒在孔表面上的切削轨迹形成交叉而又不相互重复的网纹（图5.70），这种交叉网纹有利于储存润滑油膜，使零件表面之间易形成一层油膜，从而减少活塞在缸套中高速往复运动时，活塞和缸套的表面磨损，进而提高了产品的使用寿命。

DCi11缸孔珩磨采用了平顶珩磨技术，又称平顶网纹珩磨，通过珩磨在缸孔表面形成细小的沟槽，这些沟槽有规律地排列形成网纹，再由专门的珩磨工艺削掉沟槽的尖峰，形成微小的平台。平台网纹珩磨在缸孔表面形成的这种特殊结构有以下优点：①良好的表面耐磨性；②良好的储油性；③省掉了缸孔磨合。

DCi11珩磨工艺由粗珩和精珩组成。缸套孔先粗珩，粗珩目的是形成网纹，提高孔的圆度，把孔修圆。精珩目的是抛光。珩磨时一个缸孔一个缸孔珩磨。

珩磨缸孔时珩磨头是浮动的，珩磨头与主轴由万向节联结。因为是浮动结构，珩磨只能修正圆度与圆柱度，不能修正位置度，位置度一般由上道工序保证。

3. 主轴承孔及凸轮轴孔的加工

主轴承孔的加工一般采用粗加工半圆孔，再与凸轮轴孔等组合精加工。

4H/DCi11缸体曲轴主轴承孔的加工：粗镗半圆孔→铣削瓦盖结合面→装配瓦盖→半精镗主轴承孔→精镗主轴承孔。

6102缸体曲轴主轴承孔的加工：粗拉半圆面→精拉瓦盖结合面→装配瓦盖→第一次配镗主轴承孔→第二次配镗主轴承孔→半精镗主轴承孔→精镗主轴承孔→精铰主轴承孔。

主轴承孔和凸轮轴孔加工的区别是，主轴承孔需要拆装，即发动机装配时，在装曲轴时需要先把瓦盖拆掉，再装曲轴，最后装瓦盖。但在加工时是装上瓦盖后一起加工主轴承孔。6105缸体主轴承孔最后工序是珩磨主轴承孔。

凸轮轴孔的加工一般采用粗镗，再与主轴承孔等组合精加工。

4H缸体凸轮轴孔的加工：粗镗凸轮轴孔→半精镗凸轮轴孔→精镗凸轮轴孔→压衬套。

DCi11缸体凸轮轴孔的加工：粗镗凸轮轴孔→半精镗凸轮轴孔→精镗凸轮轴孔→凸轮轴孔压入衬套（图5.72）。

绝大部分缸体工艺对主轴承孔和凸轮轴承孔的粗、精加工都采用镗削加工方法，有的最终加工采用了铰削。这是因为镗削非常适合于在箱体类或板类零件上加工尺寸精度要求、位置精度（同轴度、垂直度、平行度、）及孔间距精度要求较高的孔系。镗孔的尺寸精度可达IT6级，表面粗糙度可控制到 $Ra0.8\sim0.2\ \mu m$。因此可以加工出质量很高的表面。

图5.73所示为EQ6102发动机镗主轴承孔、凸轮轴底孔镗床，主轴承孔和凸轮轴孔尺寸精度、表面粗糙度和位置精度（包括主轴承孔和凸轮轴承孔的中心距）要求较高，因此该工序采用在镗床上一次装夹，同时镗削加工主轴承孔和凸轮轴承孔的方法来保证中心距精度。

4H缸体加工主轴承孔、凸轮轴底孔也采用三坐标轴镗床专机，镗杆上每两个刀片对应一个主轴承孔，一个镗刀片粗镗，一个镗刀片精镗。

工艺特点：被加工主轴承孔和凸轮轴承孔的位置精度主要由镗床夹具保证。

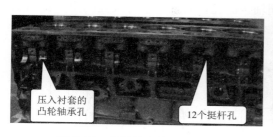

图 5.72 凸轮轴底孔、挺杆孔   图 5.73 镗主轴承孔、凸轮轴底孔镗床

　　镗床夹具多由镗套引导镗孔刀具或镗杆进行镗孔，与钻床夹具特点相似，工件上的孔或孔系的位置精度主要由镗模来保证，可以减少镗床主轴及进给系统误差的影响。由于箱体孔及孔系的精度要求较高，所以，镗模的制造精度应比钻模高。在大批量生产中，多用于组合机床。在中、小批量生产中，多用于卧式或立式镗床。镗床夹具主要由镗套、镗刀杆、支架与底座组成。

　　镗床夹具的结构类型主要取决于导向支承的布置形式，分为以下几种形式。

　　（1）单支承前导向镗模（图 5.74）。

　　（2）单支承后导向镗模（图 5.75）。

　　（3）双支承前后导向镗模（图 5.76）。

　　（4）双支承后导向镗模。

　　（5）多支承导向镗模。

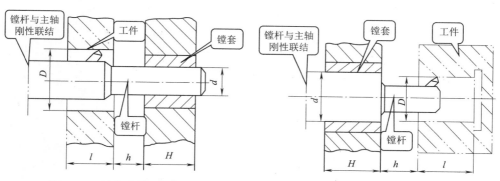

图 5.74 单支承前导向镗模   图 5.75 单支承后导向镗模

　　单支承后导向镗模（图 5.75）：镗套设置在刀具的后方，刀具与主轴刚性连接。主要用于镗削 $D<60$ mm 的通孔或盲孔。当 $L/D<1$ 时，镗杆引导部分的直径 d 可大于孔径 D。此时镗杆刚度好，加工精度较高。装卸工件和更换刀具方便，多工步加工时可不更换镗杆。当加工孔较长 $L/D>1\sim1.25$ 时，应使镗杆引导部分直径 d 小于孔径 D，并且制成等直径镗杆，以便镗杆引导部分可进入加工孔，从而缩短镗套与工件之间的距离 h 及镗杆的悬伸

长度。

双支承前后导向镗模（图5.76）：两个导向支承套分别布置在刀具的前后方，镗杆与机床主轴采用浮动连接（目的是消除镗床主轴误差的影响）。该类镗模适用于加工孔径较大，孔长与孔径比 $L/D>1.5$ 以上的通孔，或一组同轴线的孔，而且孔本身或孔间距、孔同轴度要求很高的场合。

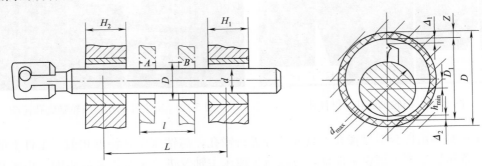

图5.76 双支承前后导向镗模

4H/DCi11缸体主轴承孔最终工序为精镗主轴承孔。而6100缸体主轴承孔最后工序是珩磨主轴承孔。主轴承孔珩磨，一般采用立式珩磨机，与缸孔珩磨比较，其工作行程长，为600～1 000 mm，且加工表面不连续。为了保证表面质量和主轴承孔之间的同轴度，采用长珩磨条。在大批量生产条件下采用装有金刚石珩磨条的珩磨头。

4. 挺杆孔的加工

由于挺杆孔的加工质量对发动机性能有直接影响，且位置靠里，使刀具悬伸较长，影响刚性。该孔一般采用钻、扩、铰或钻、镗等方法，也可用枪钻和枪铰的加工方法，孔径尺寸精度保持在0.02 mm之内，表面粗糙度较低，生产率也得到提高。

4H缸体挺杆孔的加工：钻挺杆孔→第一次扩挺杆孔→第二次扩挺杆孔→铰挺杆孔。

6102缸体挺杆孔的加工：钻挺杆孔→第一次扩挺杆孔→第二次扩挺杆孔→精镗挺杆孔。

5. 螺纹孔的加工

缸体各表面螺纹孔数量较多，一般螺纹孔精度不高，因此位置度容易保证。但是螺纹刀具比较贵、加工时间长，节拍长。

螺纹孔一般加工顺序：钻底孔—倒角—攻丝。

常见螺纹加工机床：高速加工中心、多轴组合机床或自动线加工。图5.77所示为加工 EQ6100 缸体顶平面、侧平面螺纹孔的多轴组合机床，一次进给可以

图5.77 螺纹孔加工多轴组合机床

加工几十个螺纹孔，加工效率高，用于大批量生产。对于批量不大的缸体螺纹加工常用高速加工中心。

加工刀具：钻头、倒角刀（孔攻丝前为了导向需要先倒角）、丝锥。

量检具：螺纹规、三坐标。

加工底孔刀具：直柄钻头、阶梯复合钻（一次进刀钻底孔，扩倒角）。

加工缸体螺纹丝锥：直槽；螺旋槽（容屑空间大，不容易打刀，但制作工艺复杂，成本高）。

现在直槽丝锥芯部都是空心，通高压冷却液，冷却排屑效果好。

缸体螺纹孔加工难点：①孔系加工数量多，占用节拍时间长。对策是采用高速、内冷切削。②孔系多，刀具损耗比较大。对策是选择适用的刀具与切削参数（转速、进给量、切削速度等），对于加工中心或数控机床其钻孔切削参数可以通过修改程序进行调整。

在对铝合金缸体攻丝时，可加大攻丝螺旋角，加深沟槽深度，抛光沟槽表面。当螺纹直径在 $\phi 10$ 以下时可不用攻丝，将螺钉直接扭入缸体光孔中。

6. 中、小光孔的加工

光孔主要是指各类定位销孔、油道孔、水孔等。

加工机床：加工中心或组合机，一般用加工中心。

加工刀具：钻头、扩孔刀、铰刀、枪钻。如缸体、缸盖油道主要用枪钻加工。

缸体上的油道较多而且直径小，孔非常深，属于典型的深孔加工。一般采用分工序方法或对油道双向加工的方法。此外为了避免钻头折断，用分段进给或扭矩控制。

枪钻可以做得很长，如 DCi11 有的油孔深度达到 900 mm，枪钻长度可达 500 mm，一边钻削完后，工作台回转 180°，对面反向钻孔，提高切削效率。枪钻钻削时速度高，可达到 2 000 r/min，加工的孔精度高，表面粗糙度小，表面光亮。一般麻花钻钻深孔需要经常退刀排屑，枪钻不需要退刀。

量检具：孔径用带表塞规。位置度大多用三坐标。

中、小光孔加工难点：属于深孔加工，如主油道孔、斜油孔、顶面水孔等。

缸体深孔加工对策：用高压内冷枪钻加工，先预钻一个引导孔，再用枪钻沿着引导孔加工，可避免枪钻从根部断裂。例如，钻削直径 $\phi 20$ mm，深度 400 mm 的油道孔，可先用 $\phi 20$ mm 的钻头钻出一段深 30 mm 的引导孔，然后更换枪钻，先把枪钻插入引导孔，低速旋转进入，再缓慢提高转速到 2 000 r/min 进行深孔加工。由于有引导孔的支撑，枪钻不易甩断。

7. 辅助设备

辅助/边缘工艺：确保缸体内腔、油道、各类孔系等部位杂质、颗粒度等指标达标，能提高零件表面的质量，能体现生产线的工艺水平。发动机高速旋转工作时，如果缸孔里有不干净的杂质，会造成缸孔拉伤，缩短发动机寿命。因此缸体装配前，必须清洗。

（1）清洗机：高压、定点、定位清洗水套、油道等孔系。

（2）拧紧机、震动倒屑机、人工去毛刺、人工刷油道等。其中拧紧机用于瓦盖装配时的拧紧和缸盖安装在缸体上时的拧紧。拧紧可以人工拧紧，也可以机器拧紧。人工拧紧效率低，容易造成肌肉拉伤；拧紧机拧紧可以精确控制拧紧力矩和转角，并进行在线检测。

第 5 章习题

第 6 章

汽车装配工艺及装备

6.1 装配工艺内容

6.1.1 装配工艺概述

任何机器产品都是由零件装配而成的。如何从零件装配成机器，零件的精度和产品精度的关系以及达到装配精度的方法，这些都是装配工艺所要解决的基本问题。

机械产品的质量要求必须由正确的设计，零件的制造精度、材质和处理的质量，以及装配精度等来保证。一台机器总是从设计开始，经过零件的加工最后装配而成的。机械产品的装配是整个机械产品制造过程中的最后一个阶段，包括装配、调试、精度及性能检验、试车等工作。产品的装配质量在很大程度上决定机器的最终质量，对于产品的使用性能和使用寿命影响很大。如果装配不当，即使所有加工的零件都合格也难以获得符合质量要求的机械产品。

另外，通过机器的装配过程，可以发现机器设计和零件加工质量等所存在的问题，并加以改进，以保证机器的质量。研究装配工艺过程和装配精度，采用有效的装配方法，制定出合理的装配工艺规程，对保证产品的质量有着十分重要的意义，对提高产品设计的质量有很大的影响。

同时，由于装配所花费的劳动量很大，占用的时间很多，所以，对于机械产品生产任务的完成、工厂的劳动生产率、机械产品的成本和资金周转都有直接影响。特别是近年来，在毛坯制造和机械加工等方面实现了高度的机械化与自动化，机械产品成本不断降低，使得装配工作在整个机械产品制造中所占劳动量的比重和占机械产品成本的比重越来越大，其影响就更加突出。

根据规定的装配精度要求，将零件结合成组件和部件，并进一步将零件、组件和部件结合成机器的过程称为装配。将零件与零件的组合过程称为组装，其成品为组件；将零件与组件的组合过程称为部装，其成品为部件；而将零件、组件和部件的组合过程称为总装，其成品为机器或产品。

生产类型是决定装配工艺特征的重要因素。生产类型不同，装配方法、工艺过程、所用设备及工艺装备、生产组织形式等也不同。

对装配工艺的基本要求是：装配质量符合规定的技术要求、生产周期短、劳动生产率高、成本低、装配劳动量小、装配操作方便。

6.1.2　装配工作的主要内容

1. 零部件的清洗工作

进入装配的零件必须先进行清洗，以除去在制造、储存、运输过程中所黏附的切屑、油脂、灰尘等。部件、总成在运转磨合后也要清洗。清洗对于保证和提高装配质量，延长产品的使用寿命有着重要意义。机械产品装配中常用的清洗方法除擦洗和浸洗外，还有喷溅清洗、气相清洗、超声波清洗和高压清洗等。擦洗主要用于较大工件的局部清洗；浸洗用于形状较复杂的工件轻度黏附油垢的清洗；一般零件大多用喷溅清洗法；小型较精密的零件常用超声波清洗；气相清洗主要用于工件不允许沾上清洗液和不经过烘干的情况，如发动机的整体清洗，特别是试车后的整机清洗；高压清洗是利用高压清洗液将杂质冲走，如发动机装配中用于气缸体、曲轴和高压油管等零件的油道清洗。

清洗中常用的清洗液有碱性溶液、油性清洗剂（煤油、柴油和汽油）、三氯乙烯及各种化学清洗液，根据工件的清洗要求、污物性质及黏附情况正确选用。零件在清洗后，应具有一定的防锈能力。

零件清洗后的烘干要比用压缩空气吹干的办法好，这不仅可以减轻噪声的影响，而且对保持车间的清洁度大有好处。车间清洁度对装配质量影响也很大，国外许多装配车间采用封闭式结构，并使车间内的气压略高于室外大气压，防止灰尘进入车间。

2. 旋转部件的动平衡工作

旋转体的平衡是装配过程中一项重要工作。特别是对于转速高、运转平稳性要求高的机器，对其零、部件的平衡要求更为严格，平衡工作更为重要。

旋转体的平衡有静平衡和动平衡两种方法。对于盘状旋转体零件，如皮带轮、飞轮等，一般只进行静平衡；对于长度大的零件，如曲轴、传动轴等，必须进行动平衡。

旋转体内的不平衡质量可用加工去除法进行平衡，如钻、铣、磨、锉、刮等；也可用加配质量法进行平衡，如螺纹连接、铆接、补焊、胶接、喷涂等方法。

在汽车发动机装配中，曲轴的动平衡尤为重要，曲轴因其自身的结构相对于旋转中心不对称以及材料本身质量不均匀和加工尺寸精度等的影响，使曲轴在高速旋转时产生不平衡的惯性力，影响发动机的平稳运转，产生振动和噪声，增加磨损，从而影响到发动机的工作性能和寿命。在国外曲轴的平衡已普遍自动化，一般曲轴平衡自动化包括自动上下料、自动测量不平衡量及自动修正等。

为提高发动机工作平稳性，应对发动机整机装配后做一次平衡，因为发动机内各回转零件虽然进行了平衡，但各零件装配后，由于装配误差、不平衡量的综合误差，仍可能产生较大的旋转惯性力，从而引起发动机的振动。但目前发动机整机动平衡尚未普遍采用。

3. 过盈连接工作

机器中的轴孔配合，有很多采用过盈连接。对于过盈连接件，在装配前应保持配合表面的清洁。常用的过盈连接装配方法有压入法和热胀（或冷缩）法。

压入法是在常温情况下，以一定压力将零件压入的装配，会导致零件配合副的表面微观不平度挤平，影响过盈量。压入法适用于过盈量不大和要求不高的情况。重要的、精密的机械以及过盈量较大的连接处常用热胀（或冷缩）法。即采用加热孔件或冷却轴件的办法，使得缩小过盈量或达到有间隙后进行装配。

发动机装配时过盈连接处很多，如活塞销与销孔的配合、气门座与气缸盖座孔的配合、飞轮齿圈和飞轮的配合、正时齿轮与曲轴的配合等。特别是气门座与座孔的配合，由于气门座位于气缸盖的热三角区，这就要求气门座和座孔间有良好的配合，才能将热量迅速地传导出去。因其过盈量较大，气门座又属薄壁件，若在常温下以压入法装配，不仅很难保证配合质量，而且常使气门座发生变形，严重时甚至损坏零件。对于这种薄壁零件的过盈配合，大多采用深冷技术或者采用冷却轴件和加热孔件配合运用，在有间隙的状态下进行装配，保证在常温下有良好的配合质量。

4. 螺纹连接工作

在产品结构中广泛采用螺纹连接，对螺纹连接的要求有以下几点：

（1）螺栓杆部不产生弯曲变形，螺栓头部、螺母底面与被连接件接触良好。

（2）被连接件应均匀受压，互相紧密贴合，连接牢固。

（3）根据被连接件形状、螺栓的分布情况，按一定顺序逐次拧紧螺母。

螺纹连接的质量除受有关零件的加工精度影响外，与装配技术也有很大关系。如拧紧的次序不对，施力不均，零件将产生变形，降低装配精度，造成漏油、漏气、漏水等。运动部件上的螺纹连接，若拧紧力达不到规定数值，将会松动，影响装配质量，严重时会造成事故。因此，对于重要的螺纹连接，必须规定拧紧力的大小。螺纹连接中控制拧紧力的方法按原理可以分为以下几种：

（1）控制扭矩法。用电动机驱动的工具、扳手或用一个限制扭矩装置的手动工具来控制扭矩。

（2）控制旋转角法。先按某个初始扭矩预紧，使工件相互贴紧后，再从此扭矩值开始旋转一个预先确定的角度。

（3）控制屈服点法。由电动机驱动的螺纹拧紧工具输出测量值，由这些值构成旋转角——扭矩曲线，当达到螺栓屈服点时，即发出信号使螺栓扳手停止。国外有的使用由计算机控制的扭矩系统，可同时控制和显示多轴扳手的扭矩值，较好地控制了螺纹连接的拧紧力。

5. 校正工作

所谓校正，就是指各零部件本身或相互之间位置的找正及相应的调整工作。这也是装配时要做的工作。

除上述装配工作的基本内容外，部件或总成以至整个产品装配中和装配后的检验、试运转、涂油漆、包装等也属于装配工作，应相应考虑安排。

■ 6.1.3 装配工作的组织形式

装配工作的组织形式一般分为两种，即固定式装配和移动式装配。装配组织形式主要取决于生产类型、装配劳动量和产品的结构特点等。

1. 固定式装配

固定式装配可直接在地面上或在装配台架上进行，比较先进的是在装配机上完成装配工作。固定式装配是把所需装配的零件、部件或总成全部运送至固定的装配地点，并在该地点完成装配过程。根据装配的密集程度，固定式装配又分为以下两种：

（1）集中固定式装配。产品所有的装配工作都集中在一个工作地点完成。这种装配需要完成多种不同的工作，因此对工人的技术水平要求高，需要较大的生产面积，装配周期也较长。因为在工作地点需要供应全部零件，所以运输也比较复杂，仅适用于单件小批生产和新产品试制的装配。

（2）分散固定式装配。将装配过程分为部件装配和总成装配，分别由几组装配工人在各自的工作地点同时装配各自的部件或总成，然后送到总装配地点，由另一组工人完成汽车的总装配。这种装配多使用专用装配工具，装配专业化程度较强，可有效地利用生产面积，装配周期较短。

对于批量比较大的情况，工人可在装配台上进行装配，所需的零件和部件不断地送至各装配台，工人在一个装配台完成装配后带着工具箱转移到另一个装配台，装配时工人沿着各装配台移动。若各装配台排在一条线上，则构成固定装配台的装配流水线，这是分散固定式装配的高级形式，其中装配台的数目取决于装配工艺过程的工序数目。

2. 移动式装配

移动式装配是把所需装配产品的基础件不断地从一个工作地点移至另一个工作地点，将装配过程所需的零件及部件送到相应的工作地点，在每个工作地点有一组工人采用专用的工艺装备重复地进行固定的装配工作。移动式装配又分为自由移动式装配和强制移动式装配。

（1）自由移动式装配。这种装配是在装配时由工人根据具体情况决定移动基础件的时间，产品放在小车上或在辊道上沿工作地点由工人移动，也可用输送带或吊车等机械设备运送，各个工作地点所占的装配时间不固定，但应尽量保持均衡。

（2）强制移动式装配。这种装配是产品放在小车上或输送带上由链条强制拖动，装配过程按预定的节拍进行。强制移动式装配又分为间歇移动式装配和连续移动式装配。间歇移动式装配是输送小车或输送带以等于装配节拍的时间间歇移动。连续移动式装配是产品装在连续移动的输送带上，边移动边进行装配，由于装配过程和运输过程重合，所以装配生产率很高。

6.2 保证装配精度的方法

零件都有规定的公差，即允许有一定的加工误差，装配时零件误差的累积就会影响装配精度。如果这种累积误差不超出装配精度指标所规定的允许范围，则装配工作只是简单的连接过程，很容易保证装配精度。事实上，零件的加工精度不但受到现实制造技术的限制，而且受经济性的制约。因此，用尽可能提高加工精度以降低累积误差来保证装配精度，有时是行不通的，因而还必须依赖装配工艺技术。常用的保证机器装配精度的装配方法有互换装配法、选择装配法、调整装配法和修配装配法。

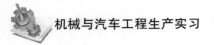

1. 互换装配法

互换装配法为在装配时各配合零件不经修理、选择或调整即可达到装配精度的方法。互换装配法的实质就是用控制零件加工误差来保证装配精度的一种方法。采用互换装配法，有关零件的公差可以放大一些，从而使加工变得容易而经济，同时仍能保证装配精度。由于其原理是根据概率理论，所以只适用于大批、大量生产类型。当符合一定条件时，能够达到完全互换装配法的效果，否则，会使一部分装配制品达不到装配精度要求，此时称为不完全互换装配法。

完全互换装配法的优点是可保证零、部件的互换性，便于组织专业化生产，备件供应方便，装配工作简单、经济，生产率高，便于组织流水装配及自动化装配，对装配工人的技术水平要求不高，易于扩大再生产。由于有这些优点，完全互换装配法成为保证装配精度的先进的装配方法，被广泛用于机器的装配。

互换装配法的实质就是通过控制零件的加工误差来保证装配精度。采用互换装配法，有关零件的公差按下述两个原则来确定。

（1）完全互换法。各有关零件公差之和应小于或等于装配公差。用公式表示为

$$T_0 = \sum_{i=1}^{n} T_i = T_1 + T_2 + \cdots + T_n \qquad (6.1)$$

式中：T_0 为装配公差（装配尺寸链中封闭环公差）；T_i 为各有关零件的制造公差；n 为组成尺寸链各有关零件数。显然，在这种装配中，零件是可以完全互换的，因此又称完全互换法。

（2）概率法。各有关零件公差值平方和的平方根小于或等于装配公差。用公式表示为

$$T_0 = \sqrt{\sum_{i=1}^{n} T_i^2} = \sqrt{T_1^2 + T_2^2 + \cdots + T_n^2} \qquad (6.2)$$

显然，按式（6.2）计算时，与式（6.1）相比零件的公差可以放大一些，从而使加工变得容易而经济，同时仍能保证装配精度要求。但式（6.2）的应用是有条件的。由于其原理是根据概率理论，所以只适用于大批、大量生产类型，当符合一定条件时，能够达到完全互换法的效果，否则，会使一部分装配达不到装配精度要求，此时称为不完全互换法（或大数互换装配法）。

汽车的部件或总成的装配精度是由设计人员根据其使用性能规定的。设计人员在绘制零件图时，必须合理地确定零件有关设计尺寸的公差和极限偏差，这种计算属于公差设计计算。在公差设计计算时，由于组成环数目多于两个，所以式（6.1）为不定方程，其解不是唯一确定的。工程上确定组成环公差有相等公差法和相同等级法等多种方法，其中常用的是相等公差法。

相等公差法，是按照各组成环公差相等的原则来分配封闭环公差的方法，即假设各组成环公差相等，求出组成环平均公差 T_{av}，按极值法求得

$$T_{av} = \frac{T_{co}}{n-1} \qquad (6.3)$$

式中：n 为总环数（包括封闭环）；T_{co} 为封闭环公差。

采用相等公差法，虽然计算简便，但是它没有考虑各组成环的尺寸大小和获得尺寸精度

的难易程度，因此各组成环公差规定相等的值是不合理的。通常，根据式（6.3）计算出 T_{av} 后，按各组成环的尺寸大小和加工难易程度，将其公差作适当调整。但调整后的各组成环公差之和仍不得大于封闭环要求的公差。此外，调整时还要考虑以下几点：

1）轴承等标准件的尺寸公差，应采用其标准规定的数值。

2）大尺寸或难加工的尺寸，公差应取较大值；反之，取较小值。

3）调整后 $n-2$ 个组成环的公差值应尽可能符合国家标准《公差与配合》中的公差值。

4）由于 $n-2$ 个组成环的公差采用标准公差值后，另一组成环公差就有可能不是标准公差值，这个组成环的公差值与其他各组成环公差协调，使组成环公差之和等于或小于封闭环要求的公差。协调环公差 T_{Cx} 可用下式计算：

$$T_{Cx} = T_{co} - \sum_{i=1}^{n-2} T_{ci} \tag{6.4}$$

2. 选择装配法

选择装配法是在成批或大量生产中，将产品配合副经过选择进行装配，以达到装配精度的方法。在成批或大量生产条件下，若组成零件数不多而装配精度很高时，如果采用完全互换法，会使零件的公差值过小，不仅会造成加工困难，甚至会超过加工的现实可能性。在这种情况下，就不能只依靠零件的加工精度来保证装配精度。这时可以采用选择装配法，将配合副中各零件的公差放大，然后通过选择合适的零件进行装配，以保证规定的装配精度。

选择装配法按其形式不同可分为直接选配法、分组装配法和复合选配法。

（1）直接选配法。直接选配法即在装配时，由装配工人直接从待装配的零件中选择合适的零件进行装配，以满足装配精度的方法。如发动机活塞环的装配，为了避免工作时，在环槽中卡死，装配工人凭经验直接挑选合适的活塞环进行装配，来保证装配精度。

这种装配方法的优点是简单，但装配质量在很大程度上取决于装配工人的技术水平，而且工时分配也不稳定，不适用于生产节拍要求严格的流水装配线。

（2）分组装配法。分组装配法是在成批或大量生产中，将产品各配合副的零件按实测尺寸分组，装配时按组进行互换装配以达到装配精度的方法。对于装配精度要求很高的情况，各组成零件的加工精度也很高，使得加工很不经济或很困难，甚至无法满足加工要求，这时可以考虑使用分组装配法。

1）活塞销与销孔尺寸分组装配。发动机活塞销和销孔的配合技术要求规定，在冷态装配时应有 0.002 5～0.007 5 mm 的过盈量。若用完全互换装配法，则活塞销和销孔各自的加工公差分配非常小，将给机械加工造成极大困难，也不经济。在实际生产中，采用分组装配法，即把活塞销和销孔的公差放大 4 倍，然后对这些零件进行测量分组，将两者的直径尺寸按由大到小均分成 4 个尺寸级别，并分别用白、绿、黄、红 4 种颜色标记。同一种颜色为一个尺寸组别。装配时，同一尺寸组别零件按互换装配法进行装配，以保证装配精度的要求。

此外在活塞与活塞销孔、连杆小头孔的装配过程中，要对活塞加热，然后用专用夹具将活塞、活塞销、连杆组装在一起。

图 6.1 所示为某活塞销和活塞的装配关系图。活塞销和活塞销孔在冷态装配时，要求有 0.002 5～0.007 5 mm 的过盈量。若采用完全互换装配法，设活塞销和活塞销孔的公差作"等公差"分配，则它们的公差都仅为 0.002 5 mm，因为封闭环公差为 0.007 5－0.002 5＝

0.005 0（mm），活塞销和活塞销孔的尺寸为

$$d = 28^{0}_{-0.002\,5}\ \text{mm}, \quad D = 28^{-0.005\,0}_{-0.007\,5}\ \text{mm}$$

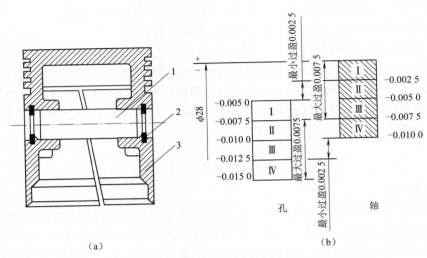

（a）   （b）

图 6.1 某活塞销和活塞的装配关系图

1—活塞销；2—挡圈；3—活塞

显然，加工这样的活塞销和活塞孔既困难又不经济。在实际生产中可以采用分组选配法，将活塞销和活塞孔的公差在相同方向上放大 4 倍，即

$$d = 28^{0}_{-0.01}\ \text{mm}, \quad D = 28^{-0.005\,0}_{-0.015}\ \text{mm}$$

按此公差加工后，再分为 4 组进行相应装配，既可以保证配合精度和性质，又可减少加工难度。分组时，可涂上不同颜色或分装在不同容器内，便于进行分装装配，分组情况见表 6.1。

表 6.1 活塞销和活塞孔分组互换装配

（单位：mm）

组别	标志颜色	活塞销直径 $d = \phi 28^{0}_{-0.01}$	活塞孔直径 $D = \phi 28^{-0.005\,0}_{-0.015}$	盈合情况	
				最大过盈	最小过盈
I	白	$\phi 28^{0}_{-0.002\,5}$	$\phi 28^{-0.005\,0}_{-0.007\,5}$		
II	绿	$\phi 28^{-0.002\,5}_{-0.005\,0}$	$\phi 28^{-0.007\,5}_{-0.01}$	0.007 5	0.002 5
III	黄	$\phi 28^{-0.005\,0}_{-0.007\,5}$	$\phi 28^{-0.010}_{-0.012\,5}$		
IV	红	$\phi 28^{-0.007\,5}_{-0.010}$	$\phi 28^{-0.012\,5}_{-0.015}$		

2）活塞、连杆质量分组装配。发动机装配时，同一台发动机活塞连杆总成的质量级别也必须相同，如果把不是同一质量级别的活塞连杆总成装在同一台发动机曲轴上，在高速旋转时，其离心力、惯性矩就不一样，会造成发动机工作时振动。活塞连杆总成分组又分为活塞质量分组和连杆质量分组。

连杆质量分组，又称连杆称重分组。称重分组的目的是把质量一样的连杆放在同一台发动机上，DCi11 发动机连杆质量分组分为 A、B、C、D、E、F、G 共 7 个级别。其中 A 级别

最轻，G 级别最重。如大于 3.77 kg，小于 3.79 kg 的连杆属于 A 级别。每个级别差为 16～20 g。

分组装配法的优点是降低了零件加工精度的要求，仍能获得很高的装配精度，同组内的零件具有完全互换的优点。它的缺点是增加了零件的测量、分组工作，增加了零件存储量，并使零件的储存、运输工作复杂化。

分组装配法只适用于大批、大量生产中，组成件数目少而装配精度要求高的场合。柴油机中的柱塞偶件、针阀偶件、出油阀偶件等精密偶件都采用分组装配法，大量生产的滚动轴承也采用此种装配法。

采用分组装配法时应注意以下事项：

1）配合件的公差应相等，公差增大应在同一方向，增大的倍数就是分组组数。

2）配合件的表面粗糙度、形位公差必须保持原设计要求，不应随着配合件公差放大而降低要求。

3）保证零件分组装配中都能配套。若产生某一组零件过多或过少而无法配套时，必须采取措施，避免造成积压或浪费。

4）所分组数不宜过多，以免管理复杂。

（3）复合选配法。该种方法是上述两种方法的复合，即先把零件测量分组，装配时再在对应组零件中直接选择装配。复合选配法吸取了前述两种装配法的优点，既能较快地选择合适的零件进行装配，又能达到理想的装配质量。发动机气缸孔与活塞的装配大都采用这种装配方法。

3. 调整装配法

调整装配法是用改变可调整零件的相对位置或选用合适的调整件来达到装配精度的方法。根据调整件的不同，调整装配法又分为可动调整装配法和固定调整装配法。对于组成件数比较多，而装配精度要求又高的场合，宜采用调整装配法。

调整装配法的优点是能获得很高的装配精度，在采用可动调整时，可达到理想的精度，而且可以随时调整由于磨损、热变形或弹性变形等原因所引起的误差，零件可按加工经济精度确定公差。它的缺点是应用可动调整装配法时，往往要增大机构体积，当机构复杂时，计算烦琐，不易准确，应用固定调整装配法时，调整件需要准备几挡不同的规格，增加了零件的数量和制造费用；调整工作繁杂，费工、费时，装配精度在一定程度上依赖工人的技术水平。

（1）可动调整装配法。可动调整装配法是用改变预先选定的可调整零件（一般为螺钉、螺母等）在产品中的相对位置来达到装配精度的要求。如图 6.2 所示，发动机的气门间隙就是通过调整螺钉来保证要求的。

（2）固定调整装配法。固定调整装配法

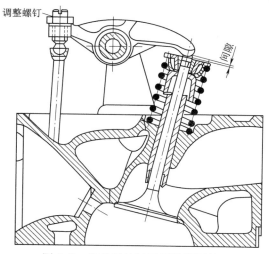

图 6.2　发动机的气门间隙的调整

需预先设置几挡定尺寸调整件，装配时根据需要选择相应尺寸的调整件装入，以达到所要求的装配精度。汽车主减速器中主动锥齿轮轴承预紧度的调整，就是通过选用不同厚度的调整垫片来保证要求的。

调整装配法虽然多用了一个调整件，因而增加了部分调整工作量和一些机械加工量，但就保证整个汽车生产的装配质量来说却是非常重要的，所以在汽车装配中被广泛采用。

4. 修配装配法

修配装配法是指在装配时修去指定零件上预留的修配量以达到装配精度的方法。各装配件按各自正常生产条件下的经济加工精度制造，装配时，修去指定零件上预留的修配量或就地配制，从而保证装配精度。修配装配法和调整装配法在原则上是相似的，都是通过调整件来补偿累积误差，仅仅是具体方法不同。

修配装配法一般适用于产量小的场合，如单件小批生产或产品的试制。当装配件数量不多但装配精度要求很高，或装配件数量多而装配精度要求也很高，采用修配装配法时，正确选择补偿环和确定其尺寸及极限偏差是关键。

选择补偿环一般应满足以下要求：

（1）便于装拆、易于修配，选择形状比较简单、修配面较小的零件。

（2）尽量不选公共环，因为公共环难以同时满足几个装配要求，所以应选择只与一项装配精度有关的环。实际生产中，修配的方式较多，常见的有以下三种。

1）单件修配法。在多环装配尺寸链中，选定某一固定的零件作为修配件（补偿环），装配时用去除金属层的方法改变其尺寸，以满足装配精度的要求。如齿轮和轴装配中以轴向垫圈为修配件，来保证齿轮与轴的轴向间隙。这种修配方法生产中应用最广。

2）合并加工修配法。这种方法是将两个或更多的零件合并在一起再进行加工修配，合并后的尺寸可看作一个组成环，这样就减少了装配尺寸链中组成环的环数，并可以相应减少修配的劳动量。合并加工修配法由于零件合并后再加工和装配，需对号入座，因而给组织装配生产带来很多不便。这种方法多用于单件小批生产中。

3）自身加工修配法。在机床制造中，有些装配精度要求较高，若单纯依靠限制各零件的加工误差来保证，势必各零件加工精度都很高，甚至无法加工，而且不易选择适当的修配件。此时，在机床总装时，用自己加工自己的方法来保证这些装配精度更方便，这种装配法称为自身加工修配法。如在牛头刨床总装后，用自刨的方法加工工作台面，可以较容易地保证滑枕运动方向与工作台面的平行度要求。

6.3 发动机装配工艺

发动机装配简单地说就是以缸体为主体，先将缸体内部的零件装到缸体内，然后将缸体外围的零件装到缸体上，最终形成一台发动机。有时为了装配需要，需将若干个零件先组装在一起，形成一个分总成，再将这些分总成装到缸体上，如缸盖分总成、活塞连杆分总成等。

发动机在工厂批量生产时，需要根据发动机的结构，编制发动机各零件的装配次序，也就是发动机的装配工艺流程和工艺规程。

■ 6.3.1　拟定装配工艺规程的依据和原始资料

制定装配工艺规程时，必须根据产品特点、要求和工厂生产规模等具体情况，确定装配方法以及采用的装配工具，不能脱离实际。因此，必须掌握足够的原始资料，拟定装配工艺规程。

1. 拟定装配工艺规程的依据

拟定装配工艺规程时，必须考虑几个原则：①产品质量应能满足装配技术要求；②修配工作量尽可能减到最少，以缩短装配周期；③产品成本低；④单位车间面积上有最高的生产率；⑤充分使用先进的设备和工具。

2. 总装作业指导书主要的原始资料

总装作业指导书主要的原始资料包括：①产品的总装图、部件装配图以及主要零件的工作图；②产品验收技术条件；③所有装配零部件的明细表；④工厂生产规模和现有生产条件；⑤同类型产品工艺文件或标准工艺等参考资料。

■ 6.3.2　拟定装配工艺规程的内容及其步骤

1. 装配工艺规程的内容

装配工艺规程是组织和指导装配生产过程的技术性文件，也是指导工人装配的依据。因此，它必须包含以下几个方面的内容：

（1）合理的装配顺序和装配方法。

（2）划分装配工序和规定工序内容。

（3）选择装配过程中必需的设备和工夹具。

（4）规定质量检查方法、使用的检验工具及检查频次等。

（5）确定必需的工人等级和工时定额。

2. 拟定装配工艺规程的步骤

（1）分析装配图及技术要求，了解发动机结构特点，查明发动机的尺寸链，确定适当的装配方法。

（2）确定装配顺序（装配过程）。装配顺序基本上由发动机的结构特点和装配形式决定，先确定一个零件作为基准件，然后将其他零件逐次装到基准件上。例如，EQD6105 发动机的总装顺序是以曲轴箱为基准件其他零件（或部件）逐次往上装，按照由下部到上部、由固定件到运动件再到固定件、由内部到外部等规律来安排装配顺序。

（3）划分装配工序和确定工序内容。在划分工序时确保前一工序的活动应保证后一工序能顺利地进行，应避免妨碍后一工序进行的情况。

（4）选择装配工艺所需的设备和工夹具。

（5）确定装配质量的检验方法及检验工具。

（6）确定工人等级及工时定额。

（7）确定产品、部件和零件在装配过程中的起重运输方法。

（8）编写装配工艺文件。装配工艺文件包括过程卡（装配工序卡）和操作指导卡等。过程卡是为整台机器编写的，包括完成装配工艺过程所需的一切资料；操作指导卡是专为某一个较复杂的装配工序或检验工序而编写的，包括完成此工序的详细操作指示。本发动机装配工序文件有清洗、部装、总装和磨合作业指导书及发动机出厂验收技术条件共同组成。

6.3.3 发动机装配的要求

发动机的装配精度要求很高，在装配前应对已经选配的零件和组合件认真清洗、吹干、擦净，确保清洁。检查各零件，不得有毛刺、擦伤，保持完整无损。做好工具、设备、工作场地的清洁。工作台、机工具应摆放整齐。特别应仔细检查、清洗气缸体和曲轴上的润滑油道，并用压缩空气吹净。否则，会因清洁工作的疏忽，造成返工甚至带来严重后果。

按规定配齐全部衬垫、螺栓、螺母、垫圈和开口销，并准备适量的机油、润滑脂等常用油和材料。

1. 装配间隙要求

在发动机的装配过程中，控制装配间隙是保证装配质量的关键之一。装配间隙基本上分为两类：一类是运动间隙，如滑动轴承与轴颈、活塞与气缸套以及齿轮之间的间隙。机油在间隙内形成油膜，保证机件不是干摩擦，而是油润滑，可以减少摩擦功率。另一类不是以减少机件磨损为目的的间隙，而是直接影响发动机的燃烧、配气等工作性能，如活塞顶平面与气缸盖底平面的间隙（影响压缩容积）、摇臂与气门杆顶端的间隙（气门间隙）等。

以曲轴装配为例，必须具有适当的轴向间隙和径向间隙，特别是轴向间隙要控制得当，以保证曲轴位置正确。轴向间隙太大，曲轴就会产生轴向窜动和撞击，还可以使活塞—连杆组单边受力，以致气缸、活塞磨损不均匀；轴向间隙过小，受热膨胀后可能使零件卡住，以致磨损功率增加或不能工作。又如活塞顶平面与气缸盖的间隙，直接影响发动压缩比的大小，对发动机功率、燃油消耗、启动性能等有较大的影响。与此同时，对曲轴轴颈、主轴承孔、连杆的大、小头孔、活塞销孔、活塞销等所用的配合间隙都要特别注意，以便获得适当的压缩比。又如气门间隙，如果间隙过少，在发动机工作时气门受热膨胀后杆端就会紧靠在摇臂或挺杆上，影响气门头部与气门座的密封，使气门关闭不严，发生漏气、回火等故障，并且容易烧损气门，使发动机的功率减少，经济性降低；如果间隙过大，则在气门开启和关闭时造成很大冲击，产生强烈的磨损，噪声大，并降低气门的开闭时间，废气不能很好地排除，也会影响发动机的功率和经济性。间隙的大小与发动机的结构形式、气门和有关零件的材料与构造有关。

2. 装配扭矩要求

在发动机的装配中，获得正确的锁紧力及在一组螺纹连接中保持锁紧力的均衡性是非常重要的。若锁紧力不均衡，容易造成用螺纹连接的部分轴承的轴承孔变形；在连杆体与连杆盖的螺栓连接中，在变载荷作用下，将产生应力集中；机体与气缸盖的连接中将产生翘曲，以致密封不好；在飞轮组件中产生飞轮偏摆和振动。因此对重要部件应提出扭矩的要求。为了获得正确的装配扭矩，必须满足螺纹连接的主要技术要求。

（1）获得规定的锁紧力，对于一组螺纹连接应获得均匀的锁紧力。

（2）获得规定的配合。

（3）螺栓不会偏斜和弯曲。

（4）防松装置应可靠。同时应注意遵守一定的装配顺序，即先中间，后两侧，十字交叉进行，分 2～3 次拧紧，等等。

3. 零件清洗的要求

零件的清洗是装配过程中极为重要的工序。零件清洗不干净，往往影响装配工作和产品质量。清洗工作的主要任务是：①清除零件表面的油脂；②清除零件表面的磨屑、灰尘及其他脏物；③防锈。

清洗溶液大致分为石油溶剂（汽油、煤油、柴油等）、氯化碳氢溶剂（三氯乙烯、四氯化碳等）、强碱性或弱碱性清洗水溶液（氢氧化钠、碳酸钠、磷酸三钠、磷酸二氢钠、水玻璃、烷基苯黄酸钢、十二烷基硫酸钠、硫酸三乙醇胺、苯甲酸钠等）以及含非离子型表面活性剂清洗液（聚氯乙烯脂肪醇醚、聚乙二醇、油酸、三乙醇胺、亚硝酸钠、聚氧乙烯脂肪醇醚、烷基酰胺、浮化油等）。

清洗方法主要有浸洗、刷洗、喷洗、超声波清洗及气体（三氯乙烯）清洗等，采用机械清洗及手工操作。

清洗剂和清洗方法的选择主要根据零部件的金属结构类型、所带脏物的性质以及对清洗的要求来决定。例如，清洗油脂，可采用石油溶剂浸洗和三氯乙烯溶剂进行浸洗；清除灰尘、磨料等固体物料，则主要依靠喷洗、刷洗及超声波清洗方法；对于沾有水溶性污物的零件则宜选用水溶液来浸洗及喷洗，等等。此外，带磁性的钢件（如磨削、磁力探伤后的钢件）在清洗前应做退磁处理，否则附着的磨屑很难清除。

6.3.4　常用发动机装配工具与设备

根据用途，可以将常用发动机装配工具与设备分为拧紧工具、检测工具、吊具、其他工具。

（1）拧紧工具。通常有电动定扭扳手、力矩定扭扳手（图 6.3）、气动定扭扳手（图 6.4）和表盘扳手。电动定扭扳手的力矩控制精度最高，误差在 ±5% 以内，并且可以设置多组力矩，通常较重要的力矩均使用电动扳手拧紧；力矩定扭扳手的控制精度较高，误差在 ±10% 以内，手工拧紧，只能拧紧一个力矩，通常用来拧紧一些由于空间位置不允许使用电动扳手的力矩；气动定扭扳手的控制精度较低，气动拧紧速度快，也只能拧紧一个力矩，用于一些不重要的力矩拧紧；表盘扳手与力矩定扭扳手类似，但是可以拧紧范围内的所有力矩，生产线上较少使用，一般用来力矩复检。

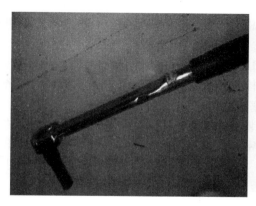

图 6.3　力矩定扭扳手

图 6.4　气动定扭扳手

（2）检测工具。包括百分表、卡尺、深度尺、表架及各种专用检具。

（3）吊具。主要为各种专用吊具，如缸盖顶面朝上吊具、缸体底面朝上吊具、曲轴吊具等。

（4）其他工具。发动机装配中要使用许多专用工具。有齿轮防转工具，试漏堵头、缸套压装拆卸工具，油封压装工具，活塞套环、凸轮轴导向棒等装配辅具，还有一些夹具，如零件分装夹具、离合器分离夹具。此外机器人也是常用的装配设备之一（图 6.5）。

图 6.5　涂胶机器人

6.3.5　东风公司发动机厂 4H 发动机装配流程

装配的一般顺序：先拆的后装，后拆的先装；先装内部，后装外部零部件；先分装后总装；先装重后装轻，防止干涉；交叉拧紧，由中间向两边，分步拧紧螺栓。

以 4H 发动机为例，装配流程主要为内装线→喷漆线→外装线→试验线→环境线。

1. 内装线

内装线主要装发动机内部件，包括一条主线，两条分装线，主线有 29 个工位。

（1）主线装配流程。缸体上线→打发动机号及条形码→上装配线体 1→松卸主轴承瓦盖→装挺杆体→装活塞冷却喷嘴→装后端板→装主轴瓦→装曲轴工艺辅具→装曲轴总成→装主轴承瓦盖→主轴承瓦盖螺栓预拧紧→拧紧主轴承瓦盖螺栓→测量曲轴回转力矩及轴向间隙→缸体翻转 90° 及装配活塞连杆总成→活塞上止点检测及缸体翻转 90°→拧紧连杆螺栓及回转力矩检测，测连杆间隙→装凸轮轴→装喷油泵总成→检测凸轮轴窜动量→装凸轮轴正时齿轮总成→装机油泵总成及齿隙间隙测量→装前端盖带前油封总成→装飞轮壳→压装后油封及前后油封检测→装机油收集器总成→装油底壳及预拧紧油底壳螺栓→拧紧油底壳螺栓→装工艺后悬置→装前悬置→发动机翻转 180° 上装配线体 3→装气缸垫及定位环→装缸盖总成→拧紧缸盖螺栓力矩→装气阀轼及推杆→装摇臂及摇臂轴总成→调气门间隙→装水温传感器，暖风接头带阀总成，除气螺塞总成→装喷油器线束支架总成→装喷油器线束→装气缸盖罩盖→装节温器总成及节温器盖→装水泵总成→装发电机支架→装前后吊耳→装空调压缩机支架→发动机半总成试漏→装扭振减振器总成→装飞轮齿环总成→装一轴驱动轴承→打铭牌→发动机检查及下线→（喷漆线）。

其中一些装配工序现场图如图 6.6～图 6.11 所示。

（2）活塞连杆分装线装配流程。卸连杆螺栓→装活塞环→装活塞销→装活塞销卡簧→装连杆瓦→（主线工序：缸体翻转 90° 及装配活塞连杆总成）。

（3）缸盖分装线装配流程。气缸盖上线→装进排气阀→检测气阀下沉量→缸盖翻转 180°→装进排气门油封→装气门锁块→气门拍打及密封性检测→装喷油器→检测喷油器伸出高度→检测油路密封→（主线工序：缸盖总成）。其中一些装配工序现场图如图 6.12、图 6.13 所示。

图 6.6　装曲轴

图 6.7　测量活塞上止点凸出量

图 6.8　附图装凸轮轴

图 6.9　装凸轮轴正时齿轮

图 6.10　调气门间隙

图 6.11　发动机内装下线姿态

2. 喷漆线

安装喷漆保护装置→发动机喷漆→发动机补漆→晾置→油漆烘干→油漆烘干后强冷→拆

除喷漆保护装置→（外装线）。

图 6.12　装活塞销及卡簧

图 6.13　缸盖上分装线

3. 外装线

发动机上外装线→……→总成试漏→（试验线）。

外装线装配的零件较多，但是均为外部总成类零件，如空气压缩机、空调压缩机、发电机、起动机、进气管、排气管、增压器、排气制动阀等。各零件的先后顺序只要不妨碍其他零件的装配，均能够最终实现零件的装配，因此目前装配的流程主要考虑到人员节拍的均衡。外装线唯一的检测工序为总成试漏，包括机油道、水道、燃油道的试漏及机油道与水道的互漏检测。

4. 试验线

发动机上空中输送线→发动机上预装线→拆保护盖→发动机管路连接→装飞轮连接盘→装工艺线束、曲轴箱通风连接管和进、出水管→加机油→发动机带托盘进试验间→发动机管路连接→试验前各供液加注和准备→发动机试验→试验后各供液排空→试验后拆除手动连接的管路→发动机带托盘出试验间→机油漏油检查→拆飞轮法兰盘→拆发动机辅助管路→装发动机上各管口保护盖→发动机下拆装线→（环境线）。

5. 环境线

发动机上环境线→装搭铁线→装助力转向泵→贴环保铭牌→装发动机前后悬置→外观检查及补漆→装离合器压盘及从动盘→离合器分离检测→发动机检查及下线→（入库）。

■ 6.3.6　东风公司发动机厂 DCi11 发动机装配流程

DCi11 发动机装配流程主要为内装线→喷漆线→外装线→试验线→环境线。

内装线包括一条主线，两条分装线，主线有 35 个工位。分装线包括活塞连杆分装线和缸盖分装线。

1. 内装线主线

缸体上线及装缸体水油封→装缸套→装冷却喷嘴→装曲轴→测曲轴回转力矩→装活塞连杆总成→连杆螺栓终紧与检测→前端板分装→装齿轮室底板→装凸轮轴→装挺杆→装缸盖总

成→预拧紧缸盖螺栓→装侧盖板→装摇臂轴→装飞轮壳→装高压油泵→装齿轮系→装齿轮室盖→装水泵→调气门间隙→装前后油封→装飞轮齿环总成→装减振器→装工艺后悬置与连接板→装喷油器线束、制动块定位螺栓→松摇臂、装制动块总成→调整制动间隙、装连接线束→装机油泵→装空调→装加强板、油底壳螺柱→装油底壳、油位传感器与水泵出水管→拧紧油底壳及其他螺栓→装气门罩盖→装试漏堵头及试漏和上悬链。

2. DCi11 发动机喷漆线、外装线、试验线、环境线

DCi11 发动机喷漆线、外装线、试验线、环境线为混流装配线，与 4H 发动机共线使用。4H 与 DCi11 发动机生产线布局如图 6.14 所示。

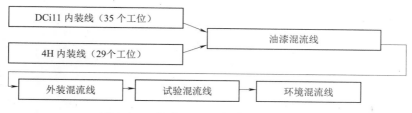

图 6.14　4H 与 DCi11 发动机生产线布局

3. 发动机装配线机械化输送技术应用

应用于发动机总装车间的机械化输送技术主要有摩擦滚轮输送、悬挂输送机、链式输送机、自动导引运输车（AGV）等。

（1）摩擦滚轮输送采用电机减速器通过链条或伞齿轮带动滚轮轴转动。滚轮轴旋转通过摩擦力带动滚轮上的承载板移动（发动机装在承载板上），具有较好的非同步输送可积放、柔性装配功能，输送平稳。DCi11内装线主线采用摩擦滚轮输送和 AGV 两种输送模式。其中内装 1 线（缸体上线——调整制动间隙、装连接线束）采用了摩擦滚轮输送方式（图 6.15）。

图 6.15　摩擦滚轮输送

（2）悬挂输送机有轻型悬挂输送机、重型悬挂输送机两种。其中轻型悬挂输送技术常用于汽车内饰件、座椅、发动机和轮胎的分装输送，重型悬挂输送技术常用于汽车内饰线、底盘线。DCi11内装线装好的发动机由悬挂输送链输送到油器混流线，进行涂装。

（3）链式输送机是利用链条作为牵引和承载体输送物料，或由链条上安装的板条、金属网带和辊道等承载物料的输送机（图 6.16）。

（4）自动导引运输车：AGV 是自动导引小车，自带快速充电电源和驱动行驶装置，能够自行行驶，其上可以装载被装配的发动机，DCi11内装线 2 线（装机油泵和机油收集器——油底壳双头螺柱预涂胶）为 AGV 装配线。由多个 AGV 组建一个发动机 AGV 装配线。完成发动机装配工位之间的输送工作（图 6.17）。适用于较窄的车间空间场地，场地观感好。AGV 的主要功能表现为在计算机系统的控制下，按规划路径和作业要求，使小车较为精确地行走并停靠到指定地点，完成作业过程。

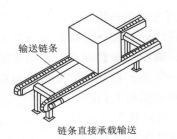
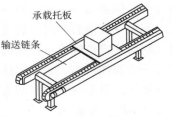

链条直接承载输送　　　　　　　利用承载托板输送

图 6.16　链式输送机

4. 发动机装配线 SPS 物料配送技术

SPS（set parts supply）是向生产线单台车配货的一种物料配送方式，又称集配送货制，是精益物流主要的实践方式之一。所谓集配送货制就是指在发动机装配线边设定零件集配区，在零件指示系统指示下，专职物流人员在集配区预先将装配所需的标准件、小基础件和配套件按一台份及装配时的顺序集配在特制的集配器具（集配车）内，然后按照生产顺序通过 VGA 小车牵引从零件集配区配送到发动机装配线上相应的装配

图 6.17　AGV 装配线

工位，装配工人按照作业时的顺序从集配车上拿取所要零件。当完成一辆份装配任务时，正好将集配器具内的零件用完，然后由 VGA 小车牵引空的集配器具返回到零件集配区。

图 6.18 所示为 4H 发动机装配线随行集配小车。4H 发动机装配线边安装有与线体同步的同步链，VGA 小车把集配料车由集配区牵引至发动机装配线第一工位处，由自动化设备使集配料车和同步链联结，并且使 VGA 小车和集配料车脱离。集配料车借助同步链的动力与发动机线体平行运动，保持同步随行。每个工位作业员拿取集配料车上的相应零件进行装配。当一台发动机装配任务完成后，正好将这一台集配料车内的零件用完。

图 6.18　VGA 集配送料

集配送货制同其他送货制相比，机动灵活，适应多品种混流装配线，其线边物料存放区占地面积小。省去了工人在装配工位和线边物料存放区之间来回取拿零件的辅助时间以及烦琐的零件辨认和发动机型号的判断，避免了零件散落、丢失、浪费以及因装配操作失误而造成的错装和漏装，既保了产品质量，又提高了工作效率。

要对发动机装配所需要的零部件物料实施 SPS 配送，需要规划解决 5 个方面的问题，即集中集配场、设计仓储货架、建立零件指示系统、设计 SPS 配料小车、设计 AGV 运输小车，称为"物流系统 5 要素"。

6.4 汽车总装工艺

汽车总装配是将各种汽车零件、部件按一定的技术要求，通过各种手段进行组合、调试，最后成为性能合格的汽车的过程。

汽车装配工艺的概念：使用规定的工具，按指定的装配方法，将汽车零部件组装成符合质量要求、工艺特性的整车的过程叫作汽车装配工艺。

国内各汽车制造厂汽车总装配的工艺过程大致可以分为准备阶段、装配、检测、调整、试车、重修等环节。

（1）准备阶段。熟悉产品结构和技术要求，确定装配的方法。

（2）装配。按一定的技术要求，将各种汽车零件、部件进行组合。同时，对于需润滑的部位加注润滑剂，对冷却系统加注冷却液，基本达到组合后的汽车可以行驶的过程，包含总成分装、汽车总装配（装配线）。

（3）检测。对装配好的整车进行多个涉及整车安全和技术性能的项目检测。如加速、烟度检测、刹车检测、侧滑检测、速度检测、轴重检测等。

（4）调整。根据检测结果，对不符合要求的车辆通过调整，消除装配中暴露的质量问题，使整机、整车处于最佳工作状态。

（5）试车。调整合格的汽车要经过3～5 km的路面行驶试验，完成在实际运行情况下的各种试验以充分暴露质量问题，以便及时消除。

（6）重修。如调整和路试中暴露出的质量问题，不能在其各自的生产节奏时间内消除，要进行重修。所谓重修，一般是更换新的零件或部件。

1. 汽车总装配的一般技术要求

汽车总装配是汽车的最后一道工序，装配质量的高低，直接关系到整车质量。因此，在整车装配过程中，必须达到下列技术要求：

（1）装配的完整性。必须按工艺规定，将所有零件、部件和总成全部装上，不得有漏装、少装现象，不要忽视小零件，如螺钉、平垫圈、弹簧垫圈、开口销等。

（2）装配的完好性。按工艺规定，所装零件、部件和总成不得有凹痕、弯曲、变形、机械损伤及生锈现象。

（3）装配的紧固性。按工艺规定，凡螺栓、螺母、螺钉等连接件，必须达到规定的力矩要求，不允许有松动或过紧现象。应交叉紧固的必须交叉紧固，否则会造成螺母松动现象。不过，过紧会造成螺纹变形，螺母卸不下来。有些螺栓连结采用了防松装置，常用防松装置种类有弹垫防松、双螺母并紧防松、破坏螺纹防松、保险片（丝）防松。

（4）装配的润滑性。按工艺规定，凡润滑部位必须加注定量的润滑油或润滑脂。对发动机来说，如果润滑油过少或漏加，发动机运转起来很快会造成齿轮磨损、拉缸现象，直到整机损坏；加注过多，发动机运转时润滑油很容易窜到燃烧室共同燃烧，造成燃烧室产生积碳现象。因此加油量必须符合工艺要求。

（5）装配的密封性。按工艺规定，气路、油路接头不允许有漏气、漏油现象，补气气路接头必须涂胶密封。

（6）装配的统一性。按照生产计划，对基本车型，按工艺要求装配，不得误装、错装和漏装，装配方法必须按工艺要求。装配要统一，两车间装的同种车型统一，同一车间装的同种车型统一，同一工位装的同样车型统一，简称"三统一"。

2. 汽车总装配的工艺路线

载货汽车总装配普遍采用先将车架反放在装配线上，待前桥、后桥、传动轴等总成装配后再翻转车架的装配方案。若车架一开始就正放，势必造成一些总成、零部件装配困难。

为解决地面运输的问题和杜绝各分总成在运输过程中的磕碰伤，主要分总成一般采用输送链运输，如前桥输送链、后桥输送链、发动机输送链、车头输送链、驾驶室输送链（图6.19）、车轮输送链等，通过输送链将主要分总成直接输送到总装配线上进行装配。

例如，东风神宇总装线全长265 m，主线（含预装）共计25个工序（25个装配工位），12个分装工序（图6.20）。其中主线主要工序先后为预装、车架上线、装配制动管路、装前后桥、装油箱托架电瓶框等适于倒装的零件、车架翻转、装方向机油箱等，落装发动机变速箱总成、落装驾驶室总成、加水加油下线。而在主线右侧（以主线前进方向），则根据就近原则，分布着阀类分装、前后桥分装、发动机以及驾驶室等分装工位。具体布局图如图6.21所示。

扫一扫　　　　　　　　　　　　　　　　　　　　　　　　　　　　　扫一扫

图6.19　驾驶室悬挂自动输送线　　　　　　　图6.20　东风神宇汽车总装线

东风神宇总装1线的主线输送，轮胎上线输送以及驾驶室、前后桥等大总成的上线输送自动化程度较高，不仅提升了效率，而且能确保安全（有专业防护装置）。全线采用空中布置结构形式，最大限度地保证了可利用面积，而且保障物流通畅，也更加美观。

该线设计生产节拍为6.5 min/台，正常情况下，每班可生产65辆份以上。该线能适应4×2，4×4，6×2，6×4以及8×4轻中重卡全系列车型生产装配。

东风神宇汽车总装配工艺流程如下。

第1工位：车架总成上线；第2工位：制动管路系统连接；第3工位：装电喇叭和牵引座；第4工位：装前桥；第5工位：装第二前桥；第6工位：装后桥；第7工位：装中间传动轴及支撑总成；第8工位：装油箱托架、干燥器及储气筒；第9工位：装消声器吊板和减振器总成；第10工位：翻转车架、装尾灯、气喇叭；第11工位：装前保险杠及选换挡轴套总成；第12工位：装油箱、转向机及钢管总成；第13工位：装蓄电池、消声器总成；第14

工位：落发动机变速箱总成、装中冷器总成；第15工位：连接消声器、进气管、燃油管及进气钢管；第16工位：装空气滤清器、膨胀箱总成；第17工位：装车身后悬连接电器小件；第18工位：加注润滑油和润滑脂；第19工位：装轮胎总成和备胎；第20工位：落驾驶室总成；第21工位：连接车身气路、线束、转向传动等相关装置；第22工位：装车身限位及固定；第23工位：装面罩装饰板总成；第24工位：加注燃油、防冻防锈液、离合油、动转油；第25工位：车辆启动、排放尾气。其中，驾驶室悬挂自动输送线见图6.19。东风神宇汽车总装线现场图见图6.20。

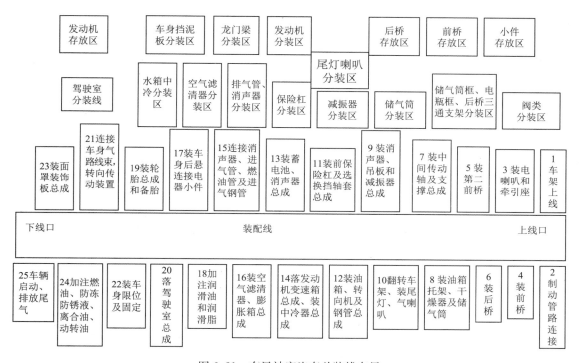

图6.21　东风神宇汽车总装线布局

汽车装配后要进行路试。为解决由于汽车产量增加而带来的路试工作量增加的问题，有效监测产品质量，汽车制造厂引进了汽车检测线，通过该检测线的在线检查，基本能完成要求的路试项目。检测线主要检测项目为汽车怠速排放物的检测，前轮左、右转向角的检测，前照灯光束的检测，前、后轮侧滑量的检测，前、后轮制动力的检测及磨合试验等项目。检测线的所有检测数据由仪表显示，由微机处理并打印存档。

例如，东风神宇车辆有限公司汽车全自动检测线是采用成熟、先进、可靠的计算机网络新技术、新装置，应用工业控制机标准和模块化的设计技术而建成的汽车全自动检测线。全套软件基于 Windows 操作平台。计算机之间以 TCP/IP 协议进行通信。采用中心数据统一管理全部检测信息和数据，增强了数据的安全性、可靠性、完整性和一致性。有联网全自动、联网半自动和单机半自动三种检测模式，满足各种检测场合的需要。

3. 主要装配工艺介绍

汽车装配过程中，零、部件相互之间的连接与配合应能保证零部件之间相互位置准确、连接可靠、配合松紧适当。常见的固定方式有螺栓、卡箍、插接、捆扎。

（1）汽车总装配中的螺纹连接。汽车总装配中，螺纹连接很多，既有一般的连接，又有特殊要求的连接，对于关键部位的连接，都有拧紧力矩值的要求。若低于力矩要求无法实现紧固，若高于力矩要求可能是螺栓断裂，产生极为严重的后果。汽车行业为统一质量标准，对某些连接处的松脱可能造成重大交通事故，从而导致人身伤亡的关键部位的拧紧力矩值都做了具体规定。各企业结合自己的产品也都制订了相应的质量保证措施。表6.2所列为东风公司总装配厂拧紧力矩标准。

表 6.2　装配拧紧力矩标准

螺纹规格	拧紧力矩/N·m			螺距类型
	性能等级 5.6	性能等级 8.8	性能等级 10.9	
M6	5～7	6～10	11～14	粗牙
M8	12～15	19～24	22～29	粗牙
M8×1	14～18	21～28	24～31	细牙
M10	24～30	35～47	43～53	粗牙
M10×1.25	28～32	41～53	48～59	中粗牙
M10×1	30～36	42～54	51～58	细牙
M12	42～53	60～72	80～101	粗牙
M12×1.5	44～56	66～82	88～107	中粗牙
M12×1.25	47～60	72～85	94～114	细牙
M14	72～87	96～126	144～175	粗牙
M14×1.5	80～96	106～132	160～204	细牙
M16	108～127	156～200	199～234	粗牙
M16×1.5	116～144	168～204	214～252	细牙
M18	156～180	192～226	240～260	粗牙
M18×1.5	162～192	204～240	250～300	细牙
M20	216～243	312～372	384～439	粗牙
M20×1.5	240～264	324～384	433～480	细牙

（2）气制动系统的装配。汽车的制动系统直接关系着汽车的行驶安全。在对气制动系统装配时，应采取以下工艺措施：

1）为保证空气管路连接的密封性，采用密封加涂胶的办法。

2）在气制动系统装配后，以 588 kPa 的压力充气，用肥皂水对各连接点逐个检查，确保整个系统的密封性。

（3）转向系统的装配。汽车的转向系统同样关系到汽车的安全行驶，装配时应满足以下工艺要求：

1）转向盘紧固螺母先以气动扳手拧紧，再用扭力扳手进行复检。装配后的转向盘自由转动量在 0°～15°范围内。

2）转向器的转向臂固定螺母按规定的拧紧力矩用定扭力扳手拧紧，垂臂与轴的标记应对准，误差不大于一个齿。

3）转向纵拉杆球头销及转向横拉杆球头销装配时，紧固螺母要达到规定的力矩值，并用开口销锁紧。

4. 主要装配设备和工艺装备

（1）底盘翻转器。载货汽车的装配普遍采用先将车架反放在装配线上，再翻转的工艺方案。车架的翻转由底盘翻转器来完成。图 6.22 所示为底盘翻转器结构示意图。

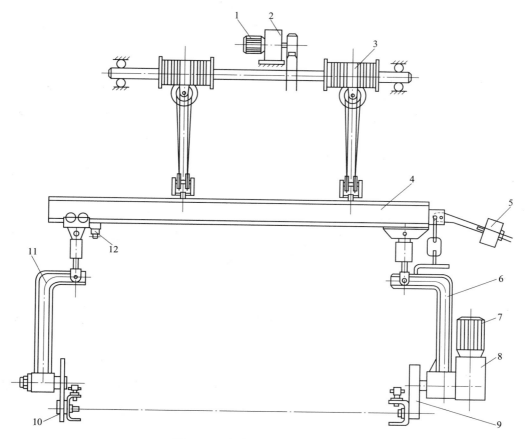

图 6.22　底盘翻转器结构示意图

1—升降电动机；2—移动减速器；3—升降滚筒；4—横梁；5—平衡块；6—后悬挂；7—翻转电动机；
8—翻转减速器；9—翻转器后夹具；10—翻转器前夹具；11—前悬挂；12—调整位置定位器

底盘翻转器由升降机构和可以旋转的前悬挂与后悬挂组成。前后悬挂间的距离通过调节前悬挂的前后位置获得，以便适应不同车架长度的需要。翻转器可以沿装配链方向前后移动，以便在翻转过程中不影响汽车底盘在装配链上的均匀摆放。

（2）总装配输送链。总装配输送链是由高出地面的桥式链和与地面持平的板式链等组成，如图 6.23 所示。桥式链与板式链由一台调速电动机驱动，输送链的速度由减速器 2 确定，以便根据需要获得不同的速度。

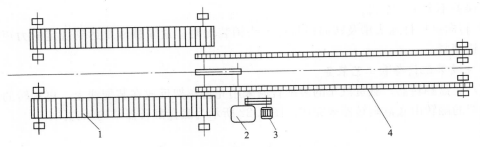

图 6.23　总装配输送链示意图

1—板式链；2—减速器；3—调速电动机；4—桥式链

5. 汽车总装配工艺过程举例

东风商用车有限公司总装配厂主要生产东风天龙、大力神、天锦载货车、工程车。产品覆盖东风轻、中、重型商用车各个系列共 3 000 多个品种，是一个整车装配年产能高达 15 万辆的现代化商用车生产专业厂。

商用车整车系统包括车身及汽车电器系统、发动机系统、制动系统、传动系统、转向系统、行驶系统。每个子系统包含的三级子系统或部件总成如图 6.24 所示。

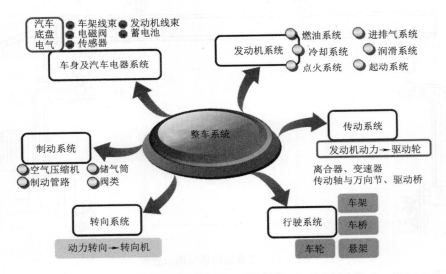

图 6.24　商用车整车系统组成

整车主要装配工艺如图 6.25 所示。

整车检测工艺流程如图 6.26 所示。

东风商用车有限公司总装配厂整车总装线有 3 条：

总装 1 线线长 263 m，主要生产东风轻、中型类商用车和 D530 天锦系列车型。生产节拍为 5.49（min/台），装配线有 26 个工位。

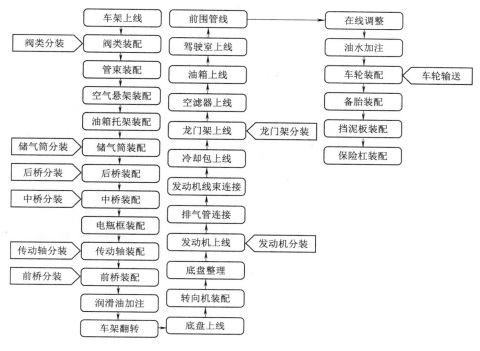

图 6.25　整车主要装配工艺

图 6.26　整车检测工艺流程

总装 2 线线长 212 m，主要生产 D530 天锦和 D310 天龙系列牵引车。生产节拍为 8.78（min/台），装配线有 21 个工位。

总装 3 线线长 390 m，主要生产 D310 天龙、大力神为代表的重型商用车。生产节拍为 7.32（min/台），装配线有 39 个工位。

（1）装配线主要技术特征及先进性。

总装 1 线装配线由桥式输送链和板式输送链构成，驾驶室、车架、发动机、车桥等大总成单轨葫芦上线，油箱、轮胎由普通悬挂输送链输送。发动机分装采用环形积放地拖链。

总装 2 线装配线由桥式输送链和板式输送链构成，驾驶室、车架、发动机、车桥等大总成单轨葫芦上线，油箱、轮胎由普通悬挂输送链输送。发动机分装采用步进式地拖链。总装 1 线和总装 2 线都具备 D310 与 D530 车型全系列通过性和全柔性生产能力。

总装 3 线装配线由 340 m 地拖链和 50 m 板式输送链构成。驾驶室、车桥、驾驶室、发动机、水箱合件总成用自行小车输送系统上线，小总成由手拉天车上线，轮胎由辊道输送系统输送。采用了储气筒、发动机、驾驶室分装线，应用了随动作业平台、柔性工装工位器具、地拖链积放装置、双工况自行小车、程控天车、双葫芦吊装、激光定位装置、机械手等先进技术，很多具有自主知识产权。

（2）装配线主要工艺设备。汽车总装设备包括扭紧机、助力机械手、输送设备、加注设备等。

163

1）电动定扭拧紧设备。桥和轮胎连接螺母采用电动定扭拧紧设备进行拧紧，劳动强度低，拧紧质量保证能力好（图 6.27、图 6.28）。

图 6.27　电动轮胎扭紧机　　　　　　　　图 6.28　四轴前后桥 U 型螺栓电动拧紧机

2）助力机械手。又称平衡吊、手动移载机，用于物料搬运及安装时省力的助力设备。它利用力的平衡原理，使操作者用较小的力对重物进行相应的推拉，就可以在空间内平衡移动定位，把重物正确放置到空间的任何位置。保险杠、驾驶室前悬置总成、轮胎、储气筒等零部件使用助力机械手辅助装配作业，劳强度低、工作效率高（图 6.29）。搬运重物规定，单班搬运总重量在 6 t 以上必须采用助力装置。此外，不需要弯腰操作的单件搬运重量在 12 kg 以上，需要弯腰操作的 10 kg 以上均需要采用助力装置。

3）悬挂输送机。悬挂输送机（输送机械）是一种常用的连续输送设备，广泛应用于汽车驾驶室、发动机、车桥和轮胎的分装输送。线体可在三维空间作任意布置，可在空间上下坡和转弯，布局方式自由灵活，占地面积小。能起到在空中储存作用，节省地面使用场地。其结构主要由牵引链条、滑架、吊具、架空轨道、驱动装置、张紧装置各安全装置等组成（图 6.30）。

图 6.29　助力机械手保险杠装配　　　　　　　图 6.30　悬挂输送机

4）搬运 VGA 小车。在仓库和总装线边之间、在分装线和总装线边之间存在大量物料搬运工作。人工搬运存在劳动强度大、供货不及时的缺点，目前相当多的一部分搬运工作由 VGA 自动搬运小车所取代（图 6.31）。如图 6.32 所示，在东风天龙总装线上，水箱装配工位和水箱分装工位之间的搬运由 VGA 小车承担。此外线边很多零部件都采用 VGA 小车输送线进行输送和储存，输送效率高。

扫一扫

图 6.31　VGA 物料集配区　　　　　　　图 6.32　VGA 水箱搬运

5）摩擦输送线技术应用。装配三线平衡轴和前桥分装线采用摩擦输送形式，运行稳定、维护方便，运行能更低，可靠性高（图 6.33）。

6）辅料定量加注设备（图 6.34）。主要用于汽车整车装配线上的发动机油、变速箱油、中后桥油、制动液、动力转向液、防冻液的真空定量加注。

图 6.33　摩擦输送线　　　　　　　　图 6.34　辅料定量加注设备

第 6 章习题

第 7 章

变速箱工艺

7.1　变速箱概述

7.1.1　变速箱的功用及要求

汽车的使用条件较为复杂，变化很大，如汽车的载货量、道路坡度、路面好坏以及交通情况等。这就要求汽车的牵引力和车速具有较大的变化范围，以适应使用的需要。为此，在汽车传动系统中设置了变速箱和主减速器，既可使驱动车轮的扭矩增大为发动机扭矩的若干倍，又可使其转速减小到发动机转速的若干分之一。当汽车在平坦的道路上高速行驶时，可挂变速箱的高速挡；而在不平坦的路上或爬较大的坡道时，则应挂变速箱的低速挡。根据汽车的使用条件，选择合适的变速箱挡位，不仅是汽车动力性的要求，也是汽车燃料经济性的要求。例如，汽车在同样的载货量、道路、车速等条件下行驶，往往可挂入较高的变速箱挡位，也可以挂入较低的变速箱挡位工作。此时只是发动机的节气门开度和转速或大或小而已，可是发动机在不同的工况下，燃料的消耗量是不一样的。一般变速箱具有 4 个或更多的挡位，驾驶员可根据情况选择合适的挡位，使发动机燃料消耗量减少。

汽车在某些情况下，如进出停车场或车库，或在较窄的路上掉头等，需要倒向行驶。然而，汽车发动机是不能倒转的，因此在变速箱内设有倒挡。此外，变速箱内还设有空挡，可中断动力传动，以满足汽车暂时停驶和对发动机检查调整的需要。因此变速箱的主要功能有以下几点：

（1）变速变扭。变速箱传递发动机的动力，并随着汽车行驶阻力的变化，改变汽车行驶的力量和速度，以适应经常变化的行驶条件。

（2）利用倒挡使汽车倒退行驶。在不改变发动机旋转方向的情况下，使汽车倒退行驶。

（3）利用空挡，中断动力传递。在发动机不熄火、离合器接合时能保证发动机空转，切断发动机与传动系统的动力传递，使汽车停止行驶。

（4）辅助动力输出。为适应汽车的其他需要，有些变速箱上装有取力器，满足辅助动力输出需要。

7.1.2　变速箱工作原理

1. 变速变矩原理

一对啮合的齿轮，小齿轮齿数为 12，大齿轮齿数为 24，则在相同时间内，小齿轮转 2 周而大齿轮只能转 1 周。若小齿轮是主动齿轮，它的转速经大齿轮传出时转速就降低了；反之，以大齿轮为主动，它的转速经小齿轮传出时转速就升高了。汽车用齿轮式变速箱就是根据这一变速原理，利用若干齿数不同的齿轮搭配啮合传动来实现变速的。

2. 换挡原理

变速箱中有很多齿轮，挂入某一挡位就是确定了一组齿轮参与传动，把这组齿轮脱开，换上另一组齿轮参与传动，这就是换挡。

3. 换向原理

由于相啮合的一对齿轮旋向相反，所以每经过一对外啮合齿轮副，则改变一次转向。经过两对齿轮的传动其输出轴Ⅱ与输入轴Ⅰ的转向相同。这就是普通三轴式变速箱在汽车前进时的传动情况。若在中间轴与输出轴之间再加另一根轴，并在其上装有齿轮，则又多了一对外啮合齿轮副，从而使输出轴Ⅱ与输入轴Ⅰ的转向相反。这就是三轴式变速箱倒车时的传动情况。

7.1.3　普通齿轮式变速箱的基本结构及分类

普通齿轮式变速箱由齿轮传动机构和操纵机构组成。齿轮传动机构主要是通过不同齿数的齿轮副组成不同传动比的挡位，操纵机构主要是进行传动比的挡位变换。

1. 按传动比的变化方式分类

（1）有级式变速器。有级式变速器采用齿轮传动，具有若干个定值传动比，传动比成阶梯式变化，按采用轮系形式不同，有轴线固定式变速器（普通齿轮式）和轴线旋转式变速器（行星齿轮式）。通常，轿车和轻、中型货车有 3～6 个前进挡和 1 个倒挡。

（2）无级式变速器。无级式变速器传动比在一定范围内可连续地变化。常见的有电力式和液力式两种，多用液力式。液力式无级变速器多采用液力变矩器以及锥形轮带传动来完成。

（3）综合式变速器。综合式变速器是由液力式变矩器和齿轮式有级变速器组成的液力机械式变速器，其传动比可以在几个区段内无级变化，在轿车上应用较多。

2. 按操纵方式不同分类

（1）手动操纵式变速器。手动操纵式变速器靠驾驶员直接操纵变速杆进行换挡。这种变速器的换挡机构简单，工作可靠并且经济省油，目前应用最广。

（2）自动操纵式变速器。自动操纵式变速器传动比的选择和换挡是自动进行的。所谓"自动"，是指机械变速器每个挡位的变换是借助反映发动机负荷和车速的信号系统来控制换挡系统的执行元件而实现的。驾驶员只需操纵加速踏板和制动装置来控制车速。这种方式因操作简便，目前运用较多。

（3）半自动操纵式变速器。半自动操纵式变速器有两种形式，一种是几个常用挡位可自动操纵，其余几个挡位由驾驶员操纵；另一种是预选式的，即驾驶员先用按钮选定挡位，在踩下离合器踏板或松开加速踏板时，接通自动控制和执行机构进行自动换挡。

3. 手动变速器类别

普通齿轮变速器主要分为以下两类：

（1）两轴变速器。变速器的前进挡主要由输入轴和输出轴组成。两轴式变速器的输入轴和输出轴不在同一轴线上，两根轴分别为第Ⅰ轴（输入轴）和第Ⅱ轴（输出轴）。它的前进挡均由一对齿轮传递动力，如图7.1所示，第Ⅰ轴为离合器的从动轴，第Ⅱ轴为主减速器的主动轴，且单级变速，体积小，节省空间，一般应用于前置前驱或后置后驱的中、轻型轿车上。

（2）三轴变速器。变速器的前进挡主要由输入轴、中间轴和输出轴组成（图7.2）。三轴式变速器的输入轴和输出轴在同一轴线上，比两轴变速器多了一个中间轴，且是二级变速。两轴式变速箱，虽然可以有等于1的传动比，但仍然要经过一对齿轮传递动力，因此有功率损失。而三轴式变速箱，可将输入轴和输出轴直接连接，得到直接挡。这种动力传递方式几乎无功率损失，并且噪声较小。三轴变速器产生的扭矩大，体积大，多为重型车所用，装配维修相对方便。

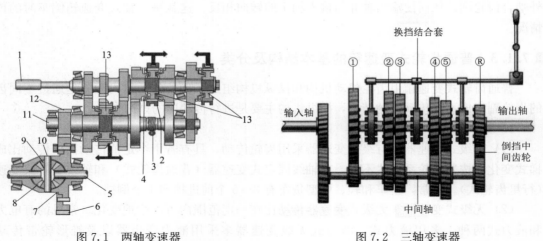

图7.1 两轴变速器 图7.2 三轴变速器

1—输入轴；2—接合套；3—里程表齿轮；4—锁环；
5—半轴；6—主减速器从动齿轮；7—差速器壳；
8—半轴齿轮；9—行星齿轮；10—十字轴；11—输出轴；
12—主减速器主动齿轮；13—花键毂

7.1.4 手动变速器的变速传动原理

变速器由变速传动机构和变速操纵机构组成。只要有数条传递路线可供选择，通过改变动力传递路线即可改变传动比。

对于三轴变速器而言，齿轮分为常啮合齿轮、Ⅱ轴齿轮和中间轴齿轮、倒挡中间齿轮等。

如图7.3所示，第Ⅰ轴的前端借离合器与发动机曲轴相连，第Ⅱ轴后端与万向传动装置相连。Ⅰ轴上的固定齿轮1与Ⅰ轴制成一体，和中间轴上的固定齿轮4是一对常啮合齿轮。

齿轮 1 负责将动力由Ⅰ轴传入中间轴。中间轴上齿轮 4、齿轮 5、齿轮 6 与中间轴是固定的，随中间轴一起转动。Ⅱ轴上的齿轮 2、齿轮 3 空套在Ⅱ轴上，啮合套由齿座、齿套组成，与Ⅱ轴用花键联结，可沿花键轴轴向移动。图 7.3（a）所示为空挡位置。当Ⅰ轴旋转时，通过齿轮 1 和齿轮 4 传动把运动传到中间轴，同时带动中间轴及其上的各齿轮旋转。由于齿轮 2 和齿轮 3 空套在Ⅱ轴上，故Ⅱ轴不能被驱动。换挡时，通过操纵换挡手柄、换挡拨叉，拨动Ⅱ轴上的啮合套使它与Ⅱ轴上的某一齿轮的接合齿相连接。图 7.3（b）所示是与齿轮 3 接合齿相连接，运动通过齿轮 6、齿轮 3、啮合套传递到Ⅱ轴上，使Ⅱ轴旋转，实现相应挡位。

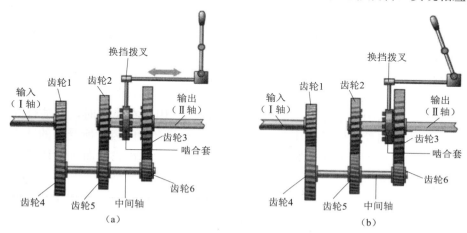

图 7.3　三轴变速器变速传动原理

　　图 7.4 所示为某 5 挡变速箱传动系统原理图。该变速箱有 5 个前进挡和 1 个倒挡。其中 5 挡是直接挡，5 挡的传动路径是一轴通过同步器直接把运动传到Ⅱ轴（不经过中间轴）。变速器壳体内装有 4 根轴：Ⅰ轴（输入轴）、中间轴、Ⅱ轴（输出轴）和倒挡轴。图 7.5 所示为某 6 挡变速箱传动系统实物图。

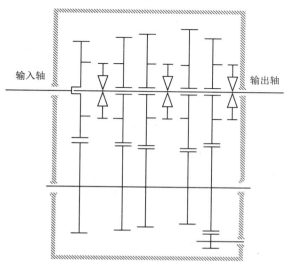

图 7.4　某 5 挡变速箱传动系统原理图

图 7.5　某 6 挡变速箱传动系统实物图

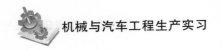

7.1.5　换挡结构形式

目前汽车上的机械式变速箱采用的换挡结构形式有 3 种。

1. 滑动齿轮换挡

通常是采用滑动直齿轮进行换挡，但也有采用滑动斜齿轮换挡的。滑动直齿轮换挡的优点是结构简单、紧凑、容易制造；缺点是换挡时齿端面承受很大的冲击，会导致齿轮过早损坏，并且直齿轮工作噪声大，所以，这种换挡方式一般仅用在倒挡上。采用滑动斜齿轮换挡，虽有工作平稳、承载能力大、噪声小的优点，但是它的换挡仍然避免不了齿端面承受冲击。所以，现代汽车的变速箱中，前进挡采用滑动换挡的已经比较少见。

2. 啮合套换挡

用啮合套换挡可将构成某传动比的一对齿轮制成常啮合的斜齿轮；而斜齿轮上另外有一部分制成直的接合齿，用来与啮合套啮合。这种结构既具有斜齿轮传动的优点，同时克服了滑动齿轮换挡时，冲击力集中在 1～2 个齿轮上的缺陷。因为在换挡时，由啮合套以及相啮合的接合齿上所有的齿轮共同承受冲击，所以啮合套和接合齿的齿轮所受到的冲击损伤和磨损较小。它的缺点是增大了变速箱的轴向尺寸，未能彻底消除齿轮端面所受到的冲击。

3. 同步器换挡

现在大多数汽车的变速箱采用同步。使用同步器可减轻接合齿在换挡时引起的冲击及零件的损害，并且具有操纵轻便、经济性好和缩短换挡时间等优点，从而改善了汽车的加速性、经济性和山区行驶的安全性。其缺点是零件增多、结构复杂、轴向尺寸增加、制造要求高、同步环磨损大、寿命低。但是近年来，由于同步器广泛应用，寿命问题已经解决。如瑞典的萨伯—斯堪尼亚（SAAB-SCANIA）公司，用球墨铸铁制造同步器的关键零件，并在其工作表面上镀一层钼，不仅提高了耐磨性，而且提高了工作表面的摩擦系数。这种同步器试验表明，它的寿命不低于齿轮寿命。此外，如法国的贝利埃（BCRLICT）、联邦德国的择孚（ZF）等公司的同步器，均采用镀钼工艺。我国北京齿轮厂在 BJ212 吉普车上做过试验，证明效果良好。

上述 3 种换挡方案可同时用在同一变速箱中的不同挡位上。一般的考虑原则是不常用的倒挡和一挡采用结构比较简单的滑动直齿轮或啮合套的形式；对于常用的挡位则采用同步器或啮合套；轿车要求操纵轻便和缩短换挡时间，因此多采用全同步器变速箱。

7.1.6　同步器概述

1. 同步器的功用与分类

由于变速器输入轴与输出轴以各自的速度旋转，变换挡位时存在一个"同步"问题。两个旋转速度不一样的齿轮强行啮合必然会发生冲击碰撞，损坏齿轮。因此设计师创造出"同步器"，通过同步器使将要啮合的齿轮达到一致的转速而顺利啮合。同步器是使齿套与待啮合的齿圈（锥环）迅速同步，以缩短换挡时间；并防止待啮合的齿轮达到同步之前产生接合齿之间的冲击。有同步器的变速箱挂挡平顺，操作简化，从而大大减轻了驾驶员的劳动强度。

目前广泛使用的同步器是摩擦惯性同步器，摩擦惯性同步器主要可分为锁销式和锁环式

（图 7.6、图 7.7）。

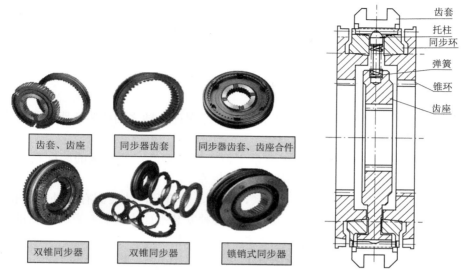

图 7.6　同步器组成　　　　　　　图 7.7　齿环式惯性同步器

东风汽车公司变速箱厂 D、J、Q、Q08 系列使用锁销式同步器，其他的轻中型变速箱主要采用锁环式同步器，重型箱的部分挡位采用双锥同步器。

2. 同步器的工作原理（以锁环式惯性同步器为例）

目前变速箱总成上采用的锁环式惯性同步器主要由齿座、齿套、锥环、同步环等组成，它的特点是依靠摩擦作用实现同步。齿套、同步环和锥环的齿圈上均有倒角（锁止角），同步环的内锥面与锥环外锥面接触产生摩擦。锁止角与锥面在设计时已做了适当选择，锥面摩擦使得待啮合的齿套与同步环迅速同步，同时会产生一种锁止作用，防止锥环在同步前进行啮合。当同步环内锥面与待接合锥环外锥面接触后，在摩擦力矩的作用下锥环转速迅速降低（或升高）到与同步环转速相等，两者同步旋转，锥环相对于同步环的转速为零，因而惯性力矩同时消失，这时在作用力推动下，齿套不受阻碍地与同步环齿圈接合，并进一步与待接合的锥环接合而完成换挡过程。

齿座作为锁环式惯性同步器的一个重要的组成件，其内花键与二轴花键配合，并以卡环或者轴承套进行轴向限位，外花键与齿套内花键配合，三者同步转动。齿座的 3 个阶梯孔中分别装入弹簧、定位销，3 个滑块分别嵌入齿座的 3 个缺口中，并可沿 3 个缺口轴向滑动。定位销的一端插入这 3 个滑块的通孔中，在弹簧的作用下，定位销压向齿套，使定位销端面的环面正好嵌在齿套中部的凹槽中，起到空挡定位的作用。

■ 7.1.7　东风公司系列变速箱产品型号编码

东风公司变速箱型号编码由一系列的拼音字母和数字组成。例如，DF8S1200 变速箱，其中 DF 表示东风公司生产，8S 表示 8 挡变速箱，1 200 表示变速箱额定输入扭矩为 1 200 N·m。再如 DF6S900 变速箱，其中 DF 表示东风公司生产，6S 表示 6 挡变速箱，900 表示变速箱额

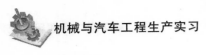

定输入扭矩为 900 N·m。

7.2 变速箱壳体加工工艺

7.2.1 变速箱壳体的主要作用及加工内容

变速箱壳体的主要作用是：①支承各传动轴；②保证各轴之间的中心距及平行度；③保证变速箱部件与发动机正确安装。

因此，汽车变速箱箱体零件的加工质量不但直接影响汽车变速箱的装配精度和运动精度，而且会影响汽车的工作精度、使用性能和寿命等。

变速箱箱体形状复杂，具有较多的孔系，壁薄，呈箱形，其表面有多处需要孔系加工，如箱体上的轴承孔、定位销孔、螺钉连接孔以及各种安装平面直接影响着变速器的装配质量和使用性能。因此，变速器箱体加工具有严格的技术规格要求。

某型号变速箱壳体主要加工表面和技术要求如下（图 7.8～图 7.10）：

（1）轴承孔的尺寸精度一般为 IT7～IT6，表面粗糙度为 $Ra1.6$，圆度、圆柱度为 0.01～0.012，Ⅰ轴孔径为 $\phi140H7$（+0.04/0）、中间轴孔径为 $\phi100K7$（+0.010/−0.025）、Ⅱ轴孔径为 $\phi130K7$（+0.012/−0.028）。

（2）各轴承孔的中心距公差为 0.05，同中心线上的轴承孔的同轴度公差为 0，Ⅰ轴和中间轴平行度公差为 0.03。

（3）主要装配表面（上盖结合面、前后端面）的平面度公差为 0.1，表面粗糙度为 $Ra3.2$，前后端面与中心线（Ⅰ轴、Ⅱ轴）垂直度为 0.1。

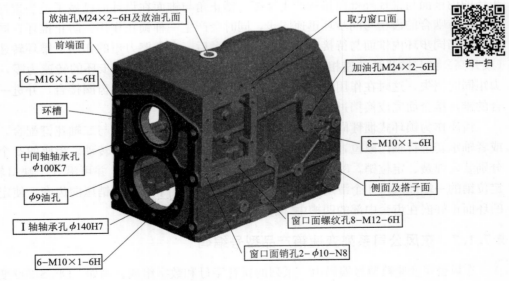

图 7.8 变速箱加工表面示意图（1）

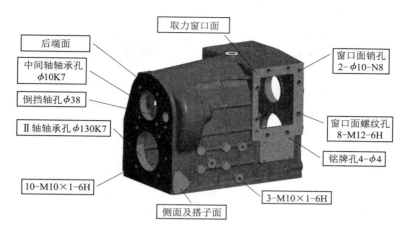

图 7.9　变速箱加工表面示意图（2）

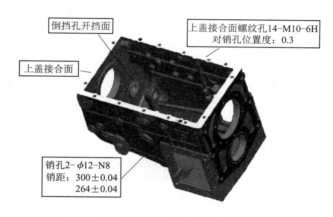

图 7.10　变速箱加工表面示意图（3）

变速箱壳体材料主要采用灰口铸铁。常用灰口铸铁材料有 HT200、HT250 等。灰口铸铁的优点是具有足够的韧性，良好的耐磨性、耐热性、减震性和良好的铸造性能以及良好的可切削性，且价格便宜，硬度为 HB180～250。

变速箱壳体采用消失模铸造工艺。毛坯的技术要求是不允许有裂纹、冷隔、疏松、气孔、砂眼、缺肉等铸造缺陷。变速箱壳体毛坯余量对机械加工有很大影响。毛坯加工余量留得过大，会造成加工节拍长，增加机床的负荷，影响机床和刀具的使用寿命；毛坯加工余量留得过小，容易导致加工出现黑皮现象。

7.2.2　变速箱壳体零件机械加工工艺

1. 变速箱壳体零件机械加工定位基准选择

加工箱体零件时，各轴承座孔的加工余量应均匀；装入箱体内的全部零件（轴、齿轮等）与不加工的箱体内壁要有足够的间隙；要尽可能使基准重合以及基准统一，以减小定位误差和避免加工过程中各工序的误差累积，从而保证箱体零件的加工精度。某变速箱壳体零件图如图 7.11 所示。

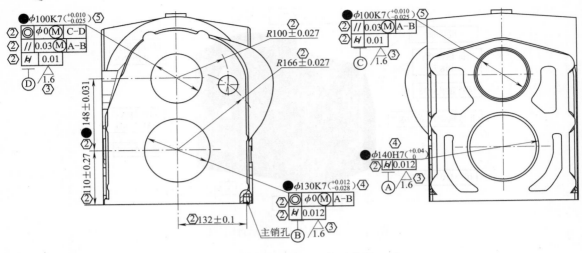

图 7.11　某变速箱壳体零件图

2. 加工定位基准选择

在汽车变速器壳体的加工中，由箱体前、后端面上两个同轴线轴承座孔（Ⅰ轴轴承座孔和Ⅱ轴轴承座孔）和另Ⅰ轴承座孔（中间轴轴承座孔）为粗基准，加工出上盖接合面。然后用上盖接合面作精基准和Ⅰ轴轴承座孔与Ⅱ轴轴承座孔为粗基准加工出上盖接合面上的两个工艺孔。由于变速箱壳体铸造时的铸造基准是前、后端面上的两个同轴线轴承孔，先以轴承孔为粗基准加工出上盖接合面和上面的工艺孔，最后利用上盖接合面和这两个工艺孔作为整个变速箱壳体的精基准进行其他表面的加工。这样就可以保证轴承座孔的加工余量均匀和装入变速箱壳体的零件与内壁有足够的间隙。图 7.12 所示为某型号变速箱壳体前端面、后端面粗加工，采用上盖接合面"一面两孔"定位，定位元件一个为圆柱销，一个为削边销。采用双动力头，两个铣刀盘组合铣床加工，一次进给两个面同时加工，效率高。从上方采用浮动压块夹紧。

图 7.12　某变速箱壳体定位方式

选用上盖接合面及其上的两个工艺孔作为变速器壳体主要精基准，还基于以下几点考虑：从图 7.11 可知，变速器壳体的设计基准和装配基准是前、后端面及面上的 $\phi100$、$\phi130$、$\phi140$ 几个主要孔，按基准重合原则，加工时应选前端面和该面上的那两个主要轴承孔作为定位基准，这样才能使定位误差最小（保证主要孔轴线与前后端面的垂直度公差，以及与左右侧面和顶面的位置误差最小）。但是，因为变速器壳体上需要加工的主要部分，大多位于前后端面上，根据对主要孔所提出的技术要求，最好在同一工作行程中能把前、后端面上的同轴线孔加工出来。如果采用前后端面及其主要轴承孔作为定位基准，就难以做到这一点。此外，用前后端面和该面上的两个主要轴承孔作为定位基准还将使夹具结构复杂化、定位稳定性差，使用也不方便，而且难以实现基准统一和自动化。选用上盖接合面及其上的两个工艺孔作为变速器壳体主要精基准，可以做到基准统一，能加工较多的表面，也避免了由于基准转换而引起的定位误差，容易保证各表面间的位置公差。同时夹具结构基本相同，结构简单。但对于保证主要轴承孔轴线与前后端面的垂直度，就出现了基准不重合，因而产生定位误差。为了保证前、后端面和轴承孔轴线之间的垂直度要求，在最后精加工两端面和两侧面时，仍要以两个主要轴承孔为精基准定位，使其基准重合。

需要指出的是同一个表面既可以作为粗基准使用，也可以作为精基准使用。它们的区别是：当这个表面未加工（毛坯面）作为定位基准，这个基准是粗基准；当这个表面是已加工表面，再用这个表面作定位基准，这个基准是精基准。在变速箱壳体零件精加工阶段，其主要表面都已经被加工过。在精铣变速箱壳体前后端面时，由于前后端面的设计基准是前、后端面上两个同轴线轴承座孔，使用基准重合原则，采用加工过的两个同轴线轴承座孔为精基准精铣前后端面，可以减少定位误差。因此，两个同轴线轴承座孔既是粗基准，也是变速箱壳体的精基准之一（少量使用）。一些复杂的箱体类零件，有多个精基准。

3. 夹紧方案确定

（1）夹紧装置要求。变速箱壳体是薄壁零件，夹紧方案制定不合理，很容易造成夹紧变形。这种夹紧变形直接影响加工精度。例如，对产生夹紧变形后的变速箱壳体进行轴承座孔镗孔加工，即便加工时能满足精度要求，但是当夹具松开后，变形恢复，其镗出来的圆孔会变成椭圆孔，造成圆度误差。因此正确地设计夹紧装置必须满足以下几点基本要求：

1）确保工件既定位置不变。在夹紧过程中，工件受到夹紧力作用时不得破坏既定位置。

2）夹紧力的大小要适当。做到对工件所施加的夹紧力的大小，既要保证工件在加工过程中不会因受到外力的作用而产生移动或振动，又不得使工件产生不允许的变形或损伤。

3）夹紧机构的自锁性能可靠。手动夹紧机构要有可靠的自锁性；机动夹紧装置则要统筹考虑其自锁性和稳定的夹紧力。

4）夹紧装置应操作方便、安全、省力和工艺性好。在保证生产率和加工精度的前提下，应使其结构的复杂程度与工件的生产节拍相适应，做到夹紧动作迅速、操作方便、经济性好。

（2）夹紧力作用方向确定原则。夹紧力的作用方向不仅影响工件的加工精度，还影响工件夹紧的实际效果。夹紧力的作用方向主要与工件的结构形状、定位元件的结构形状和配置形式、工件加工时所受到的全部外力产生的变形方向和大小等因素有关。具体应考虑以下几点原则：

1）夹紧力的作用方向不应破坏工件的既定位置，夹紧力应指向主要定位基面。

2）夹紧力的作用方向应使工件所需夹紧力尽可能最小。

3）夹紧力的作用方向应使工件的夹紧变形尽可能最小。

（3）夹紧力作用点确定原则。夹紧力作用点的确定原则应在夹紧力作用方向的确定原则基础上，具体考虑以下几点原则：

1）夹紧力的作用点应作用在夹具定位元件支承表面所形成的稳定受力区域内。

2）夹紧力的作用点应作用在工件刚性较好的部位上。如图 7.13 所示，某变速箱壳体 4 个夹紧点选择在四边上有筋板支撑、刚性较好的凸台上，可大大减少夹紧变形。

3）夹紧力的作用点应尽量靠近工件的加工表面。

（4）辅助装置设计。变速箱壳体为大型、重型零件，有些工序为了方便零件放置和工人操作，设计夹具时可以考虑设计一些可翻转、旋转、平移等辅助装置，满足人机工程要求。图 7.14 所示为钻上盖接合面上孔系的钻床夹具。该夹具以上盖接合面"一面两孔"定位，变速箱壳体上盖接合面朝下放置，定位夹紧后，夹具旋转 180°，使上盖结合面翻转朝上，钻模板也朝上，然后钻床钻头从上向下钻削。

扫一扫

图 7.13　某变速箱壳体夹紧点选择　　　图 7.14　可翻转变速箱壳体夹具

4. 箱体零件主要加工表面的工序安排

变速箱箱体零件的特点是结构、形状复杂，加工的平面和孔比较多，壁厚不均，刚度低，加工精度要求高，属于典型的箱体类加工零件。

（1）先面后孔。加工平面型箱体时，一般是先加工平面，然后以平面定位再加工其他表面。这是由于平面面积较大，定位稳定可靠，可减少装夹变形，有利于提高加工精度，而且箱体零件的平面多为装配和设计基准，这样可以使装配和设计基准与定位基准、测量基准重合，以减少累积误差，提高加工精度。此外，先加工平面切去表面的硬质层再钻孔，可避免因表面凸瘤、毛刺及硬质点的作用而引起的钻偏和打刀现象，提高孔的加工精度。

（2）先粗后精。粗、精加工阶段的划分，有利于消除粗加工时产生的热变形和内应力，提高精加工的精度。有利于及时发现废品，避免工时和生产成本浪费。当箱体上平面和孔精度较高时，常将平面和孔的加工交替进行，即粗加工平面→粗加工孔→精加工平面→精加工孔。虽然交替加工使生产管理复杂，加工余量大，但是较易保证加工精度，也能及早发现毛坯的缺陷。

（3）先基准后其他。为了为后续的工序提供合适的定位基准，往往在加工过程的开始，首先加工出精基准。由于变速箱壳体零件的精基准是"一面两销"，因此工艺安排上首先要加工出壳体的上盖结合面和结合面上的两个工艺孔，作为加工箱体零件上其他尺寸的精基准。

（4）工序集中。在成批多品种生产箱体零件的流水线上，广泛采用加工中心、组合机床或其他高生产率机床以工序集中的方式进行加工。工序集中的特点是在一台加工中心上，在一次安装后，尽可能加工零件多个表面，包括半精加工和精加工。工序集中的优点是减少工序、减少加工设备、提高设备利用率，降低成本，提高生产效益和加工精度。零件相关表面集中在一台机床上加工还可以减少重复定位产生的定位误差，有利于保证各表面之间的尺寸和位置公差，尤其是提高位置精度。同时减少多次安装辅助时间。一般工序集中多采用加工中心进行，加工中心柔性化程度较高，适应多品种小批量生产方式，因此现代化汽车零件生产线多采用工序集中方式进行，这是工艺编制的趋势。

7.2.3　变速箱壳体加工工艺流程及主要工序介绍

DF6S900 变速箱加工工艺流程如图 7.15 所示。

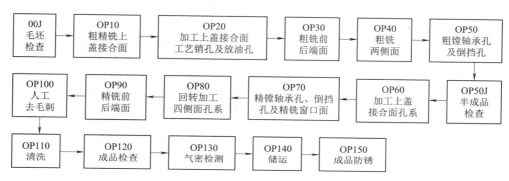

图 7.15　DF6S900 变速箱加工工艺流程

1. OP10　粗、精铣上盖接合面

定位基准：Ⅰ 轴轴承座孔、Ⅱ 轴轴承座孔和中间轴轴承座孔为定位基准。定位方案如图 7.16 所示。Ⅰ 轴轴承座孔、Ⅱ 轴轴承座孔和中间轴轴承座孔都采用圆锥销定位，但是为防止过定位，采用的圆锥销都不相同。根据图 7.16 定位方案和图中建立的自由度坐标系可知，Ⅱ 轴轴承座孔采用固定圆锥销 3 定位，限制 X 轴移动、Y 轴移动和 Z 轴移动 3 个自由度；Ⅰ 轴轴承座孔采用浮动圆锥销 1 定位，限制绕 X 轴旋转、Y 轴旋转两个自由度；中间轴轴承座孔采用削边的浮动圆锥销 4 定位，只限制绕 Z 轴旋转自由度；该定位方案共限制变速箱壳体 6 个自由度，为完全定位方案。图 7.17 所示为粗、精铣上盖结合面夹具实物。

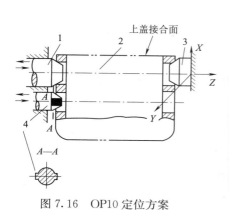

图 7.16　OP10 定位方案

1，4—浮动圆锥销；2—变速箱；3—固定圆锥销

扫一扫

图 7.17　OP10 夹具实物

2. OP20　加工上盖接合面工艺销孔及放油孔

定位基准：轴承孔＋上盖接合面。

定位销孔加工工艺：打中心孔→钻孔→铰孔。

3. OP60　加工上盖接合面孔系

螺纹孔加工方法：打中心孔→钻孔→攻丝，工序如图7.18所示。

该工序夹具见图7.14。

4. OP70　精加工轴承孔及窗口面（图7.19）

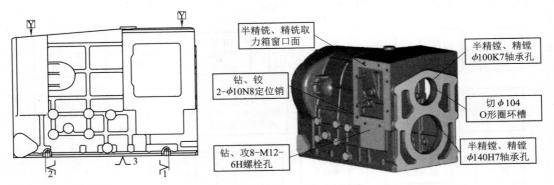

图7.18　OP60序定位夹紧示意图　　　　图7.19　OP70序加工表面实物图

定位方式："一面两孔"定位。

设备：加工中心。使用刀具破损检测管理系统。镗孔时采用内冷复合镗刀进行镗削（图7.20）。该镗刀的特点是在镗杆上安装有粗镗刀片、精镗刀片和倒角刀片，是一把复合镗孔刀具。在一次镗削进给过程中可以完成轴承孔的粗镗、精镗和孔口倒角。采用内冷方式，即高压冷却液从镗杆内部进入切削区域进行充分冷却。窗口面加工采用面铣刀。

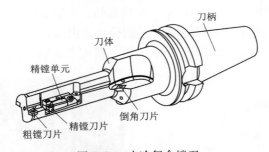

图7.20　内冷复合镗刀

5. OP80　回转加工四侧面孔系

定位方式："一面两孔"定位。

6. OP90　精铣前后端面（图7.21、图7.22）

定位方式：由于前后端面与Ⅰ轴轴承孔和Ⅱ轴轴承孔中心线有垂直度要求，因此定位方式以Ⅰ轴轴承孔和Ⅱ轴轴承孔为定位基准，符合基准重合原则，可以减少定位误差，提高加工精度。

设备：双动力头组合铣床。

刀具：盘铣刀。在一次进给过程中，可以同时加工出前后两端面。

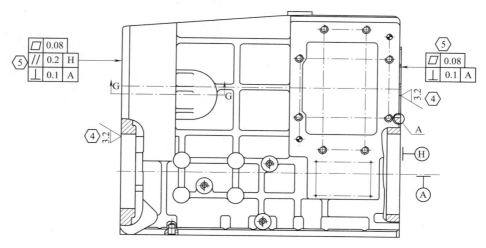

图 7.21　OP90 序加工表面工序图

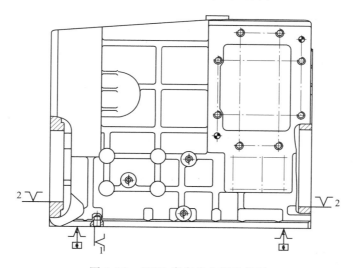

图 7.22　OP90 序定位夹紧示意图

7.3　变速箱其他典型零件加工工艺

■ 7.3.1　变速箱齿座典型工艺流程

变速箱齿座实物图如图 7.23 所示。齿座典型工艺流程如下：

精车半成品→打标记→拉内花键→滚外花键→磨棱→铣三缺口→手工去毛刺→钻三阶梯

孔→铣三台阶→热处理。

（1）拉内花键。拉花键时以零件小端面定位，调整拉削速度为 2.5 m/min。控制内花键 M 值、小径、端面跳动以及齿面粗糙度；检测端面跳动时用可涨心轴测量。采用卧式拉床 L6120 加工。

（2）滚外花键。滚外花键时以小径定心，端面定位加工。齿座大端面、小端面不在同一平面上，且滚齿均为 2 件或 3 件一起加工。为防止零件装夹时的夹紧变形，造成花键锥度，热后无法与齿套顺利配装，对于 a 类产品（图 7.24），小端面凸出的可直接以大端面定位加

图 7.23　变速箱齿座实物图

工，对于 b 类产品（图 7.25），小端面内凹，需在两零件之间增加隔垫，以小端面定位或直接以大端面定位加工。控制外花键 M 值及外花键径向跳动，检测跳动时，定心基准与加工基准统一，以小径定心，用径跳仪检测。

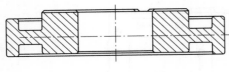

图 7.24　a 类产品

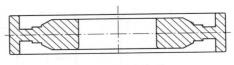

图 7.25　b 类产品

（3）磨棱。将由滚外花键造成的毛刺去除干净，以便不影响下道工序的加工定位及与齿套的配装工序。磨棱时不要伤齿面。利用磨棱机 YM-Ⅱ 加工，三爪卡盘 K11/160 夹紧。

（4）铣三缺口。加工时以小径定心，端面定位，定位器定齿，一次加工 3～4 件，控制三缺口的深度及相对外花键两齿槽的对称度。加工设备为数控卧铣 XK6650、XK6032。缺口宽度利用游标卡尺测量；缺口深度利用三槽深度检具测量；对称度利用对称度检具。

（5）钻三阶梯孔。加工时以小径定心，端面定位，定位器定一缺口，控制三阶梯孔的孔深、孔径及孔到端面的距离。孔深过深则弹簧起不到对齿套限位的作用，孔深浅则弹簧力大，齿套无法顺利滑动；孔到端面的距离偏则导致同步器脱挡或挂挡不到位。

（6）铣三台阶。加工时以小径定心，端面定位，定位器定一齿。控制三台阶的深度、宽度及相对齿槽的对称度。深度和宽度利用游标卡尺进行检测；对称度利用专用检具检测。加工设备为 XK714F、V600、V700。

■ 7.3.2　变速箱输入轴（Ⅰ轴）典型工艺流程

变速箱输入轴（Ⅰ轴）（图 7.26）典型工艺流程如下：

精车头部（数控车）→精车杆部（数控车）→铣 $Z=10$ 直边花键→插齿
（数控插齿机）→滚齿（数控滚齿机）→磨棱→结合齿倒尖角（数控双刀倒角机）→剃齿
（数控剃齿机）→清洗→热处理→磨各轴颈及端面→磨内孔→D4 轴颈抛光→清洗。

扫一扫

7.3.3　变速箱输出轴（Ⅱ轴）典型工艺流程

变速箱输出轴（Ⅱ轴）（图 7.27）典型工艺流程如下：

精车→铣花键 1→铣花键 2→铣花键 3→铣花键 4→铣螺纹→清洗→热处理→磨长端轴颈及端面（外圆磨床）→磨短端轴颈及端面（外圆磨床）→清洗。

图 7.26　输入轴实物图　　　　　　图 7.27　输出轴实物图

7.3.4　中间轴工艺流程

变速箱中间轴（图 7.28）典型工艺流程如下：

精车（数控车）→粗精滚齿（齿圈 2）（数控滚齿机）→滚齿（齿圈 1）（数控滚齿机）→倒棱（齿圈 1）→铣螺纹→剃齿（齿圈 1）（数控剃齿机）→清洗→热处理→磨短端轴颈及端面（外圆磨床）→磨长端轴颈及端面（外圆磨床）→清洗。

7.3.5　变速箱锥环典型工艺流程

变速箱锥环（图 7.29）典型工艺流程如下：

精车大端（数控车）→精车小端（数控车）→拉内花键（立式拉床）→插倒锥外花键（数控插齿机）→去外花键毛刺→清洗→外花键倒尖角（数控双刀倒角机）→铣 6 等份油槽及钻孔→去孔口毛刺→清洗→热处理→磨锥面（外圆磨床）→珩磨锥面→清洗。

扫一扫

7.3.6　变速箱齿套典型工艺流程

变速箱齿套（图 7.30）典型工艺流程如下：

精车→拉内花键（立式拉床）→挤倒锥→整径→倒尖角→清洗→热处理→车拨叉槽（数控车）→清洗→与齿座装配。

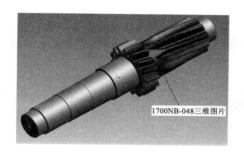

1700NB-048 三维图片

图 7.28　中间轴实物图　　　图 7.29　锥环　　　图 7.30　齿套

■ 7.3.7　主动齿轮工艺流程

主动齿轮（图 7.31）典型工艺流程如下。

精车 1（数控车）→精车 2（数控车）→滚齿（数控滚齿机）→磨棱→剃齿（数控剃齿机）→清洗→热处理→磨内孔（内孔端面磨床）→清洗。

扫一扫

■ 7.3.8　从动齿轮工艺流程

从动齿轮（图 7.32、图 7.33）典型工艺流程如下：

图 7.31　主动齿轮

精车 1（数控车）→精车 2（数控车）→插齿（数控插齿机）→滚齿（数控滚齿机）→磨棱→剃齿（数控剃齿机）→清洗→热处理→磨内孔端面（内孔端面磨床）→磨另一端面（端面磨床）→磨锥面（外圆磨床）→清洗。

图 7.32　从动齿轮（1）

图 7.33　从动齿轮（2）

■ 7.3.9　常用热处理工艺流程介绍

1．Ⅰ轴/Ⅱ轴

螺纹防渗→渗碳淬火→清洗→回火→清理喷丸（喷丸机）→清理顶针孔→校直（校直机）→研磨顶尖孔。

2．中间轴

螺纹防渗→渗碳淬火→清洗→回火→清理喷丸（喷丸机）→强化喷丸（强喷机）→清理顶针孔→校直（校直机）→研磨顶尖孔。

3．压装齿轮

渗碳淬火→清洗→回火→清理喷丸（喷丸机）→压装。

4. 一般齿轮

渗碳淬火→清洗→回火→清理喷丸（喷丸机）→强化喷丸（强喷机）。

5. 齿套/锥环

渗碳淬火→清洗→回火→清理喷丸（喷丸机）→压淬→清洗→回火→清理喷丸（喷丸机）。

6. 齿座

渗碳淬火→清洗→回火→清理喷丸（喷丸机）→三缺口修磨。

7.4　变速箱装配工艺

东风公司某 6 挡变速箱装配线为直线地链式线体。从线头开始装配，总成线尾下线。拖链带动工装直线前行，到达线尾后转向地下，带动工装返回线头。此类布线，线体紧凑、分装工位近、生产效率高，但容错率低，当其中一个工位需要暂停时，整条线都得停下。

主输送带上有可移动输送夹具，主线共 18 个装配工位，8 个分装工位，配有自动和半自动轴承压装机、全自动定量加油机、简易机械手、翻动吹风机、总成密封试验机等设备和设施。

该 6 挡变速箱装配线布局如图 7.34、图 7.35 所示。装配工位分置于线体两侧，分别为吊放外壳、拧紧螺塞→铆铭牌→装中间轴总成和前后轴承→装倒挡齿轮→装中间轴锁片、螺母、后轴承盖、倒挡轴锁片→装Ⅱ轴总成和Ⅱ轴后轴承→装Ⅰ轴总成和Ⅰ轴轴承盖总成→装中间轴 O 形圈及离合器壳合件→装突缘总成及Ⅱ轴大螺母→吹风→装上盖总成→拧紧上盖螺栓→装分离轴承座、润滑油管及分离叉轴总成→装取力盖板→密封试验。

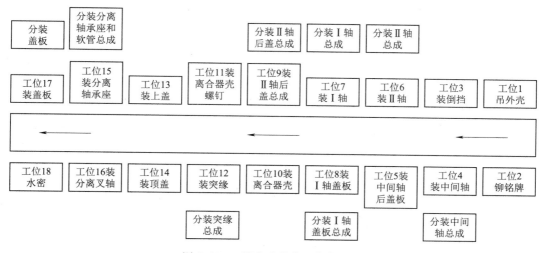

图 7.34　6 挡变速箱装配线布局图

6 挡装配线主线各工位装配内容如下。

工位 1：吊放外壳

从小车上吊起外壳，将外壳放置在装配夹具上，拧紧螺塞，装加、放油堵，

扫一扫

用气动扳手拧紧。

工位 2：铆铭牌

用气动铆枪将铭牌铆在壳体侧面。

工位 3：装倒挡

将倒挡齿轮合件装入外壳中，装入倒挡轴。

工位 4：装中间轴总成和前后轴承

用心轴将中间轴前轴承外圈装在壳体前轴承孔内，将中间轴轴承内圈在加热器上加热 110 s 后用心轴装入中间轴前端，在中间轴前端装一个卡环，将中间轴总成吊装入壳体内，用心轴将中间轴后轴承装入壳体后轴承孔内。

工位 5：装中间轴后盖板

图 7.35　6 挡变速箱装配线现场

将垫圈、锁片、螺母装入中间轴后端；用手将螺母拧入 1～2 扣，用风枪拧紧螺母，将螺母锁片折弯涂胶，装中间轴后盖板，用风枪将螺钉按对角线法则进行拧紧。

工位 6：装 II 轴总成

将钢丝绳套在 3、4 挡滑动齿套拨叉槽中，将 II 轴总成吊入外壳中，装入 II 轴后轴承，先用心轴将 II 轴后轴承预定位，再用压机将 II 轴后轴承压装到位。

工位 7：装 I 轴总成

将 II 轴前轴承装到 II 轴前轴颈上。装入 I 轴总成，将 O 型圈装入密封沟槽内，涂上黄油。

工位 8：装 I 轴盖板总成

擦拭 I 轴轴颈，将油封导向套套在 I 轴前端，涂胶。将 I 轴盖板总成装入 I 轴，用风枪将螺钉按对角线法则进行拧紧。

工位 9：装 II 轴后盖总成

将隔套，里程表主动齿轮装入 II 轴后端，涂胶，将 II 轴后盖板总成装到 II 轴后端，用风枪将螺钉按对角线法则进行拧紧。

工位 10：装离合器壳合件

将 2 个定位销装入壳体，将离合器壳吊装到壳体上，装入 2 个螺钉，用手拧 2～3 扣，取下定位销，装入 2 个螺钉，用风枪将螺钉按对角线法则进行拧紧。

工位 11：装离合器壳螺钉

将螺钉合件装入孔中，用手拧不动为止，再用开口扳手拧紧螺钉，螺钉力矩合格。

工位 12：装突缘总成

将防尘罩装在突缘总成轴颈上，用汗布擦拭突缘总成轴颈，将突缘总成装到 II 轴后端花键上并装配到位。将 4 个蝶型垫圈和螺母装到 II 轴后端，用手拧入 2～3 扣，用气动风枪拧紧。用压缩空气向变速箱内吹扫，同时用手转动一轴。

工位 13：装上盖总成

将定位销装入外壳定位孔中，将上盖纸垫装在外壳上。将上盖总成装到变速箱外壳上，将吊耳合件装入上盖总成，将螺钉合件装入上盖总成。要求各挡齿轮处于空挡状态，4 个拨叉必须插入相应的滑动齿套拨叉槽中。

工位 14：装顶盖总成

将自锁钢球装入上盖孔中，涂胶。将弹簧装入上盖孔中，装入纸垫，涂胶。将螺钉、垫圈装入顶盖总成，将顶盖总成装到上盖总成上，螺钉用手预拧紧 2～3 扣，用风枪将螺钉按对角线法则进行拧紧。

工位 15：装分离轴承座总成

将分离轴承和软管总成合件装入一轴盖板上，将软管穿入离合器壳软管孔中，装润滑杯座、杯盖，并拧紧。

工位 16：装分离叉轴总成

用毛刷蘸上黄油，在离合器壳两端叉轴孔内均匀涂抹一圈黄油。将分离叉装到分离轴承座上将分离叉轴总成穿入离合器壳孔中，再穿入分离叉孔中，将平键装入分离叉轴键槽中，敲动分离叉轴，让平键对准分离叉键槽，装到位将螺钉拧入分离叉 2～3 扣，用风枪将螺钉拧紧，在离合器壳另一端轴孔内装入塞片。要求分离轴承座移动灵活，分离叉轴方向正确，螺钉力矩合格。

工位 17：装盖板

在变速箱外壳取力盖板窗口一周均匀连续涂密封胶，将盖板合件装到变速箱外壳取力盖板窗口上，用风枪将螺钉按对角线法则进行拧紧。

工位 18：水密封试验

吊起变速箱总成到水箱上方，将充气接头插入顶盖通气塞孔中，然后将变速箱总成全部浸入水中，保压并观察是否有漏气的现象。试验合格的总成装入通气塞总成，并将总成放入合格品托盘上。试验不合格的总成不装入通气塞总成，做好标识，挂牌，将总成放入不合格品托盘上。

6 挡装配线各分装工位装配内容如下。

分装工位 1：分装中间轴总成

将中间轴放在装配夹具上；将 3 挡齿轮、4 挡齿轮、6 挡齿轮、常啮合齿轮分别放在齿轮加热器上进行加热 70～75 s；从加热器上取出 3 挡齿轮，将 3 挡齿轮压装到位；从加热器上取出 4 挡齿轮，将 4 挡齿轮压装到位；从加热器上取出 6 挡齿轮，将 6 挡齿轮压装到位；从加热器上取出常啮合齿轮，将常啮合齿轮压装到位。

分装工位 2：分装 Ⅱ 轴总成

将 Ⅱ 轴前端插入 Ⅱ 轴分装线夹具中；将 2 挡滚针轴承座圈加热 35 s 后装入 Ⅱ 轴 2 挡齿轮轴颈上；将 2 挡滚针轴承装在轴承座圈上，装入 2 挡齿轮，加 3～5 滴润滑油；将 1、2 挡同步环装在 2 挡齿轮上；将 1、2 挡固定齿座与滑动齿套装入 Ⅱ 轴；将滚子、弹簧、支座装入固定齿座 3 个止口中；将 1 挡同步器挡圈及弹性挡圈装入固定齿座环槽中；将 1 挡滚针轴承座圈加热 35 s 后，装入 Ⅱ 轴 1 挡齿轮轴颈上，将滚针轴承装在轴承座圈上；装入 1 挡齿轮，加 3～5 滴润滑油，将倒挡固定齿座和倒挡滑动齿套装在 Ⅱ 轴上；将倒挡滚针轴承座圈加热

35 s 后装入Ⅱ轴倒挡齿轮轴颈上；将倒挡滚针轴承装在轴承座圈上，装入倒挡齿轮，加 3～5 滴润滑油；将倒挡齿轮止推片装到Ⅱ轴上。利用翻转机将Ⅱ轴翻转 180°；将 3 挡滚针轴承座圈加热 35 s 后装入Ⅱ轴 3 挡齿轮轴颈上；将 3 挡滚针轴承装在轴承座圈上，装入 3 挡齿轮，加 3～5 滴润滑油；将 3、4 挡同步环装在 3 挡齿轮上；将 3、4 挡固定齿座与滑动齿套装入Ⅱ轴；将滚子、弹簧、支座装入固定齿座 3 个止口中；将 3、4 挡同步环装在齿座上；将 4 挡滚针轴承座圈加热 35 s 后装入Ⅱ轴 4 挡齿轮轴颈上；将 4 挡滚针轴承装在轴承座圈上，装入 4 挡齿轮，加 3～5 滴润滑油；将 6 挡齿轮止推环装到Ⅱ轴上。将 6 挡滚针轴承座圈加热 35 s 后装入Ⅱ轴 6 挡齿轮轴颈上；将 6 挡滚针轴承装在轴承座圈上，装入 6 挡齿轮，加 3～5 滴润滑油；将 6 挡同步环装在 6 挡齿轮上。将 6 挡固定齿座与滑动齿套装入Ⅱ轴，将垫圈、锁片、螺母装在Ⅱ轴上，用电动拧紧机拧紧螺母后，折弯锁片将滚子、弹簧、支座装入固定齿座 3 个止口中。将 6 挡同步环装在齿座上，装上Ⅰ轴锥环。

分装工位 3：分装Ⅰ轴总成

将轴用挡圈装入轴承外圈上的槽内。将轴承套在一轴上后放入油压机夹具上，开动油压机将轴承压装到位，用工装将轴用挡圈装入Ⅰ轴卡环槽内。

分装工位 4：分装Ⅰ轴盖板总成

在Ⅰ轴盖板与油封接触部位涂适量润滑油，将盖板放入夹具上。将油封平放在盖板凹台处，开动气压机将油封压装到位，保压 2 s。油封不得装反、不得有翻边破损现象。

分装工位 5：分装Ⅱ轴后盖总成

用压头将里程表油封总成压入软轴接头孔内，在里程表从动齿轮头部、杆部涂上适量的润滑脂，把从动齿轮插入软轴接头，在里程表从动齿轮齿面和端面上涂适量的润滑脂，在软轴接头合件螺纹处涂胶，装入轴承盖板，用风枪拧紧。把油封装入压头上，把轴承盖板放在夹具上，开动气压机将油封压装到位。

分装工位 6：分装突缘总成

把突缘放在夹具上，装入 2 个螺栓，用油压机将其压到位。

分装工位 7：分装分离轴承座和软管总成

将分离轴承座装入底座，选好加注量进行加注。将软管装入底座，选好加注量进行加注，将软管装在分离轴承座上。

分装工位 8：分装盖板

将螺钉套入垫圈后把螺钉合件装入盖板孔中，将纸垫装入盖板合件上。

第 7 章习题

第 8 章

汽车齿轮工艺

8.1 齿轮概述

8.1.1 齿轮的功用

齿轮传动是机器中最常见的一种机械传动，是传递机器动力和运动的一种主要形式，是机械产品的重要基础零部件。它与带、链、液压等机械传动相比，具有功率范围大、传动效率高、圆周速度高、传动比准确、使用寿命长、结构尺寸小等特点。因此它已经成为许多机械产品不可缺少的传动部件，也是机器中所占比重最大的传动方式。齿轮的设计与制造水平将直接影响机械产品的性能和质量。由于齿轮在工业发展中的突出地位，致使齿轮被公认为工业化的一种象征。

汽车齿轮的分类方法有很多，按照结构大致可以分为：①单联齿轮；②多联齿轮；③盘形齿轮；④齿圈；⑤轴齿轮。

单联齿轮和多联齿轮俗称筒形齿轮，孔的长径比 $L/d>1$，内孔为光孔、键槽孔或花键孔。盘形齿轮和齿圈，孔的长径比 $L/d<1$。轴齿轮上具有一个以上的齿圈。

8.1.2 齿轮材料、毛坯及热处理

1. 齿轮材料

齿轮是依靠本身的结构尺寸和材料强度来承受外载荷，这就要求材料具有较高强度韧性和耐磨性。速度较高的齿轮传动，齿面易产生疲劳点蚀，应选用齿面硬度较高且硬层较厚的材料。有冲击载荷的齿轮传动，轮齿易折断，应选用韧性好的材料。低速重载的齿轮传动，齿易折断，齿面易磨损，应选用机械强度大、齿面硬度高的材料。

常用于制造齿轮的材料主要是钢，其次是铸铁，在某些场合，也可使用非金属材料。

（1）锻钢和轧制钢材。汽车的传动齿轮常用的材料是 20CrMnTi、20CrNiMo、20CrMo、20MnVB、40Cr、40MnB 和 45♯钢等。根据齿轮的工作条件（速度、载荷等）和失效形式（点蚀、折断、剥落等），齿轮常用以下材料制造。

1）优质中碳钢。含碳量为 0.3%～0.5%的优质中碳钢，如 35♯、40♯、45♯、50♯、

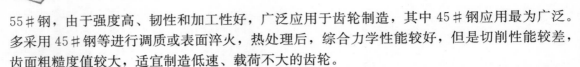

55#钢，由于强度高、韧性和加工性好，广泛应用于齿轮制造，其中45#钢应用最为广泛。多采用45#钢等进行调质或表面淬火，热处理后，综合力学性能较好，但是切削性能较差，齿面粗糙度值较大，适宜制造低速、载荷不大的齿轮。

2）铬钢。如15Cr、20Cr、40Cr等，其中的铬可提高钢的强度和硬度，具有良好的耐磨性，多采用40Cr进行调质或表面淬火，热处理后，综合力学性能优于45#钢，热处理变形小，用于制造精度较高，中等载荷的齿轮。

3）铬锰钛钢、铬钼钢、铬锰钼钢。如20CrMnTi、20CrMo、20CrMnMo等，其强度、硬度及耐磨性高，常用于采矿、冶金、化工、起重运输等设备的传力齿轮。其齿部需要进行渗碳或碳氮共渗，渗碳淬火后齿面硬度可达HRC58～63，心部有较高韧性，既耐磨损，又耐冲击，适于制造高速、重载或承受冲击载荷的齿轮。渗碳处理后的齿轮变形较大，需要进行磨齿加以纠正，加工成本高。碳氮共渗处理变形较小，由于渗层较薄，承载能力不如渗碳处理。

4）渗氮钢。多采用38CrMoAl进行渗氮处理，变形较小，可不再磨齿，齿面耐磨性较高，适合制造高速齿轮。

5）铸钢。在齿轮的设计制造中，常采用含碳量约0.4％的碳钢或合金钢，如ZG310～570、ZG340～640、ZG35SiMn及ZG42SiMn等。铸钢的机械性能不及锻轧制钢材，但流动性较好，铸钢的强度虽与球墨铸铁相近，但其冲击韧性和疲劳强度均比球墨铸铁高得多。因此，铸钢常用于制造对强度要求不是很高，但形状复杂、直径较大的齿轮。

（2）铸铁。铸铁的机械性能不及钢材，但铸铁具有加工性好、抗胶合和抗点蚀能力好、耐磨性高、噪声小、成本低等优点，其齿轮毛坯采用铸造成型方法得到。齿轮铸铁材料主要有灰铸铁、球墨铸铁。例如，HT200、HT300、QT50-5、QT60-2等，常用于低速且受力不大的齿轮。在某些传动中，铸铁可代替铸钢或锻钢制造大齿轮。

从经济性考虑，在齿轮设计制造时，一般应优先选用价廉、易得的优质碳素钢，尽量少用或不用价格昂贵、难得的合金钢材，如含铬的合金钢。不同的应用场合使用的齿轮材料见表8.1。

表8.1　不同的应用场合使用的齿轮材料

齿轮名称	应用场合	材料名称
一般齿轮	低速、轻载	HT200、45#、50Mn2、40Cr
传力齿轮	高速、重载	20CrMnTi、20CrMo、38CrMoAl
非传力齿轮	轻载、低噪声、润滑条件差	铸铁

2. 齿轮毛坯

齿轮毛坯一般根据齿轮材料、结构特点、尺寸大小、使用条件以及生产批量等因素来确定。要求强度高、耐磨、耐冲击的齿轮，其毛坯多用锻件，生产批量较小或尺寸较大的齿轮采用自由锻造。生产批量较大的中小齿轮采用模锻。当齿轮直径较大、结构复杂时，锻造毛坯较困难，可采用铸钢毛坯。对锻造和铸钢毛坯，机械性能较差，加工性能不好，加工前应进行正火处理，以消除内应力，改善晶粒组织和切削性能。

一些结构简单、对强度要求不高、不重要的齿轮可直接采用棒料作毛坯。

3. 齿轮的热处理与喷丸

（1）正火处理。正火是将齿坯加热到相变临界点以上 30～50 ℃，保温后从炉中取出，在空气中冷却至室温的热处理过程。

正火处理可消除齿轮毛坯锻造引起的内应力，防止淬火时出现较大变形。此外还可以增加齿轮的韧性，细化晶粒，使同批坯料硬度相同，改善材料的切削性能。齿轮正火一般安排在毛坯锻造之后，粗加工之前进行。例如，齿轮正火后再进行拉孔和切齿刀具磨损较轻，加工表面粗糙度较小。正火处理常用于含碳量为 0.3%～0.5% 的优质中碳钢或合金钢制造的齿轮。正火齿轮的强度和硬度比淬火或调质齿轮要低，硬度一般为 HB 163～217。因此，对于机械性能要求不是很高或不适采用淬火或调质的大直径齿轮常采用正火处理。

（2）调质处理。调质是将齿坯淬火后进行高温（500～650 ℃）回火的热处理过程，同样可细化晶粒，并获得均匀的具有一定弥散度和具有优良综合机械性能的细密球状珠光体类组织——回火索氏体。而且可提高韧性，但会使切削性能略有减低。一般经调质处理后，轮齿硬度可达 HB 220～285，调质齿轮的综合性能比正火齿轮要高，其屈服极限和冲击韧性比正火处理的可高出 40% 左右，强度极限也高出 5%～6%（对于碳钢）。调质齿轮在运行中易跑合、齿根强度大、抗冲击能力强，在重型齿轮传动中占有相当大的比重。调质多安排在齿坯粗加工之后进行。

（3）表面淬火。齿轮的齿形加工完成后，为了提高齿面的硬度及耐磨性，常安排表面淬火或渗碳淬火等热处理工序。

表面淬火多用于中碳钢或中碳合金钢齿轮，它是通过改变零件表层组织以获得硬度很高的马氏体，而保留心部韧性和塑性。齿轮经表面淬火后需进行低温回火，以便降低内应力和脆性，齿面硬度一般为 HRC45～55。表面淬火齿轮承载能力高，并能承受冲击载荷。通常淬火齿轮的毛坯可先经正火或调质处理，以便使轮齿心部有一定的强度和韧度。

（4）渗碳淬火。渗碳是将齿轮放在渗碳介质中，在 900～950 ℃ 下加热、保温，使碳原子渗入轮齿的表面层，使表层含碳量增高。然后进行淬火，使表层得到马氏体。从而使齿轮在淬火后，齿轮表面具有高硬度的耐磨表层，齿面硬度可达 HRC 58～62，而心部组织成分并未改变，还保持一定的强度和较高的韧性。

渗碳采用高频淬火（适用于小模数齿轮）、超音频感应加热淬火（适用于模数为 3～6 mm 的齿轮）和中频感应加热淬火（适用于大模数齿轮）。由于加热时间极短，表面加热淬火齿轮的齿形变形较小，内孔直径通常要缩小 0.01～0.05 mm。渗碳淬火后，一般需进行磨齿或珩齿，以消除热处理后引起的变形。这类齿轮具有很高的接触强度和弯曲强度，并能承受较大的冲击载荷。各种载重车辆中的重要齿轮常进行渗碳淬火处理。

（5）渗氮。渗氮是向轮齿表面渗入氮原子形成氮化层。渗氮可提高轮齿的表面硬度、耐磨性、疲劳强度及抗蚀能力。渗氮处理温度低，故齿轮变形极小，无须磨削或只需精磨即可。渗氮齿轮的材料主要有 38CrMoAl、30CrMoSiA、20CrMnTi 等。渗氮齿轮由于渗氮层薄（为 0.15～0.75 mm），硬化层有剥落的危险，故其承载能力一般不及渗碳齿轮高，不宜于承受冲击载荷或有强烈磨损的场合使用。

在齿轮生产中，热处理质量对齿轮加工精度和表面粗糙度影响较大。往往因为热处理质量不稳定，导致齿轮定位基面和齿面变形过大或粗糙度值过大而报废。

（6）齿面喷丸处理。齿轮热处理后，有的要对齿面进行强力喷丸处理和磷化处理，以提高齿面强度、耐磨性及齿轮使用寿命。喷丸是用小直径的弹丸，在压缩空气或离心力等作用下高速喷射工件，进行表面强化和清理的加工方法。对齿面喷丸是使齿面产生残余压应力，以提高齿轮的疲劳寿命。齿轮齿面喷丸后，其寿命可提高 1 倍左右。齿面喷丸是用吊挂将零件挂在悬链上面旋转着进行。每次喷丸时间约 4 min。钢丸直径一般为 $\phi 0.8 \sim 1.0$ mm。

对于汽车上高承载能力的重要齿轮一般都需要安排喷丸处理，喷丸处理工序一般放在表面淬火热处理工序后。

磷化处理是在齿面上形成一层磷化膜，目的是提高齿轮初期磨合效果。

8.2　齿轮工艺分析

一般齿轮加工的工艺路线如图 8.1 所示。

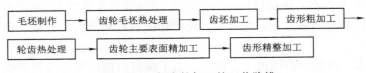

图 8.1　一般齿轮加工的工艺路线

锻钢根据齿面硬度分为软齿面（HB＜350 时）和硬齿面（HB＞350 时）。

（1）齿面硬度 HB＜350 时齿轮加工的工艺路线：锻造毛坯→正火→粗切→调质（淬火＋高温回火 500 ℃以上，提高材料强度、塑性和韧性）→精加工。常用材料如 45♯、40Cr、40MnB 等。

特点：具有较好的综合性能，齿面有较高的强度和硬度，热处理后切齿精度可达 8 级，制造简单经济，对精度要求不高。

（2）齿面硬度 HB＞350 时采用中碳钢工艺：锻造毛坯→正火→粗切→调质→精切→高、中频淬火（提高材料表面硬度）→低温回火→珩齿或研磨剂跑合。常用材料如 45♯、40Cr 等。

特点：齿面硬度高、接触强度高、耐磨性好，调质后可获得良好的金相组织，提高齿轮性能，耐冲击能力好，承载能力高。调质还可以减小后工序渗碳淬火过程中的齿轮变形程度。

齿轮承载能力不同，其加工工艺也不相同。应根据齿轮承载能力的不同，合理选择材料和毛坯及热处理工艺，并制定相应的工艺路线。

1. 高承载能力的重要齿轮的工艺路线

这类齿轮有汽车、拖拉机、矿山机械及航空发动机等齿轮。其工艺路线一般为锻造毛坯→正火→机械粗加工→调质→半精加工→渗碳淬火（它可以使渗过碳的工件表面获得很高的硬度，提高其耐磨程度）→低温回火（250 ℃以下，降低淬火残留应力和脆性）→喷丸（喷丸可增大渗碳表层的压应力，提高齿轮弯曲和接触疲劳强度，并可清除氧化皮）→磨齿或珩齿（精加工）。齿轮精度可达 6 级。硬度值为 HRC 58～63。常用材料为 20Cr、20CrMnTi、20MnB。

特点：适合于汽车、机床等中速、重载变速箱齿轮。

2. 中等承载能力的齿轮的工艺路线

锻造→正火→机械粗加工→调质→机械半精加工→高频感应淬火＋低温回火→磨削。

3. 较低承载能力的齿轮的工艺路线

锻造→正火→机械粗加工→调质→机械精加工。

由于调质齿轮表面硬度低，而且不存在表面压应力，故其承载能力和疲劳强度都比较低，但因调质齿轮切削加工后不再进行热处理，能保证齿轮的制造精度，故对大型齿轮特别适宜，减少了淬火引起的变形（一般认为 $\phi 350$ mm 以下为小齿轮，$\phi 350 \sim 1\,000$ mm 为大型齿轮，$\phi 1\,000$ mm 以上为特大齿轮）。

8.2.1　齿轮齿形加工方法

齿形加工是整个齿轮加工的核心和关键。目前齿形加工的方法很多，按其在加工中有无切屑分为无屑加工和有屑加工两大类。按形成齿形的原理可分为成形法和展成法两大类。目前铸造、辗压（热轧、冷轧）等方法的加工精度还不够高，精密齿轮主要靠切削法制造。

常见齿形加工方法见表 8.2。

表 8.2　常见齿形加工方法

齿形加工方法		刀具	机床	加工精度及适用范围
成形法	铣齿	模数铣刀	铣床	加工精度及生产率较低，精度为 9～10 级以下，表面粗糙度为 $Ra\,2.5\sim12.5\ \mu m$，加工成本低，一般用于单件、小批量生产
	拉齿	齿轮拉刀	拉床	加工精度及生产率较高，拉刀需要专门制造，成本较高，多用于大批量生产中，适宜内齿轮
展成法	滚齿	齿轮滚刀	滚齿机	通常加工 5～9 级精度齿轮，表面粗糙度为 $Ra\,1.25\sim12.5\ \mu m$，生产率较高，通用性好，常用于加工直齿、斜齿的外啮合圆柱齿轮和蜗轮
	插齿	插齿刀	插齿机	通常加工 5～9 级精度齿轮，表面粗糙度为 $Ra\,1.25\sim12.5\ \mu m$，生产率低，通用性好，常用于加工内、外啮合的直齿、斜齿圆柱齿轮，扇形齿轮，特别适合加工多联齿轮。装上附件后可加工齿条、锥度齿和端面齿轮等
	剃齿	剃齿刀	剃齿机	能加工 5～8 级精度齿轮，表面粗糙度为 $Ra\,0.4\sim1.6\ \mu m$。生产率较高，主要用于滚、插齿后，淬火前的齿形精加工
	磨齿	砂轮	磨齿机	能加工 3～8 级精度齿轮，表面粗糙度为 $Ra\,0.1\sim0.8\ \mu m$。生产率低，成本高，用于精加工齿轮淬火后的硬齿面齿轮，可全面纠正齿轮磨削前的各项误差，获得较高的齿轮精度
	珩齿	珩磨轮	珩齿机	能加工 5～8 级精度齿轮，表面粗糙度为 $Ra\,0.1\sim0.8\ \mu m$。用于大批大量生产中提高热处理后的齿轮精度，如高频淬火后的齿形精加工
	冷挤齿	挤轮	挤齿机	经过滚齿、插齿的齿轮，用轧轮和它们在一定压力下进行对滚，使齿面表层产生塑性变形，以改善齿面粗糙度和齿面精度。属于无屑加工，能加工 6～8 级精度齿轮，表面粗糙度为 $Ra\,0.4\sim1.6\ \mu m$。生产率比剃齿高，成本低，多用于淬火前的齿形精加工，可部分代替剃齿

1. 铣齿

铣齿是在万能铣床上用成形铣刀以成形法加工齿轮齿形的方法。图 8.2（a）所示为用盘形铣刀加工直齿圆柱齿轮；图 8.2（b）所示为用指状铣刀加工直齿圆柱齿轮。加工时，工件安装在分度头上，对齿轮的齿槽进行铣削，加工完一个齿槽后，进行分度，再铣下一个齿槽。

2. 滚齿

滚齿加工是按照展成法的原理来加工齿轮的。用滚刀来加工齿轮，相当于一对交错轴的螺旋齿轮啮合（图 8.3）。在这对啮合的齿轮副中，其中一个齿轮齿数很少（只有一个或几个），且螺旋角很大，就变成了一个蜗杆状齿轮。为了形成切削刃，在蜗杆上开出直的或螺旋形的容屑槽。为了形成齿顶和侧刃后角，需要进行铲齿和铲磨。根据滚切原理可知，滚刀基本蜗杆的端面齿形应是渐开线，法向模数和压力角应分别等于被切齿轮的模数和压力角。

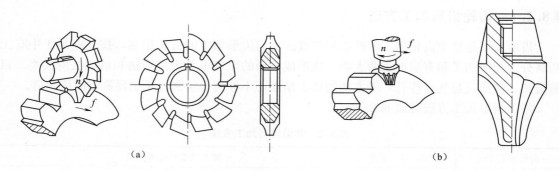

图 8.2　铣齿

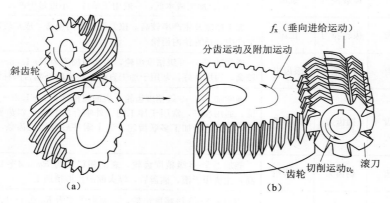

图 8.3　滚齿

加工直齿轮时，滚刀每转一周，工件齿轮转过的齿数等于滚刀的头数，形成展成运动并包络切出齿形。为了切出全部齿宽，滚刀还要沿着工件轴向进给。加工斜齿轮时，随着滚刀沿工件轴向进给，工件还应附加一个与斜齿轮的螺旋角相匹配的旋转速度。

滚齿加工精度一般为 5～9 级。滚齿是连续切削，无退刀和空程，生产率高，采用高速钢滚刀，切削速度一般为 40 m/min，采用硬质合金滚刀，切削速度可达 200 m/min。

滚刀种类有整体式、镶嵌式、硬质合金和涂层硬质合金。

（1）整体式滚刀。一般为高速钢材料制造，采用套装式结构，多为 0°前角，顶刃后角为10°～12°，侧刃后角约为 3°，齿轮滚刀大多为单头，螺旋升角较大，加工精度较高。粗加工用滚刀有时做成双头，以提高生产率。

（2）镶齿齿轮滚刀。齿轮模数较大时，做成镶齿结构，既节约高速钢材料，又使刀片易锻造，提高性能和使用寿命。

（3）硬质合金滚刀。用于小模数齿轮或精加工硬齿面齿轮，代替磨齿，常采用大的负前角，可达$-30°\sim-45°$。

（4）涂层硬质合金滚刀。涂层刀具是在强度和韧性较好的硬质合金或高速钢基体表面上，利用气相沉积方法涂覆一薄层耐磨性好的难熔金属或非金属化合物，从而提高滚刀耐磨性（图 8.4）。涂层刀具具有表面硬度高、耐磨性好、化学性能稳定、耐热耐氧化、摩擦系数小和热导率低等特性，切削时可比未涂层刀具寿命提高 3～5 倍以上，提高切削速度 20％～70％，提高加工精度 0.5～1 级，降低刀具消耗费用 20％～50％。

3. 滚齿成形运动

用滚刀滚铣直齿圆柱齿轮时，机床上共需要 2 个独立的成形运动（图 8.5），共计 3 条传动链。

扫一扫

59BD420-9氮化钛材料涂层

被加工零件安装在滚齿机工

扫一扫

图 8.4　整体式涂层滚齿刀　　　　图 8.5　滚齿加工

（1）形成齿轮齿形渐开线的成形运动，即滚刀与工件之间的展成运动（范成运动），要加工出正确的渐开线齿形，必须保证滚刀和工件之间准确的传动比关系。即满足滚刀转 1 圈，工件应转过 1 个齿。

（2）形成齿宽的成形运动，即刀架沿着工件轴向作直线移动，切出整个齿宽。

4. 插齿

插齿是利用齿轮形插齿刀或齿条形梳齿刀切齿。插齿时，刀具随插齿机主轴作轴向往复运动，同时由机床传动链使插齿刀与工件按一定速比相互旋转，保证插齿刀转 1 齿时工件也转 1 齿，形成展成运动，齿轮的齿形即被准确地包络出来。

如果在插齿机主轴上加设螺旋导轨［图 8.6（b）］，利用斜齿插齿刀也能加工斜齿轮。如果在插齿机工作台上安装一个插齿条的附件，使工作台的旋转运动变成直线运动，则能插削齿条。

插齿刀用于按展成法加工内、外啮合的直齿和斜齿圆柱齿轮的刀具。插齿刀的特点是可以加工带台肩齿轮、多联齿轮和无空刀槽人字齿轮、扇形齿轮、内齿轮和非圆齿轮等。特形插齿刀还可加工各种其他廓形的工件，如凸轮和内花键等。

插齿刀的模数和名义齿形角等于被加工齿轮的模数和齿形角，不同的是插齿刀有切削刃和前后角。图 8.6（a）所示为直齿插齿刀加工直齿圆柱齿轮的情形。固联于机床主轴上的插齿刀随主轴作往复运动，它的切削刃便在空间形成一个假想齿轮。

加工斜齿圆柱齿轮时用的是斜齿插齿刀，如图 8.6（b）所示，它的模数和齿形角应与被加工齿轮相等，其螺旋角还应和被加工齿轮的螺旋角大小相等，旋向相反。斜齿插齿时，插齿刀作主运动和展成运动的同时，还有一个附加转动，使切削刃在空间上形成一个假想的斜齿圆柱齿轮，如同一对轴线平行的斜齿圆柱齿轮啮合。

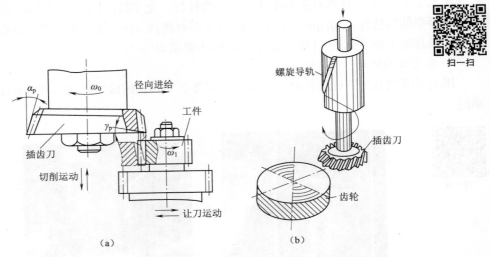

图 8.6 插齿原理

插齿的主要运动包括以下几种。

（1）切削运动。插齿刀的上下往复运动和让刀运动。

（2）分齿展成运动。要插出正确的渐开线齿形，插齿刀与工件之间应保持正确的啮合关系。插齿刀往复一次，工件相对刀具在分度圆上转过的弧长为加工时的圆周进给量，故刀具与工件的啮合过程也就是圆周进给过程。

（3）径向进给运动。插齿时，为逐步切至全齿深，插齿刀应有径向进给运动和径向进给量 f_r。逐步切至全齿深。

（4）让刀运动。插齿刀作上下往复运动时，向下是切削行程。为了避免刀具擦伤已加工的齿面并减少刀齿磨损，在插齿刀向上运动时，工作台带动工件径向推出切削区一段距离。在插齿刀工作行程时，工作台再恢复原位。

5. 剃齿

剃齿工艺通常是在轮齿淬硬前的一种精加工方法，也就是在剃齿之前必须留有剃齿余量，并不是从齿坯上直接剃出渐开线轮齿来，所以剃齿机属于齿轮精加工机床，能稳定地加工出 7 级以上，甚至 6 级精度齿轮，表面粗糙度为 $Ra\ 0.8 \sim 0.4\ \mu m$。剃齿加工生产效率高，加工一个中等尺寸的齿轮一般只需 2～4 min，与磨齿相比，可提高生产率 10 倍以上。

剃齿的加工原理是空间交错轴斜齿轮副作无侧隙啮合。剃齿的过程是：剃齿刀装在机床主轴上，和工件相交成一角度（图 8.7），带动工件旋转，两者之间作自由啮合运动。根据螺旋齿轮啮合的特点，剃齿刀和被剃齿轮在接触点的速度方向不同，剃齿刀和被剃齿轮的齿面间有相对滑动，剃齿刀切削刃便在齿轮齿面上切除一层金属。因此剃齿是一个挤压和滑移的综合运动，不同于一般具有强制运动链的切削加工。

剃齿刀的齿面开槽而形成刀刃，通过滑移速度将齿轮齿面上的加工余量切除（图 8.8）。由于是双面啮合，剃齿刀的两侧面都能进行切削加工，但由于两侧面的切削角度不同，一侧为锐角，切削能力强；另一侧为钝角，切削能力弱，以挤压擦光为主，故对剃齿质量有较大影响。

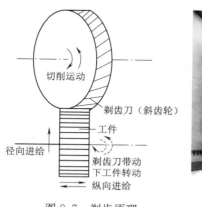

扫一扫

<table>
<tr><td>图 8.7　剃齿原理</td><td>图 8.8　剃齿刀</td></tr>
</table>

为使齿轮两侧获得同样的剃齿条件，在剃削过程中，剃齿刀作交替正反转运动。

根据剃齿机的工作原理，剃齿具备 3 个基本运动：

（1）剃齿刀的正反向旋转。剃齿刀的旋转是剃齿机的主运动，其主运动速度为切削速度 V_c。切削速度越大，表面粗糙度越小，剃齿精度越高。但刀具寿命会下降，易引起机床顶尖的烧损。

（2）工作台沿工件轴向的往复进给运动。其速度为纵向进给量（又称轴向进给量）。纵向进给量可分为工件（齿轮）每转纵向进给量 f（mm/r）和工作台每分钟纵向进给量 V_f（mm/min）。两者之间关系为 $V_f = n \times f$（n＝被剃齿轮每分钟转速）。一般纵向进给量为 0.1～0.3 mm/r（工件）。表面粗糙度和加工精度要求高的齿轮和材料硬度高的齿轮纵向进给量取小值。

（3）径向进给量。径向进给量是工作台一次往复行程后，剃齿刀的径向进给量 f_r（mm/每行程）。

径向进给量过小时，剃齿刀切削厚度太小，切不了金属层，修整不了剃前误差，过大时，切屑过厚，刀具与机床负荷过重，刀具磨损加速，易破坏齿轮原有精度。径向进给量在切削开始（粗加工）时取较大值，然后逐渐减少到最小值（精加工），最后 2～4 个工作台行程无径向进给。此外，还有工作台围绕摆动中心的附加进给运动，用来加工鼓形齿。

剃齿只能在滚齿或插齿的基础上提高 1～2 个精度等级，但不能校正前序加工的齿距累计误差，因为是无强制运动链的自由啮合。剃齿刀精度对剃齿质量影响很大。

剃齿首件合格的过程：新刀试剃→刀具修形→再次试剃→刀具反复修形直至齿形、齿向、齿距偏差、齿距累积误差、齿圈径向圆跳动各项检测指标合格。

（4）剃齿工艺几个重点环节。

1）选择合理的剃前余量值及分布形式。剃前滚刀（或插齿刀）最好采用齿根处有适量沉割、齿顶处有修缘，留剃余量沿齿高均匀分布形式，这样有利于减轻剃齿刀刀刃的负荷。过多的留剃余量会延长剃齿时间，降低刀具使用寿命。过小的留剃余量不足以保证齿形的完全加工。剃齿留量还与剃前齿轮的精度有关，剃前齿轮精度高时，留量可小些；反之，需增大留剃量。

2）采用合适的齿顶倒棱及齿根沉割量。根据客户要求的齿顶倒角量计算剃齿后齿顶倒棱量，而齿轮根部空刀位置应由留剃余量及允许的根切深度确定。既要满足设计者对渐开线长度的要求，保证齿轮与剃齿刀有足够的重叠系数，又要保证剃前滚刀有足够的沉割量，不会发生剃齿刀外圆与工件齿根的过渡圆弧干涉现象。

3）剃前精度对剃齿结果的直接影响。如要求齿轮精度为 6 级，则剃前齿轮应保证 7 级。应重点控制滚齿后的齿距累计误差，插齿后的齿距误差，并保证剃前齿轮的渐开线齿廓棱度和齿圈径向跳动满足剃齿前的要求。

4）剃削用量的合理选取。刀具转速必须合理选用，工件的轴向进给量不能过大，径向进给速度更应合理，否则不能获得良好的齿面质量，并影响剃齿刀的使用寿命。

5）切削液的选用。选用优质切削液，以确保充分的润滑性、流动性、切削性。应经常检查冷却液中有无切屑等杂质，定期更换以免损伤加工齿面。

6）剃齿中光整行程的控制。适当地增加光整行程次数，可降低工件表面粗糙度，获得更好的剃齿效果。在最后一次或两次光整行程中合理地选择抬刀量 0～0.02 mm。

7）工装夹具的合理设计。针对特殊结构的薄壁齿轮或细长齿轮轴，应充分考虑齿轮齿面或剃齿心轴受力变形的现象，保证夹具的刚性足够。

8）保证剃刀硬度及刀刃的锋利程度。剃刀硬度包括制造硬度和刃磨硬度。剃齿刀的出厂硬度由刀具供应厂家负责（HRC 64～66）。刀具刃磨过程中应杜绝磨削缺陷（磨糊、磨削裂纹、烧伤等），以免影响剃齿的稳定性。

9）选择合适的剃齿方法（表 8.3）。

表 8.3　剃齿方法及应用

剃齿原理	剃齿运动说明	工艺优点	工艺缺点	刀具特点
轴向剃齿	齿轮沿自身轴线作往复运动，每往复一次行程，刀具作一次径向进给，最后两次行程为光整无径向进给	（1）利用机床摇摆机构可剃削鼓形齿； （2）可加工较宽齿轮（$B \geq 50$ mm）	（1）工作行程长，生产效率低； （2）刀具局部磨损大，寿命短	（1）刀具制造简便； （2）仅需渐开线齿形做出修形
径向剃齿	刀具只沿齿轮半径方向进给，无轴向走刀	（1）可加工多联齿及带凸缘齿； （2）加工时间少，效率最高； （3）匀速进给，刀具磨损少	（1）需要对剃齿刀做齿形及齿向的同时修正； （2）不宜加工过宽齿轮（$B \geq 50$ mm）	（1）制造精度高； （2）切削刃有错位； （3）齿形及齿向必须修形

6. 拉齿

拉刀是一种高生产率、高精度的多齿刀具（图 8.9）。拉削时，拉刀作等速直线运动，是主运动。由于拉刀的后一个（或一组）刀齿高出前一个（或一组）刀齿，所以能够依次从工件上切下金属层，从而获得所需的表面。拉削时，由刀齿的齿升量代替了进给运动，因此拉削加工中没有进给运动。在汽车齿轮大批量生产中，利用齿轮拉刀对齿轮拉齿也是一个常用的方法。其中齿轮内拉刀可以拉削内啮合圆柱齿轮、内花键（图 8.10、图 8.11），外拉刀拉削外啮合圆柱齿轮。

扫一扫

图 8.9　齿轮拉刀　　图 8.10　内齿轮（内花键）拉削　　图 8.11　内齿轮（内花键）成品

对拉削齿轮工件的要求：拉削时的加工表面质量和尺寸精度与拉削前工件的工艺准备状况有着密切的关系，对内啮合齿轮拉削来说，工件预制孔不仅是待加工表面而且是定位基准，它的尺寸和几何精度，与工件基准端的垂直度，以及工件材料的切削加工性能等，对齿轮拉削的质量和拉削过程的正常进行都起着重要作用。

拉削前的齿轮工件应满足下列要求：

（1）如果拉削内啮合齿轮，则拉前的预制孔，应进行半精加工。

（2）拉削时的齿轮端面必须平整光滑，如果预制孔与定位基面（端面）精度较差，则应采用球面支承夹具。

（3）对于较短的工件，其长度小于拉刀两个齿距时，可用夹具把几个工件紧固在一起拉削。

（4）钢件应经过正火或退火及调制处理，其硬度在 HB180～240 时拉削性能最好，粗糙度最容易达到，拉刀耐用度也较高。因此，应尽可能将被加工工件预先热处理在这一范围。

7. 珩齿

珩齿是齿轮精加工的一种方法，珩齿是利用珩轮对已经淬火的齿轮齿面精整加工，适用于加工经滚齿、插齿、剃齿或磨齿后，齿面淬硬的直齿、斜齿、内外齿圆柱齿轮，可去除齿面磕碰伤和毛刺，在齿面形成网纹状的切削花纹，获得更好的表面粗糙度，并在一定程度上改善齿廓形状和螺旋线精度。珩齿精度可达 5～6 级，可使齿面粗糙度小至 Ra 0.63～0.16 μm，并少量纠正热处理变形。珩磨后的齿，其齿面压应力增大，可提高耐疲劳强度，同时齿面不易产生烧伤和裂纹，齿轮使用寿命长。珩齿加工生产率高，成本低，经济性好。

珩齿原理：珩齿的加工方法与剃齿相同，珩轮形状也与圆柱形剃齿刀相似。珩齿相当于一对交错轴斜齿轮传动，将其中一个斜齿轮换成珩磨轮，另一个斜齿轮就是被加工的齿轮。珩齿是自由啮合展成加工。珩磨轮是在金属基体的齿面上浇筑了一层以树脂作为结合剂的磨料，其齿形面上均匀密布着磨粒。当珩磨轮与被加工齿轮以一定的转速旋转时，由于齿面啮合点之间产生相对滑动，粘固在珩磨轮齿面上的磨粒，便按一定的轨迹从被加工的齿轮的齿面上划过，在外加珩削压力的作用下，磨粒切入金属层，切下极细的切屑，使被加工齿轮达到所要求的精度，所以珩齿是一种集磨削、研磨和抛光的综合作用将工件齿面抛光。珩齿余量一般为 0.03～0.1 mm（单面）。为了珩出整个齿宽，齿轮的轴向必须作往复进给运动（图 8.12）。

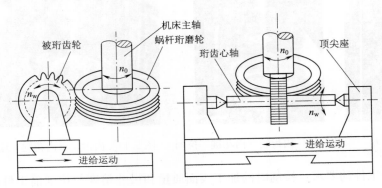

图 8.12 珩齿加工

8. 磨齿

磨齿是齿轮精加工的一种方法，磨齿不仅能纠正齿轮预加工产生的各项误差，而且能加工淬硬的齿轮，其加工精度比剃齿和珩齿高得多。但生产率较低，加工成本较高。磨齿原理和方法有两类：成形法磨齿原理和展成法磨齿原理。

（1）成形法磨齿原理。成形法磨齿是利用成形砂轮磨削齿轮的渐开线齿形。磨削直齿齿轮时（图 8.13），砂轮轴线垂直于齿轮的轴线，砂轮截形的中心线和齿轮齿槽的中心线相重合，砂轮的截形就相当于齿轮齿槽的截形。砂轮的外圆修整成相应的圆弧线或以直线来代替圆弧线。

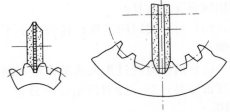

图 8.13 成形法磨削齿轮

（2）展成法磨削原理。展成法磨齿有多种形式，但基本原理都是将运动中的砂轮表面作为假想齿条的齿面与被磨齿轮作啮合运动，形成展成运动磨出齿形。常用方法有以下几种：

1）锥面砂轮磨齿。砂轮截面如齿条的截面，如图 8.14 所示。磨齿时，砂轮沿齿长方向作往复运动，工件回转并移动，磨削齿槽的一个侧面；又反向回转并反向移动，磨削齿槽的另一侧面。磨完一个齿槽的两面后，再分度磨下一个齿槽。

2）碟形双砂轮磨齿。利用两个碟形齿轮端平面上一条环形窄边进行磨削，磨完两个齿面后进行分度再磨另外两个齿面，如图 8.15 和图 8.16 所示。为了磨出全齿长，砂轮与工件应沿齿长方向作相对往复运动。

3）蜗杆砂轮磨齿。工作原理与滚齿相同，但所用蜗杆砂轮的直径比滚刀大得多。由于磨齿时连续分度，生产率高于其他磨齿方法。对于不同模数的齿轮需要更换不同的砂轮，修整砂轮也比较复杂，故这种方法只适于成批生产。

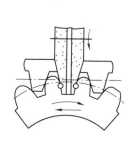

图 8.14　锥面砂轮磨齿

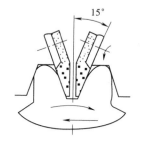

图 8.15　双砂轮 15°磨齿

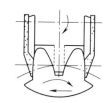

图 8.16　双砂轮 0°磨齿

■ 8.2.2　定位基准的选择

确定齿轮加工的定位基准，对齿轮制造精度有重要的影响。齿轮加工时的定位基准选择主要遵循"互为基准""自为基准"的原则。齿形加工时，应尽可能选择装配基准、测量基准为定位基准，以避免由于基准不重合而产生的基准不重合误差，即应遵循"基准重合原则"，而且在齿轮加工的全过程中保持"基准统一"。例如，齿轮加工的各工序如滚齿、剃齿、珩齿等尽可能采用相同的定位基准。

淬火齿轮淬火后的基准孔存在一定的变形，需要进行修正。修正一般采用在内圆磨床上磨孔工序，也可以采用推孔工序或采用精镗孔工序。

1. 轴类齿轮的定位基准

对于小直径轴齿轮，通常采用两端中心孔作为定位基准；大直径轴齿轮，通常采用轴颈定位，并以一个较大的端面作支撑。因此轴齿轮在工艺安排上，先铣两端面，然后钻作为定位基准的两端中心孔。实际应用中可使用铣端面钻中心孔组合机床在一次安装中把端面及中心孔同时加工出来。

2. 盘套类齿轮定位基准

对于带孔的盘套类齿轮，在加工齿形时通常采用内孔和端面定位或外圆与端面定位。

（1）内孔和端面定位。以齿坯内孔与夹具心轴之间的配合决定中心位置，再以端面作为定位支撑面，并对端面夹紧。这样选择的定位基准符合基准重合原则。但是，孔和端面两者应以哪一个作为主要定位基准，要从定位的稳定性来决定。从定位稳定性来说，一般长径比 $l/d>1$ 的筒形齿轮，应以孔作为主要定位基准，即孔限制 4 个自由度，端面限制 1 个自由度。为了消除孔与心轴之间的间隙，在定位时，常用过盈心轴、锥形心轴或内胀自定心心轴实现定心定位。内孔和端面定位的特点是：定位、测量和装配的基准重合，定位精度高，不需要找正，生产效率高，适于成批生产。

（2）端面和内孔定位。齿轮孔的长径比 $l/d<1$ 的盘形齿轮应以端面作为主要的定位基准限制 3 个自由度，孔作为次要定位基准限制 2 个自由度。将齿轮毛坯套在夹具心轴上，内孔与心轴有较大的配合间隙，用千分表找正外圆以确定中心位置。

3. 精基准修正

齿轮淬火后基准孔产生变形，为了保证齿形精加工质量，对基准孔必须给予修正。先以齿面定位磨内孔，再以内孔定位磨齿面，从而保证精度。

对外径定心的花键孔齿轮，通常用花键推刀修正。

对圆柱孔齿轮的修正可采用推孔或磨孔。推孔生产率高，常用于未淬硬齿轮；磨孔精度高，但生产率低，对于整体淬火后内孔变形大、硬度高的齿轮，或内孔较大、厚度较薄的齿轮，则以磨孔为宜。磨孔时一般以齿轮分度圆定心，这样可使磨孔后的齿圈径向跳动较小，对以后磨齿或珩齿有利。为提高生产率，有的工厂以金刚镗代替磨孔也取得了较好的效果。

■ 8.2.3 典型齿轮工艺案例

某曲轴正时齿轮技术要求如下：

$M_n=2.5$，$Z=38$，$\alpha=17.5°$，公法线：$L_4=27.36_{-0.05}^{0}$，齿形公差为 0.04，齿向公差为 0.03，齿圈跳动为 0.04，基圆直径 $d_b=\phi90.603$。

工艺分析：对于以内孔作为主要定位基准的筒形零件，一般先以外圆定位粗、精加工内孔和端面到 IT7 级精度，然后以加工好的内孔定位加工外圆、端面、沟槽和齿面等。

对于盘形齿轮或齿圈，加工时先以毛坯的一端和外圆作粗基准，在车床上加工另外一个端面、内孔及外圆沟槽等。然后掉头加工内孔、第一个端面、外圆及其他表面。

其主要工序如下。

工序 1：毛坯锻造。

工序 2：正火。

工序 3：粗车齿轮内孔及端面（图 8.17）。

工序 4：粗车外圆及另一端面（图 8.18）。

工序 5：精车齿轮内孔、端面及外圆。

工序 6：滚齿（图 8.19）。

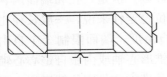

图 8.17　工序 3

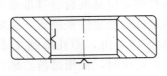

图 8.18　工序 4

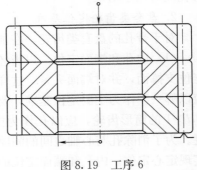

图 8.19　工序 6

工序 7：齿形倒角，去毛刺（图 8.20）。

工序 8：拉键槽，去毛刺（图 8.21）。

工序 9：熨光键槽（图 8.22）。采用熨光压刀进行熨光。

工序 10：齿部高频淬火。

工序 11：磨两端面，退磁（图 8.23）。

工序 12：磨内孔（图 8.24）。

工序 13：磨齿形（图 8.25）。

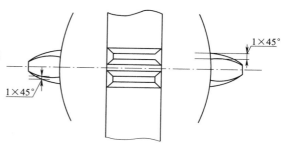

图 8.20　工序 7

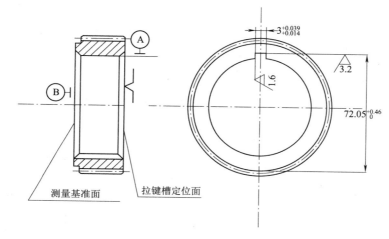

图 8.21　工序 8

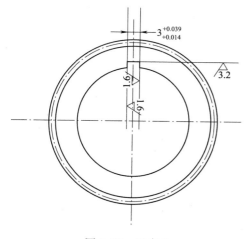

图 8.22　工序 9

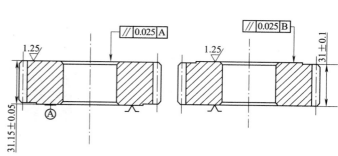

图 8.23　工序 11

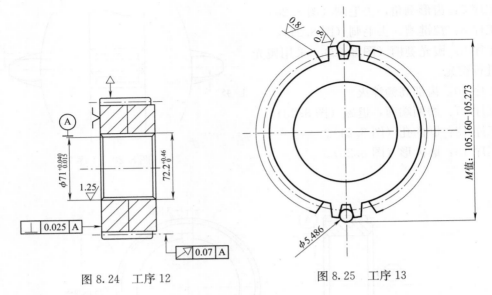

图 8.24　工序 12　　　　　　图 8.25　工序 13

磨齿的技术要求：

齿廓倾斜偏差 f_{Ha} 为 ±0.014。

齿圈跳动为 0.04。

齿廓总偏差 F_a 为 0.025。

齿廓形状偏差为 f_{fa} 为 0.008。

导程公差为 0.03。

径向综合公差为 0.068。

周节公差为 0.029。

齿形方向鼓形量为 0.003～0.01。

齿向方向鼓形量为 0.008～0.021，

跨棒距（M 值）为 105.16～105.273。

第 8 章习题

第 9 章

金属切削刀具

9.1 刀具概述

9.1.1 刀具的功用

在现代机械制造工业中，金属切削加工是应用极其广泛的一种机械加工方法，任何一种机械产品，凡是形状、尺寸、精度和表面粗糙度有较高要求的零件，都需要经过切削加工而得。要高质量、高效率地进行切削加工，就必须使用性能优良的、先进的、各式各样的金属切削刀具来完成。刀具对于提高劳动生产率、保证加工精度与表面质量、改进生产技术、降低加工成本都有直接的影响。

9.1.2 刀具的分类和基本要求

1. 刀具的分类

从功用上，刀具可以分为以下几类：

（1）切刀类。包括普通切刀（车刀、刨刀、插刀等）、成形切刀等。

（2）孔加工刀具类。如钻头、扩孔钻、锪钻、铰刀、镗刀、复合孔加工刀具等。

（3）铣刀类。按用途分，有圆柱（平面）铣刀、立铣刀、端铣刀、键槽铣刀、角度铣刀、成形铣刀等；若按齿背形式分，则有尖齿铣刀和铲齿铣刀。

（4）拉刀类。如圆孔拉刀、键槽拉刀、花键拉刀、平面拉刀等。

（5）螺纹刀具类。如螺纹车刀、螺纹梳刀、丝锥、板牙、螺纹铣刀、自动开合板牙头等。

（6）齿轮刀具类。如成形齿轮铣刀、齿轮滚刀、插齿刀、蜗轮刀具、剃齿刀、花键滚刀、锥齿轮刀具等。

（7）自动线和数控机床刀具。

（8）磨具类。如砂轮、磨头、砂瓦、油石等。

除上述的分类外，若从其他角度考虑，又可有不同的分类。例如，若从刀具材料分，则有高速钢刀具、硬质合金刀具和金刚石刀具等；若从刀具结构分，则有整体刀具、镶片刀具和复合刀具等。

　　2. 刀具应满足的基本要求

　　（1）保证加工工件所要求的形状、尺寸、精度和表面质量。

　　（2）加工生产率高，使用的经济效果好。

　　（3）具有足够的强度、刚度和韧性。

　　（4）具有足够的常温硬度、高温硬度、耐磨性，切削性能优良，耐用度高。

　　（5）结构合理，工艺性好，便于制造，成本低。

9.1.3　刀具材料的种类

　　1. 碳素工具钢

　　碳素工具钢指含碳量为 0.65%～1.35% 的优质高碳钢，钢号用平均含碳量的千分数表示，如 T12 表示含碳量 12‰。碳素工具钢耐热性较差，现在已经很少使用。

　　2. 合金工具钢

　　合金工具钢指在高碳钢中（含碳量为 0.9%～1.1%）加入少量合金元素（Cr、W、Si、Mn、V 等）等形成的低合金钢种。高碳是保证高硬度和高耐磨性。加入合金元素 Cr、Si、Mn 可以提高钢的强度。W、V 能形成高硬度碳化物，可以提高钢的硬度、耐磨性和热硬性。常用合金钢有 9Mn2V、9SiCr 等，耐热温度为 300～400 ℃，只用于一些手用和切削速度较低的刀具，如锉刀、刮刀、锯条等。

　　3. 高速钢

　　高速钢是在高碳钢中加入了大量的 W、Mo、Cr、V 等合金元素，Fe、Cr 和一部分 W 可与碳形成高硬度的碳化物，碳化物数量越多，微粒越细，钢的硬度越高，耐磨性越好。Mo 也能形成高硬度碳化物，并能减少碳化物的不均匀性，细化碳化物颗粒。V 能提高钢的耐磨性，但是降低刀具的可磨削性。总体上，高速钢耐热温度为 600～650 ℃，强度和韧性较好，刃磨后切削刃锋利，可用于制造各种复杂刀具，如麻花钻、丝锥、拉刀、齿轮刀具和成形刀具制造中，仍占有重要地位，常用材料有 W18Cr4V 等。

　　4. 硬质合金

　　硬质合金是用一些极其细小难熔的高硬度金属碳化物（WC、TiC）的粉末，用 Co、Mo、Ni 等作黏结剂，在高温高压下烧结而成的，由于它的金属碳化物数量多、硬度大，因此刀具硬度很高，达到 HRC75～80，耐磨性好，耐热温度可达 800～1 000℃。切削速度比高速钢高 4～7 倍，切削效率高。缺点是抗弯强度、承受冲击和抗振能力低、韧性差。

　　5. 立方氮化硼

　　立方氮化硼（立方氮化硼 CBN、聚晶立方氮化硼 PCBN）是由六方氮化硼在高温高压条件下加入催化剂转变而成的。立方氮化硼的硬度可达 HV8 000～9 000，仅次于金刚石。其耐热温度高达 1 400～1 500 ℃，热稳定性好。其耐磨性好，不易黏刀，导热性好且切削时刀屑间摩擦系数低。另外，立方氮化硼的化学惰性很大，与铁族类金属直至 1 200～1 300 ℃时也不易起化学作用，所以它是高速切削黑色金属较理想的刀具材料，可用于加工淬硬钢、冷激铸铁、一些高温合金等。

　　6. 涂层刀具

　　为了解决刀具硬度、耐磨性与强度、韧性之间的矛盾，机械加工中广泛地采用涂层技术与涂层刀具。涂层刀具是在硬质合金基体上，或者高速钢刀具基体上涂覆一薄层或多层硬度和耐磨性很高的难熔金属化合物〔TiC、TiN、TiCN、Al_2O_3〕。现在随着刀具技术的发展，涂层层数多的可达 2 000 层，是提高刀具材料耐磨性和硬度而不降低其韧度的有效途径之一，也是解决刀具材料发展中的一对矛盾（材料硬度和耐磨性越高，强度及韧度就越低）的好方法。

（1）涂层高速钢刀具。一般采用物理气相沉积法（PVD 法）在高速钢刀具的基体上涂覆 TiN、TiCN、TiAlN 等高硬度难熔金属化合物涂层。由于涂层具有很高的硬度和耐磨性，有较高的热稳定性，同时基体材料是高速钢，具有很高的强度和韧性，所以涂层高速钢刀具的寿命可大大提高，适用于可转位刀片、滚齿刀、插齿刀、钻头、成形铣刀、丝锥等结构复杂的刀具。

（2）涂层硬质合金刀具。采用化学气相沉积法（CVD 法），在硬质合金刀片上涂覆耐磨的 TiC、TiN 或 Al_2O_3 等涂层，形成表面涂层硬质合金，涂层材料晶粒细小、硬度高、耐磨性好，可以高速或超高速切削，刀具比传统硬质合金寿命长。涂层硬质合金制造的可转位刀片广泛应用于数控机床和加工中心。

9.2　常用铣刀结构特点与应用

铣刀是一种多齿刀具，可用来加工平面、沟槽、台阶、螺纹、齿轮及各种成形表面。铣削加工是由绕固定轴旋转的铣刀与工件移动进给所完成的金属切削过程。在铣削时，每个刀齿的切削过程是不连续的，铣刀刀体也比较大，散热情况较好，所以铣削速度可以较高。因为铣削的同时有几个刀齿参加切削，所以生产率较高。目前铣削加工精度可达 IT9～IT8 级，表面粗糙度可达 $Ra6.3～1.6$，是广泛应用的切削加工方法之一。

铣刀的类型很多，按铣刀的结构可分为整体铣刀、焊接铣刀和可转位铣刀等。按铣刀的用途可分为加工平面的铣刀、加工沟槽的铣刀、加工成形表面的铣刀等。按齿背的形式可分为尖齿铣刀和铲齿铣刀。

9.2.1　圆柱铣刀

圆柱铣刀用于在卧式铣床上加工平面，铣刀内孔上有键槽，通过键连接穿在刀杆上使用。圆柱形铣刀按齿形分为直齿和螺旋齿两种，从结构上又分为整体式和镶齿式两种（图 9.1 所示为整体螺旋齿圆柱铣刀）。其中镶齿式铣刀镶焊螺旋形的硬质合金刀片。螺旋形切削刃分布在圆柱表面上，没有副切削刃。螺旋形的刀齿在切削时是逐渐切入和脱离工件的，所以切削过程较平稳，一般适合加工宽度小于铣刀长度的狭长平面。根据铣刀齿数疏密，圆柱铣刀又分为粗齿和细齿两种。粗齿圆柱形铣刀具有齿数少、刀齿强度高、容屑空间大、重磨次数多等特点，适于粗加工。细齿圆柱形铣刀齿数多、工作平稳，适于精加工。选择铣刀直径时，应保证铣刀心轴具有足够的强度和刚度，刀齿具有足够的容屑空间以及在能多次重

图 9.1　整体螺旋齿
圆柱铣刀

磨的条件下，尽可能选择较小数值，否则铣削功率消耗多，铣刀切入切出时间长，从而降低了生产率。通常根据铣削用量和铣刀心轴来选择铣刀直径。

9.2.2 立铣刀

立铣刀相当于带柄的小直径圆柱铣刀，一般由 3~4 个刀齿组成，用于加工平面、台阶、槽和相互垂直的平面，利用锥柄或直柄紧固在机床主轴中。圆柱形铣刀要穿在刀杆上使用，立铣刀直接插入主轴锥孔中就可使用。立铣刀圆柱面上的切削刃是主切削刃（周刃），端面上的切削刃没有通过中心，是副切削刃（端刃），完成少量的切削任务，工作时只能沿着刀具径向进给，而不能沿着铣刀轴向方向作进给运动。

国内外有许多工厂生产有 1~2 个端面切削刃通过中心的立铣刀，这样的立铣刀在加工时可以进行轴向进给或钻浅孔，特别适于模具加工。

1. 立铣刀分类

从刀具材料分类，立铣刀分为硬质合金立铣刀和高速钢立铣刀；从硬质合金立铣刀的构造分类，可以分为整体硬质合金立铣刀、硬质合金刀头焊接立铣刀、螺旋刀片焊接型立铣刀、可转位立铣刀 4 类。

（1）整体硬质合金立铣刀。整体硬质合金立铣刀的刀柄部，刀刃部全部由硬质合金构成（整体型）。由于是整体型，刀具的刚性高，切削时不易弯曲，能进行高精度加工。另外，与高速钢立铣刀一样，能够制成许多形状。但由于刀具整体都使用了昂贵的硬质合金，所以成本很高，一般多用于 ϕ12 mm 以下的小直径立铣刀。但是在进行高精度加工时，由于刀具的刚性高，也有采用 ϕ12~20 的中等尺寸立铣刀。

（2）硬质合金刀头焊接立铣刀。只有刀头部分是整体型的硬质合金，通过焊接与柄部相连接的立铣刀，一般被称为硬质合金刀头焊接立铣刀。因为是焊接结合型，所以整体的刚性不及整体型立铣刀，但是能够确保与整体型相接近的刀具刚性，一般多用于 ϕ12~20 的中等尺寸立铣刀，比整体型便宜是它的优点。图 9.2 和图 9.3 所示为硬质合金刀头焊接立铣刀，刀头部分是硬质合金，柄部是优质合金钢。

扫一扫

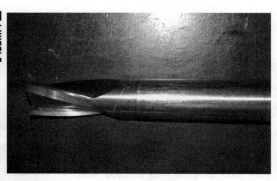

图 9.2　硬质合金刀头焊接 3 齿立铣刀

图 9.3　硬质合金刀头焊接 3 齿立铣刀切削部

（3）螺旋刀片焊接型立铣刀。螺旋刀片焊接型立铣刀是指把螺旋硬质合金刀片焊接在合金钢的刀体上，形成切削刃的形式（图 9.4）。用于整体硬质合金立铣刀直径大的立铣刀，价格便宜。缺点是制造螺旋槽刀片较困难。

上述 3 种整体式硬质合金立铣刀的优点是无机械刀片夹固机构、强度高、切削振动小、刀刃锋利等。缺点是制造成本高。整体式硬质合金立铣刀根据被加工材料不同，可分为适用于通用加工的 GM 系列、高硬度钢加工的 HM 系列、不锈钢、耐热合金加工的 SM 系列和铝合金加工的 AL 系列。

GM 系列是 TiAlN 涂层立铣刀，用于加工碳素钢、合金钢、硬度≤HRC50 的淬硬钢和球墨铸铁等材料。HM 系列为 AlTiN 涂层立铣刀，用于加工 60～68 HRC 淬硬钢。它在保证足够容屑空间的条件下，采用了大芯厚，兼顾了刀具的刚度以及排屑性能、合适的前角设计、刀具刃口强度与锋利性，扩大了立铣刀的应用范围。SM 系列为 AlTiN 涂层立铣刀，最适合加工不锈钢、镍基高温合金等难切削材料。它选用大的螺旋角和前角，切削刃锋利；独特的切削刃形状可抑制切削热对刀尖的影响，大大提高了耐磨性以及耐热性。AL 系列可以实现铝合金的一般加工和超高速加工。

（4）可转位立铣刀。直径 $d=12～63$ mm 的立铣刀可制成可转位式。可转位立铣刀按其结构和用途可分为普通型、钻铣型和螺旋齿型。可转位立铣刀由刀体、刀片和夹紧元件组成，是通过螺钉将硬质合金刀片固定在刀体上，通过刀具与加工件的相对运动，刀体支撑刀片来完成切削。与传统刀具相比，其使用了涂层刀片，刀片一边切削刃磨损后，不需要刃磨刀片，可快速对刀片转位，转位后用新的刀刃继续切削。几条切削刃全用钝后，可更换相同规格的刀片，无须刃磨刃刀，减少了辅助时间，不会产生像整体式铣刀再刃磨后性能下降的现象，无须更换整刀，降低了加工成本，提高了加工效率。刀体一般选用具有良好抗冲击性及抗震性的优质合金钢，其优点是成本较低。对刀体要进行调质、氮化处理，以保证其具有更好的强度。

可转位铣刀的几何角度由刀片和刀槽的几何角度组合而成。刀片下装有高硬度的刀垫，从而提高了刀片支承面的强度，起到了保护刀片的作用，也允许采用厚度较薄的刀片。硬质合金可转位刀片已标准化。刀片形状很多，常用的有三角形、偏 8°三角形、凸三角形、正方形、五角形和圆形等（图 9.5）。

扫一扫

图 9.4　6 齿螺旋刀片焊接型立铣刀　　　　　图 9.5　硬质合金刀片

刀片外形的选择：刀片外形与加工的对象、刀具的主偏角、刀尖角和有效刃数等有关。

一般外圆车削常用80°凸三边形（W型）、四方形（S型）和80°菱形（C型）刀片。仿形加工常用55°（D型）、35°（V型）菱形和圆形（R型）刀片。90°主偏角常用三角形（T型）刀片。不同的刀片形状有不同的刀尖强度，一般刀尖角越大，刀尖强度越大，反之亦然。圆刀片（R型）刀尖角最大，35°菱形刀片（V型）刀尖角最小（图9.6）。在选用时，应根据加工条件恶劣与否，按重、中、轻切削，针对性地选择。在机床刚性、功率允许的条件下，大余量、粗加工应选用刀尖角较大的刀片；反之，机床刚性和功率小、小余量、精加工时宜选用较小刀尖角的刀片。

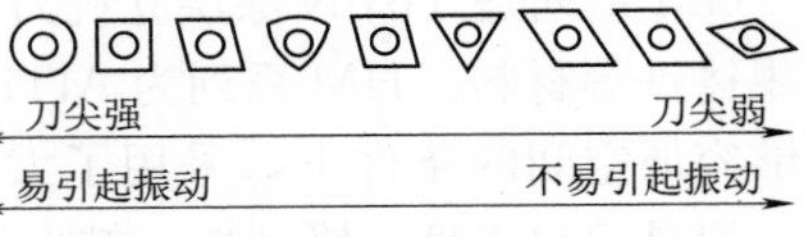

可转位立铣刀直径较小，夹紧刀片所占空间受到很大限制，所以刀片夹紧方式一般采用压孔式。压孔式压紧方式是利用压紧锥头螺钉的轴线相对刀片锥孔的轴线有一偏心距。旋转锥头螺钉向下移动，锥头螺钉的锥面推动刀片移动而压紧刀片在刀槽内，具有结

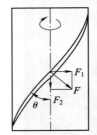

图9.6　刀片形状与刀尖强度、切削振动的关系

构简单、紧凑、夹紧元件不阻碍切屑流出等优点。缺点是刀片位置精度不能调整，要求制造精度高。压孔式又可分为平装刀片压孔式（刀片径向排列）和立装刀片压孔式（刀片切向排列）等。平装结构（刀片径向排列）铣刀的刀体结构工艺性好，容易加工，并可采用无孔刀片（刀片价格较低、可重磨）。由于需要夹紧元件，刀片的一部分被覆盖，容屑空间较小，且切削力方向的硬质合金截面较小，故平装结构的铣刀一般用于轻型和中量型的铣削加工，国内大多数工具厂生产的可转位铣刀均采用此种结构型式。

2. 立铣刀主要参数

（1）螺旋角与切削阻力。整体式立铣刀分为标准螺旋角（30°或45°）和大螺旋角（60°）立铣刀，齿数为2、3、4、6齿（图9.7、图9.4）。螺旋角立铣刀切削受力图如图9.8所示。由图可以看出：①径向切削分力随螺旋角的增大而减小；②轴向切削分力随螺旋角增大而增大。

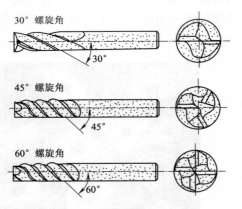

图9.7　硬质合金立铣刀

图9.8　螺旋角立铣刀受力图

螺旋角对切削的影响：①有螺旋容屑槽的螺旋刃立铣刀的径向切削阻力小，因此可以指定较大的径向吃刀量和较大的进给速度，这对切削加工是有利的。②螺旋角越大，切削阻力的轴向分力也越大，过大的轴向分力不但有将立铣刀从刀夹中拔出的危险，还有将工件从工

作台表面抬起的趋势，尤其是在加工薄壁类零件时，很易引起振动。③当螺旋角很大时，刀刃很锋利，刀具的刚性变差，易卷刃、崩刃，从而影响刀具的使用寿命。因此为防止螺旋刃的卷刃和崩刃，通常沿刃口磨出一小平面或小弧面的倒棱。

螺旋角 θ 的选取方法：①30°螺旋角立铣刀齿数少，容屑空间大，适用于粗加工。螺旋角大时，切削刃与被切削面的接触点多，刀具越锋利，圆周刃刃带的磨损与螺旋角大小基本成比例。②45°螺旋角立铣刀齿数多，切削平稳，径向切削力小，适用于精加工。③一般精加工切削力比较小的铝合金时立铣刀选用 60°螺旋角。

（2）整体式立铣刀螺旋方向与切削刃的方向。

螺旋方向：从立铣刀的正面看，容屑槽朝刀柄方向伸延时是向左倾的就叫左螺旋，向右倾的就叫右螺旋（图 9.9）。

切削刃的方向：切削刃的朝向因立铣刀工作时的回转方向而异。把立铣刀的底刃朝上摆放并从立铣刀的正面看，切削刃的刃口朝左边的就叫左刃，朝右边的就叫右刃（图 9.10）。

（a）右螺旋　　　　（b）左螺旋

图 9.9　立铣刀螺旋方向

（a）右刃　　　（b）左刃

图 9.10　切刃方向

立铣刀的螺旋方向和切削刃的朝向可以有 4 种不同的组合，可根据工件的材质和形状选择所需的组合。①右刃右螺旋立铣刀，因切屑沿容屑槽由柄部方向排除，易保证切屑的平稳进行。②右刃左螺旋和左刃右螺旋铣刀，在加工时切屑朝底刃方向移动，致使底刃切削出的工件表面质量不好，刀具寿命也短。但是对加工通孔或不使用底刃的精加工，切屑朝底刃方向排出时有不损伤工件表面、无划痕和无毛刺的优点。

（3）立铣刀的刃数。立铣刀的刃数有多种形式（图 9.11）。立铣刀的刚性和容屑槽的大小都是很重要的参数，一般刃数少的铣刀容屑槽大，排屑良好。但另一方面截面积率减小，刚性降低。因此切削时容易发生弯曲变形。

   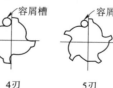

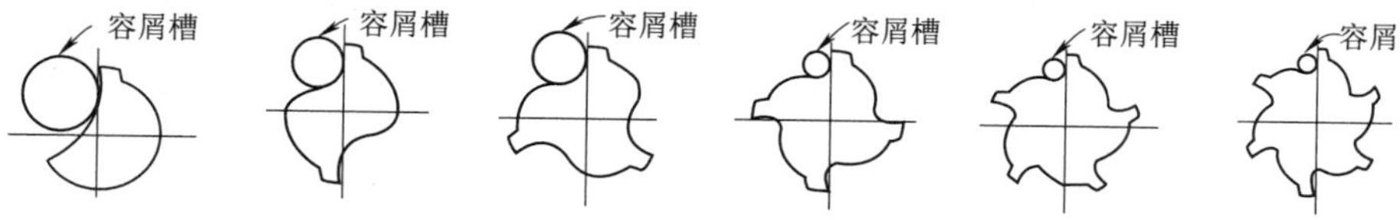

单刃刀　　　2刃　　　　3刃　　　　4刃　　　　5刃　　　　6刃

图 9.11　立铣刀刃数

例如：2 刃立铣刀与 6 刃立铣刀相比容屑槽大，但是截面积率小，刚性差。因而 2 刃立铣刀适于加工对容屑槽要求大于铣刀整体刚性要求的沟槽切削或钻孔切削。对铣侧面来说，因为切屑阻塞现象较小，不大考虑容屑槽的大小，而较重视刀具的刚性。一般认为采用刃数多的刀具刚度大，不易弯曲变形，被加工面的表面质量较好。

3. 常见各类立铣刀

（1）90°可转位立铣刀。图 9.12、图 9.13 所示为普通 90°可转位立铣刀，齿数为 2。图 9.14 所示为 4 齿可转位立铣刀，其刀片都为硬质合金材料，刀杆为合金钢，主偏角 $\kappa_r =$

90°，广泛用于铣削平面、台阶面和沟槽等。

（2）圆刀片立铣刀。圆刀片立铣刀（图9.15）主要用于铣削根部有内圆角的凸台、筋条和型腔以及模具曲面。坡铣时，向下倾斜角应小于5°。背吃刀量不应超过刀片半径。

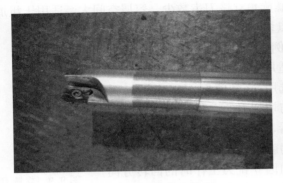

图9.12　90°可转位立铣刀　　　　　　　图9.13　90°可转位立铣刀头部

（3）可转位螺旋立铣刀（图9.16）的每个螺旋刀齿上装有若干硬质合金可转位刀片，相邻两个刀齿上的硬质合金刀片相互错开，切削刃呈玉米状分布，减少了切削宽度，在保持切削功率不变的情况下，可较大地增大进给速度，切削效率高。为了减小切削力，可选用正前角或有断屑槽的刀片。

图9.14　4齿可转位立铣刀　　　图9.15　圆刀片立铣刀　　　图9.16　可转位螺旋立铣刀

9.2.3　其他常见铣刀

1. 三面刃铣刀

三面刃铣刀适用于加工凹槽和阶台面。三面刃铣刀除了圆周具有主切削刃外，两侧面也有副切削刃，从而改善了切削条件，提高了切削效率和减小了表面粗糙度，但重磨后厚度尺寸变化较大。三面刃铣刀可分为直齿、错齿和镶齿三面刃铣刀。

（1）直齿三面刃铣刀（图9.17）。按国家标

图9.17　直齿三面刃铣刀

准规定，铣刀直径 $d=50\sim200$ mm，厚度 $L=4\sim40$ mm，厚度尺寸精度为 K11、K8。它的

主要特点是三面都有刃,圆周齿前刀面与端齿前刀面是同一个平面,可一次铣成和刃磨,使工序简化。圆周齿和端齿均留有凸出韧带,便于刃磨,且重磨后能保证刃带宽度不变。但侧刃前角 $\gamma_0 = 0°$,切削条件差。

(2) 错齿三面刃铣刀(图 9.18)。错齿三面刃铣刀的前刀面与铣刀的轴线不平行,形成刃倾角。与直齿三面刃铣刀相比,它具有切削平稳、切削力小、排屑容易和容屑槽大等优点。

(3) 图 9.19 所示为镶齿三面刃铣刀,该铣刀直径 $d = 80 \sim 315$ mm,厚度 $L = 12 \sim 40$ mm。在刀体上开有带 5° 的斜度齿槽,带齿纹的楔形刀齿楔紧在齿槽内。各个同向齿槽的齿纹依次错开 P/Z(Z 为同向倾斜的齿数,P 为齿纹齿距)。铣刀磨损后,可依次取出刀齿,并移至下一个相邻同向齿槽内。调整后铣刀厚度增加 $2P/Z$,再通过重磨,可恢复铣刀厚度尺寸。

扫一扫

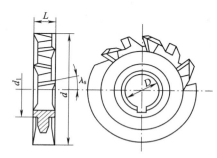

图 9.18　错齿三面刃铣刀

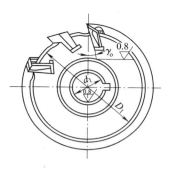
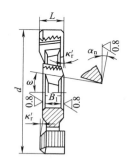

图 9.19　镶齿三面刃铣刀

硬质合金可转位三面刃铣刀一般通过楔块螺钉或压孔式将刀片夹紧在刀体上(图 9.20),刀片的安装多数采用平装,也有立装的。3 个切削刃同时参加切削,排屑条件差,因此三面刃铣刀的齿数较少,以保证容屑空间。

2. 角度铣刀

角度铣刀主要用于加工带角度的沟槽和斜面。图 9.21 所示为单角度铣刀,圆锥切削刃为主切削刃,端面切削刃为副切削刃。

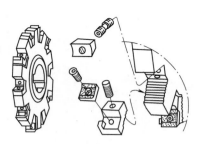

图 9.20　硬质合金可转位三面刃铣刀

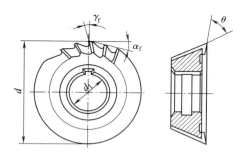

图 9.21　单角度铣刀

3. 模具铣刀

模具铣刀用于加工模具型腔或凸凹模成形表面,在模具制造中广泛应用。它由立铣刀演变而成。高速钢模具铣刀(图 9.22)主要分为圆锥形立铣刀、圆柱形球头立铣刀和圆锥形球头立铣刀。

　　可转位球头立铣刀：前端装有 1 片或 2 片可转位刀片，有两个圆弧切削刃（图 9.23）。直径较大的可转位球头立铣刀除端刃外，在圆周上还装长方形可转位刀片，以增大最大吃刀量。用这种球头铣刀进行坡铣时，向下倾斜角不宜大于 30°。铣削表面粗糙度较大，主要用于高速粗铣和半精铣。

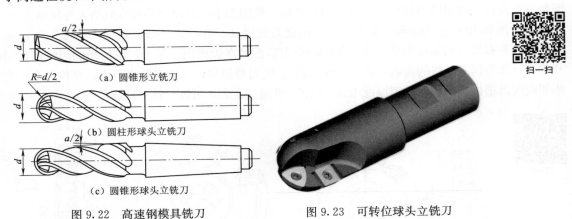

图 9.22　高速钢模具铣刀　　　　　图 9.23　可转位球头立铣刀

4. 可转位面铣刀

　　硬质合金可转位面铣刀适用于高速铣削平面，由于它刚性好、效率高、加工质量好、刀具寿命高，故得到广泛的应用。图 9.24 所示为典型的可转位面铣刀。它由刀体 5、刀垫 1、紧固螺钉 3、刀片 6、楔块 2 和偏心销 4 组成。刀垫通过楔块和紧固螺钉夹紧在刀体上，在夹紧前旋转偏心销将刀垫轴向支撑点的轴向跳动调整到一定数值范围内。刀片安放在刀垫上后，通过楔块夹紧。偏心销还能防止切削时刀垫受过大轴向力而产生窜动。切削刃磨损后，将刀片转位或更换刀片后即可继续使用。与可转位车刀一样，它具有加工质量好、加工效率高、加工成本低、使用方便等优点，因而得到广泛使用。

　　图 9.25 所示为硬质合金可转位面铣刀实物照片。该硬质合金可转位面铣刀适用于粗铣大平面，由刀体、刀垫、刀片、紧固螺钉组成螺钉式压紧结构。

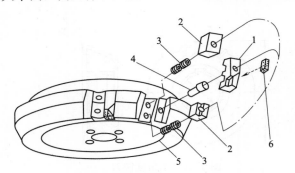

图 9.24　硬质合金可转位面铣刀

1—刀垫；2—楔块；3—紧固螺钉；4—偏心销；5—刀体；6—刀片

图 9.25　硬质合金可转位面
铣刀实物照片

　　可转位面铣刀结构如下：

　　（1）压孔式。如图 9.26 所示，锥头螺钉的轴线相对刀片锥孔轴线有一个偏心距，旋转锥头螺钉向下移动，锥头螺钉的锥面推动刀片移动而压紧在刀槽内。它具有结构简单、紧凑、夹紧元件不阻碍切屑流出等优点。由于带断屑槽铣刀片应用越来越广泛，用压孔式压紧刀片的方式就越来越多。它的制造精度要求高，夹紧力小于楔块式。

（2）楔块式。如图9.24所示，其具有结构可靠，刀片转位和更换方便、刀体结构工艺性好等优点。但刀片一部分被覆盖，容屑空间小，夹紧元件的体积较大，铣刀齿数较少。楔块式又分为楔块前压式和楔块后压式两种。后压式的楔块起着刀垫作用，刀片和楔块贴合要紧密，这就要提高刀槽和楔块的制造精度。

（3）上压式。如图9.27所示，刀片可直接由螺钉或由螺钉和压板夹紧在刀体上，具有结构简单、紧凑、制造方便等优点。但其切削刃的径向、轴向跳动取决于刀槽和刀片的制造精度。上压式适用于小直径面铣刀。

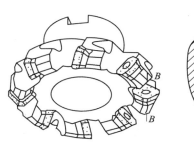
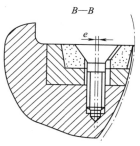
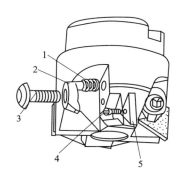

图 9.26　压孔式

图 9.27　上压式螺钉和压板夹紧
1—弹簧；2—压板；3—螺钉；
4—刀垫螺钉；5—刀垫

可转位面铣刀直径和齿数：为了减少铣刀规格，便于集中制造，面铣刀直径系列已经标准化，其标准系列为 50、63、80、100、125、160、200、250、315、400、500 mm。端铣时，应根据铣削宽度 a_e 选择合理铣刀直径，通常取可转位面铣刀直径 $d \geqslant (1.2 \sim 1.6) a_e$ mm。

同一直径的可转位面铣刀的齿数分为粗、中、细齿三种。粗铣长切屑工件或同时参加切削的刀齿过多引起振动时可选用粗齿面铣刀。铣短切屑工件或精铣钢件时可选用中齿面铣刀。密齿面铣刀的每齿进给量较小，适用于加工薄壁铸件，在铣削速度较高，进给量 f_z 较小时，能获得较高的表面质量和较高的生产率。

9.3　麻花钻特点与应用

麻花钻是应用最广泛的孔加工刀具，主要用来在实体材料上钻出较低精度的孔，或作为攻螺纹、扩孔、铰孔和镗孔的预加工。麻花钻有时也可以当作扩孔钻用，钻孔直径范围为 0.1～80 mm，一般加工精度为 IT13～IT11，表面粗糙度值 Ra 为 12.5～6.3 μm。加工 30 mm 以下的孔时，至今仍以麻花钻为主。麻花钻钻孔，直径小于 30 mm 的孔可一次钻出，直径为 30～80 mm 的孔可分为两次钻削，先用（0.5～0.7）d（d 为要求的孔径）的钻头钻底孔，然后用直径为 d 的钻头将孔扩大，以减小轴向力和提高钻孔质量。

9.3.1 标准麻花钻结构

标准高速钢麻花钻由柄部、颈部和工作部分组成（图 9.28）。

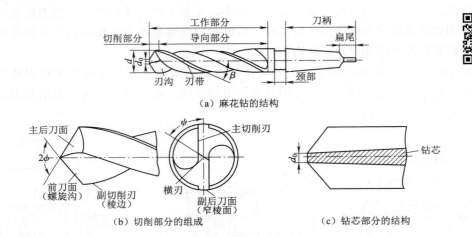

（a）麻花钻的结构

（b）切削部分的组成　　　　（c）钻芯部分的结构

图 9.28　麻花钻的结构

（1）柄部。柄部是钻头的夹持部分，用于与机床连接并传递转矩和轴向力。麻花钻的柄部有圆锥柄和直柄（圆柱柄）两种。直柄主要用于直径小于 12 mm 的小麻花钻。圆锥柄用于直径较大的麻花钻，能直接插入主轴锥孔或通过锥套插入主轴锥孔中。

（2）颈部。颈部是柄部和工作部分之间的连接部分，作为磨削时砂轮退刀和打标记用。

（3）工作部分。工作部分又分为切削部分和导向部分。麻花钻的切削部分担负着切削工作，由两个前刀面、两个主后刀面、两个副后刀面、两个主切削刃、两个副主切削刃和一个横刃组成，简称"五刃六面"。横刃为两个主后刀面相交的刃，副后刀面是钻头的两条刃带，工作时与工件孔壁（已加工表面）相对。主切削刃和横刃起切削作用，副切削刃起导向和修光作用。

导向部分由两条螺旋槽所形成的两螺旋形刃瓣组成，两刃瓣由钻芯连接，也是切削部分的备磨部分，为了减小两螺旋形刃瓣与已加工表面摩擦，其刃带（两刃瓣上制造出的两条螺旋棱边）上磨有 $(0.03\sim0.12)/100$ 的倒锥。

钻芯直径 d_0 是两刃沟底相切圆的直径，它影响钻头的刚性与容屑截面。钻芯直径约为 0.15 倍的钻头直径，对标准麻花钻而言，为提高钻头的刚性和强度，钻芯直径制成向钻柄方向逐渐增大的正锥，正锥量一般为 $(1.4\sim2)/100$。

9.3.2 标准麻花钻的缺陷及修磨

1. 麻花钻的缺陷

（1）麻花钻的直径受孔径限制，螺旋槽使钻芯更细，钻头刚度更低；仅有两条棱带导向，孔的轴线容易偏斜。再加上横刃前角小（负值）、长度宽，钻削时轴向抗力大，定心困难，钻头容易摆动。因此加工的孔形位公差较大。

（2）麻花钻的前刀面和后刀面都是曲面，沿主切削刃各点的前角、后角各不相同，前角值差别悬殊（30°～－30°），横刃上前角达到－54°～60°。切削条件恶化。

（3）在主副切削刃相交处，切削速度最大，散热条件最差，因此磨损很快。

（4）两条主切削刃很长，切屑宽，各点切屑流出速度相差很大，切屑呈螺卷状，排屑不畅，切削液难以注入切削区。

2. 麻花钻修磨

麻花钻修磨是指在普通刃磨的基础上，针对钻头某些不够合适的结构参数进行的补充刃磨，在使用过程中可采用修磨麻花钻的刃形及几何角度的方法，来充分发挥钻头的切削性能，保证加工质量和提高钻孔效率。

（1）修磨过渡刃。为了改善散热条件，减少主副切削刃相交处的磨损，在主、副切削刃交接处磨出过渡刃，形成双重顶角或三重顶角（图9.29）。也可以将主切削刃外缘段修磨成圆弧（图9.30），该段切削刃上各点顶角由里向外逐渐变小，增长了切削刃，减轻了单位长度负荷，改善了转角处的散热条件，提高了耐用度，获得了较高的表面加工精度。

（2）修磨分屑槽。大直径麻花钻为了便于排屑，可在两主切削刃的后刀面上交错磨出分屑槽（图9.31），也可在后刀面上轧制出分屑槽，使切屑分割成窄条，便于排屑。孔径越大越深，开分屑槽效果越好。

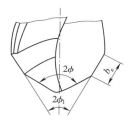 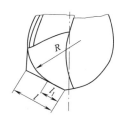 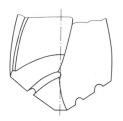

图9.29 双重顶角　　　　图9.30 圆弧刃　　　　9.31 修磨分屑槽

（3）修磨横刃。可将整个横刃磨去，或磨短横刃。目的是增大钻尖的前角，缩短横刃的长度，从而有利于钻头定心和减小轴向力。图9.32（a）所示为磨成十字形横刃，横刃长度不变，横刃前角为0°，避免了横刃处负前角切削，可以减小轴向力，但钻芯强度有所减弱。图9.32（b）所示为将横刃磨成两条内直刃和一条窄横刃，缩短横刃，降低轴向力，并能保持横刃强度，磨出内直刃，增大内直刃前角，并能增大容屑空间。

（4）修磨刃带。为了减小刃带与孔壁的摩擦，对于直径大于12 mm的钻头，可对刃带进行修磨［图9.32（c）］，可在刃带上磨出6°～8°的副后角［图9.32（c）］。

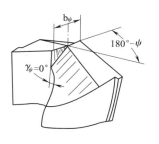 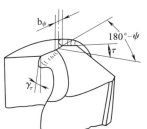 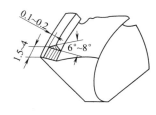

（a）十字形横刃　　　（b）两条内直刃及一条窄横刃　　　（c）修磨刃带

图9.32 横刃和刃带的修磨

（5）修磨前刀面。加工较硬材料时，可将主切削刃外缘处的前刀面磨平一些，以减小该处前角［图 9.33（a）］，或者沿着主切削刃磨出倒棱面以增加刃口的强度及改善散热条件。在切削软材料时，在前刀面上磨出卷屑槽［图 9.33（b）］，既方便卷屑，又增大了前角，减小了切削变形，使切削轻快，改善了孔加工质量。

（6）内冷却麻花钻。传统麻花钻由于切削区域高温高压，冷却液从外部不易进入切削区域，冷却效果差。而内冷却麻花钻有两个从钻头柄部沿麻花钻螺旋直达钻头主后刀面的喷射孔（图 9.34），高压切削液从钻头内部直接注入钻头切削区域，起冷却润滑和将切屑从麻花钻螺旋槽中冲出来的作用。因而钻头使用寿命长，钻削效率高，广泛应用于数控机床和加工中心设备上。

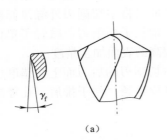
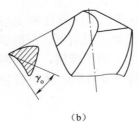

（a） （b）

图 9.33 修磨前刀面

图 9.34 内冷却麻花钻

9.4 其他常用孔加工刀具及应用

▌9.4.1 硬质合金钻及可转位浅孔钻

1. 硬质合金钻

加工硬脆材料，如合金铸铁、玻璃、大理石、花岗石、淬硬钢及印刷线路板等复合层压材料，宜选用硬质合金钻（图 9.35）。其用途如下：

（1）普遍用于钻高锰钢等硬质材料。

（2）小直径硬质合金钻头钻印刷电路板上的孔。

（3）不适于钻一般钢材，因振动易崩刃。

2. 可转位浅孔钻

浅孔钻是指钻孔深度小于 5 倍孔径的硬质合金可转位钻头（图 9.36、图 9.37）。

可转位浅孔钻特点如下：

（1）装有交错的两个可转位刀片，起分屑作用，切屑排出通畅，切削背向力相互抵消，合力集中在轴向，不易偏心。

（2）适用于车床加工中等直径的浅孔，如齿轮坯孔等，也适用于镗孔及车端面。

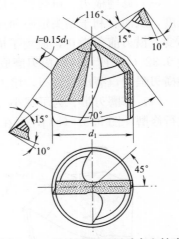

图 9.35 钻铸铁孔用硬质合金钻头

（3）钻头刚性好，可进行高速、大进给量切削。采用内冷却方式（后刀面上有 2 个内冷喷射孔），效率比普通高速钢钻头高 3～10 倍，可实现最大钻削孔深为 $L/D=6$ 的浅孔钻。

（4）切削部分为内、外刃结构，切削速度高的外刃采用耐磨性优异的 CVD 涂层硬质合金材料，切削速度低的内刃采用稳定性优异的 PVD 涂层硬质合金材料，使磨损达到最佳平衡，刀具寿命长。

（5）外刃上修磨出修光刃，可大大减小孔壁粗糙度。

（6）通过最佳刀片配置，可防止刀柄变形，抑制高频振颤。

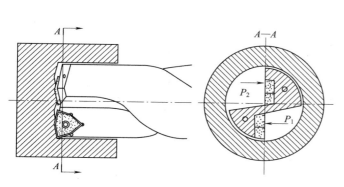

扫一扫

图 9.36　可转位浅孔钻　　　　　　图 9.37　可转位浅孔钻实物

9.4.2　深孔加工刀具——枪钻

深孔指孔的深度与直径比 $L/D>5$ 的孔，$L/D\leqslant5$ 的孔称为浅孔。一般 $L/D=5\sim10$ 的深孔仍然可以用深孔麻花钻加工，但 $L/D>20$ 的深孔则必须用深孔刀具，麻花钻加工切屑不易排出。深孔加工的特点如下：

（1）不能直接观察到刀具的切削情况，只能通过听声音、看切屑、观察机床负荷及压力表等外观现象来判断切削过程是否正常。

（2）切削热不易传散。一般深孔钻削只有 40% 切削热被切屑带走，散热迟、易过热，刃口的切削温度可达 600 ℃，必须采用强制有效的冷却方式。

（3）切屑不易排出。由于孔深，切屑经过的路线长，容易发生阻塞，造成钻头崩刃。因此，切屑的长短和形状要加以控制，并要进行强制性排屑。

（4）工艺系统刚性差。因受孔径尺寸限制，孔的长径比较大，钻杆细而长，刚性差，易产生振动，钻孔易走偏，因而支承导向极为重要。

深孔加工按排屑方法分类可分为外排屑（切屑从刀杆外部排出）和内排屑（切屑从刀杆内部排出）；按切削刃的多少分为单刃和多刃。

1. 单刃枪钻

枪钻属于小直径外排屑深孔钻，适于加工 $\phi2\sim20$ mm、长径比 $L/D>100$、表面粗糙度为 $Ra12.5\sim3.2$ μm、精度为 IT10～IT8 级的深孔。如用于加工发动机曲轴、缸体深油孔，以保证孔的直线度和位置度。图 9.38 所示为单刃外排屑小深孔枪钻。它的切削部分用硬质合金刀具材料，钻杆用无缝钢管压制成形，钻头头部与钻杆的连接一般用焊接结构。工作时工件旋转，钻头进给，高压切屑液从钻杆尾端注入，冷却切削区后沿着钻杆凹槽将切屑从孔内冲出，称为外排屑。排出的切削液经过过滤、冷却后再流回液池，可循环使用。

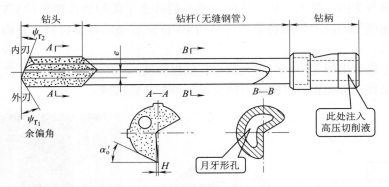

图 9.38　单刃外排屑小深孔枪钻

枪钻对中等精度的小深孔加工效果较好，常选用 $V_c = 40$ m/min，$f = 0.01 \sim 0.02$ mm/r，乳化切削液压力为 6.3 MPa 为宜。

枪钻切削部分的重要特点是：仅在轴线一侧有切削刃，没有横刃。使用时重磨内、外刃后刀面，形成外刃余偏角 $\psi_{r_1} = 25° \sim 30°$，内刃余偏角 $\psi_{r_2} = 20° \sim 25°$，钻尖偏距 $e = d/4$。如图 9.39 所示，由于内刃切出的孔底有锥形凸台，可帮助钻头定心导向。钻尖偏距合理时，内、外刃背向合力 F_P 与孔壁支撑反力平衡，可维持钻头的工作稳定。

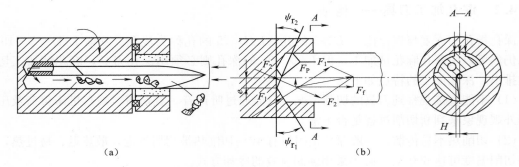

图 9.39　枪钻受力分析与导向芯柱

为使钻芯处切削刃工作后角大于零，内刃前刀面不能高于轴心线，一般需控制低于轴心线 H。保持切削时形成直径约为 $2H$ 的导向芯柱，它也起附加定心导向的作用。H 值常取（$0.01 \sim 0.015$）d。由于导向芯柱直径很小，因此能自行折断随切屑排出。

2. 双刃枪钻

双刃枪钻（图 9.40）适用于加工直径 $\phi 14 \sim 30$ mm 的深孔，有两条主切削刃、两条排屑槽、两个油孔，采用内冷方式，用高压冷却油将切屑排出，效率比单刃枪钻高。这种钻头结构对径向力平衡有利，但是要求有较高的制造和刃磨精度。

图 9.40　双刃枪钻实物

■ 9.4.3　扩孔钻

　　扩孔钻一般用于孔的半精加工或铰孔、磨孔前的预加工，扩大孔径、提高加工孔质量。加工精度为 IT10～IT9，表面粗糙度 $Ra6.3～3.2\ \mu m$。其结构与麻花钻相似，但齿数多，一般为 3～4 齿，导向性好，扩孔余量小，主切削刃不通过中心，无横刃，容屑槽浅，钻芯厚，刚性好。因此加工质量及生产率都比麻花钻扩孔高。直径 $\phi10～32$ mm 高速钢扩孔钻做成整体式（图 9.41），$\phi25～100$ mm 做成套装式。

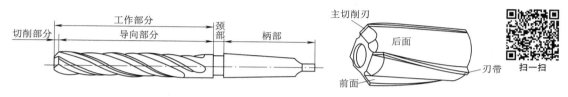

图 9.41　扩孔钻结构

■ 9.4.4　锪钻

　　锪钻是对工件上已有孔进行加工的一种刀具，它可刮平端面或切出锥形、圆柱形凹坑，锪钻常用于加工各种沉头孔、孔端锥面、凸凹面等。常见锪钻结构类型如图 9.42、图 9.43 所示。

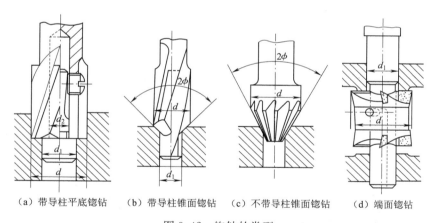

（a）带导柱平底锪钻　　（b）带导柱锥面锪钻　　（c）不带导柱锥面锪钻　　（d）端面锪钻

图 9.42　锪钻的类型

　　图 9.42（a）所示为带导柱平底锪钻，适用于加工圆柱形沉孔，如六角头螺栓、带垫圈的六角螺母、圆柱头螺钉的沉头孔。这种锪钻在端面和圆周上都有刀齿，并且有一个导向柱，用来保证被锪沉孔和端面与原来的孔保持同轴度和垂直度。导柱尽可能做成可拆卸的，便于制造和重磨。

图 9.43　90°锪钻

图 9.42（b）所示为带导柱锥面锪钻，其切削刃分布在圆锥面上，可对孔的锥面进行加工。

图 9.42（c）所示为不带导柱锥面锪钻，适于加工锥角为 60°、90°、120°的中心孔或孔口倒角。

图 9.42（d）所示为端面锪钻，这种锪钻只有端面上有切削齿，以刀杆来导向，保证加工平面与孔垂直。标准锪钻可查阅 GB 4258～4266—2004。单件或小批生产时，常把麻花钻修磨成锪钻使用。

■ 9.4.5　镗刀

镗刀是在车床、镗床、转塔车床及组合机床上对预制孔镗到预定尺寸的孔加工刀具。

一般粗镗孔加工精度可达到 IT9～IT8，精细镗孔时能达到 IT6，表面粗糙度为 $Ra1.6～0.8\ \mu m$，镗孔能纠正孔的直线性误差，获得高的位置精度，特别适合于箱体零件有位置精度的孔系加工。当孔径大于 80 mm 时多采用镗刀加工，如发动机缸体上有位置精度要求的大孔基本都是镗削加工。

镗刀的分类有以下几种：

按切削刃数量分为单刃镗刀、双刃镗刀和多刃镗刀。

按刀具结构可分为整体式、机夹式、组合式、可调式镗刀。

按刀具材料分为高速钢、硬质合金、立方氮化硼和金刚石镗刀。

1. 单刃镗刀

单刃镗刀的刀头结构与车刀相似，只有一条切削刃，其结构简单，通用性强，但是刚度比车刀差。加工小直径孔的镗刀通常做成整体式，加工大直径孔的镗刀可做成机夹式或可转位式。机夹式镗刀（图 9.44）具有结构简单、制造方便、通用性好等优点，可修正上道工序造成的轴线歪斜等缺陷，刀杆尺寸标准化。为了使镗刀头在镗杆内有较大的安装长度，并具有足够的位置安置压紧螺钉和调节螺钉，在镗盲孔或阶梯孔时，镗刀头在镗杆内的安装倾斜角 δ 一般取 10°～45°，镗通孔时取 $\delta=0°$。通常镗杆上应设置调节直径的螺钉。

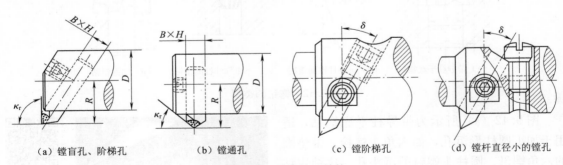

（a）镗盲孔、阶梯孔　　（b）镗通孔　　（c）镗阶梯孔　　（d）镗杆直径小的镗孔

图 9.44　单刃镗刀结构

图 9.44 中，（a）图适宜镗盲孔、阶梯孔，（b）图适宜镗通孔，（c）图适宜镗阶梯孔，（d）图适宜镗杆直径小的镗孔。

2. 多刃镗刀

在一根镗杆上安装多把镗刀块。图 9.45 所示为发动机连杆大头孔镗削实物图，在一个镗刀杆上装了前后两个镗刀块。第 1 镗刀块切除主要切削余量,第 2 镗刀块完成少量切削余量,即在一次进给镗削过程中可以实现粗、精同时加工,效率高,精度高。

3. 微调镗刀

机夹单刃镗刀尺寸调节较费时,调节精度不易控制。而微调镗刀具有调节尺寸容易、调节精度高等优点(可精确读数到 0.001 mm),主要用于半精镗和精镗加工,常用于坐标镗床、自动线、数控机床上使用。

图 9.46 所示微调镗刀用螺钉 3 通过固定座套 7、调节螺母 5 将镗刀头 1 连同微调螺母 2 一起压紧在镗杆上。调节尺寸时,只需转动带刻度的微调螺母 2,使镗刀头径向移动即可达到预定尺寸。镗盲孔时,镗刀头在镗杆上倾斜 53°8′。微调螺母的螺距为 0.5 mm,微调螺母上刻线 80 格,调节时,微调螺母每转一格,镗刀头沿径向移动量为

$$\Delta R = (0.5/80)\sin 53°8′ = 0.005 \ (mm)$$

图 9.45 多刃镗刀结构

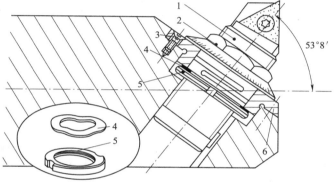

图 9.46 微调镗刀结构

1—镗刀头;2—微调螺母;3—螺钉;
4—波形垫圈;5—调节螺母;6—导向键

旋转调节螺母 5,使波形垫圈 4 和微调螺母 2 产生变形,用以产生预紧力和消除螺纹副的轴向间隙。刀头体上的导向键 6 与镗杆孔中键槽相配合,可使镗刀头不产生转动(图 9.47)。

图 9.48 所示为燕尾型微调镗刀实物,镗刀头和基座用燕尾槽连接,旋转调节螺母可使镗刀头在基座燕尾槽中滑动,从而调节镗刀回转半径,以镗削不同孔径的工件。

图 9.47 微调镗刀实物照片　　　　图 9.48 燕尾型微调镗刀实物

4. 双刃固定镗刀

双刃镗刀的两条切削刃在两个对称位置同时切削，相比单刃镗刀的镗杆单边受径向切削力，双刃镗刀镗杆为双边受径向切削力，且两边径向切削力大小相等，方向相反，可消除由径向切削力对镗杆的作用而造成的加工误差。这种镗刀是一种定尺寸刀具，切削时，孔的直径尺寸是由刀具保证的，刀具外径是根据工件孔径确定的，因此结构比单刃镗刀复杂，刀片和刀杆制造困难，但生产率比单刃镗刀高，所以双刃镗刀适用于加工精度要求较高、生产批量大的场合。

双刃镗刀有固定式和浮动式两类，多用于镗削直径大于 30 mm 的有位置精度要求的箱体或缸体类零件上的孔。图 9.49 所示为固定式双刃镗刀实物，它由左镗刀块、右镗刀块组成，镗刀块上安装有可转位硬质合金刀片，在镗刀块底面和镗杆头部刀体安装面有滑槽，用螺钉把镗刀块压紧在镗杆头部刀体安装面上。调整尺寸时，稍微

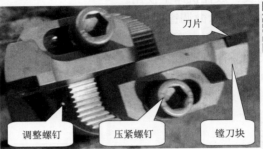

图 9.49 固定式双刃镗刀实物

松动压紧螺钉，拧动调整螺钉，推动镗刀块沿滑槽移动来调整尺寸。调整结束后，用压紧螺钉压紧镗刀块。其镗孔范围为 $\phi 50 \sim 250$ mm，广泛应用于数控机床。

5. 双刃浮动镗刀

图 9.50 所示为可调节硬质合金浮动镗刀。调节尺寸时，稍微松开紧固螺钉 2，转动调节螺钉 3 推动刀体，可使直径增大。浮动镗刀直径为 $20 \sim 330$ mm，其调节量为 $2 \sim 30$ mm。镗孔时，将浮动镗刀装入镗杆的方孔中，无须夹紧和精确调整镗刀块位置［图 9.51（a）］。镗削时，通过作用在镗刀块两侧切削刃上大小相等、方向相反的切削力 P_1 和 P_2 来自动对镗刀块定心［图 9.51（b）］，因此能补偿刀具安装误差和机床主轴偏差而造成的加工误差，能达到 IT7～IT6 孔径加工精度、表面粗糙度 $Ra1.6 \sim 0.2$ μm。但浮动镗刀无法纠正孔的直线性误差和位置误差，故要求预加工孔的直线性好。但加工孔径不能太小，切削效率低，适用于单件、小批生产中精加工直径较大的孔。

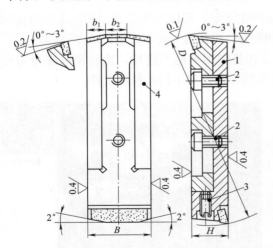

图 9.50 可调节硬质合金浮动镗刀
1—上刀体；2—紧固螺钉；3—调节螺钉；4—下刀体

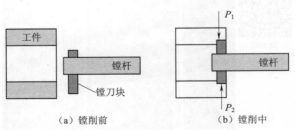

（a）镗削前　　　　　　　（b）镗削中

图 9.51 浮动镗刀镗削

9.4.6　铰刀

铰刀用于中小直径孔的半精加工和精加工。一般必须在钻孔或扩孔后才能使用铰刀。铰孔的加工余量很小，粗铰时，一般为 0.25～0.50 mm，精铰时一般为 0.05～0.25 mm。铰刀的加工余量小、齿数多、刚性和导向性好，因此铰孔精度高。其加工精度可达 IT7～IT6 级，甚至 IT5 级，表面粗糙度可达 $Ra1.6～0.4\ \mu m$，因此作为孔精加工的主要手段使用广泛。

1. 铰刀种类

按使用方法，铰刀可分为手用和机用两大类。

手用铰刀适用于单件小批生产或在装配中铰削圆柱孔，常用直径为 1～71 mm，如图 9.52（a）所示。可调节手用铰刀的刀片装在刀体的斜槽内，并靠两端有内斜面的螺母夹紧，如图 9.52（b）所示，旋转两端螺母，推动刀片在斜槽内移动，使其直径有微量伸缩。其常用直径为 6.5～100 mm，多用于机器装配中。

机用铰刀可分为高速钢机用铰刀和硬质合金机用铰刀，如图 9.52（c）、（d）、（e）所示。直径小的机用铰刀做成直柄或锥柄，直径大的做成套式的，如图 9.52（f）所示，套式铰刀在成批生产条件下把铰刀套在专用的 1∶30 锥度心轴上铰大直径的孔。按加工孔的形状分为圆柱铰刀和圆锥铰刀。铰削 0～6 号莫氏锥孔的圆锥铰刀，通常是两把刀组成一套，粗铰刀上开有分屑槽，图 9.52（g）所示。图 9.52（h）所示为手用 1∶50 锥度销子孔铰刀，常用直径为 0.6～50 mm。

此外其他形式的铰刀如内冷铰刀（图 9.53）、涂层铰刀（图 9.54）在汽车零部件加工中也常用。

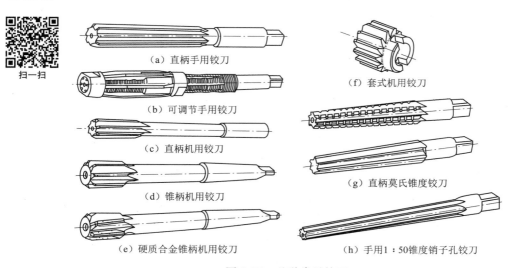

扫一扫

（a）直柄手用铰刀

（b）可调节手用铰刀

（c）直柄机用铰刀

（d）锥柄机用铰刀

（e）硬质合金锥柄机用铰刀

（f）套式机用铰刀

（g）直柄莫氏锥度铰刀

（h）手用1∶50锥度销子孔铰刀

图 9.52　几种常见铰刀

2. 铰刀的结构与主要几何参数

（1）铰刀的结构。如图 9.55 所示，铰刀由工作部分、颈部和柄部组成。工作部分包括切削部分和校准部分。校准部分起导向、校准与修光作用。校准部分又分为圆柱部分和倒锥部分。圆柱部分保证加工孔径的精度和表面粗糙度要求；倒锥部分的作用是减小铰刀与孔壁的摩擦和避免孔径扩大等现象。切削部分担负主要的切削工作，呈锥形有锥角 $2\kappa_r$，锥角影响被加工孔的质量、导向性、效率和铰削时轴向力大小。

图 9.53　内冷整体硬质合金螺旋槽铰刀　　　图 9.54　涂层直槽铰刀

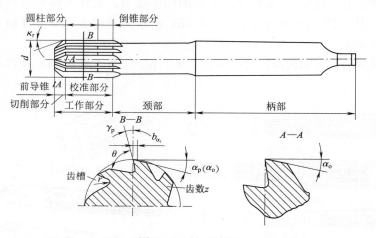

图 9.55　铰刀结构

（2）铰刀的直径及其公差选取。铰刀是定尺寸刀具，直径及其公差选取主要取决于被加工孔的直径及其精度，同时要考虑铰刀的使用寿命和制造成本。铰刀的公称直径 d 是指校准部分中圆柱部分的直径，它应等于被加工孔的基本尺寸 d_w，而其公差则与被铰孔的公差、铰刀的制造公差、铰刀的磨损储备量 H 和铰削过程中孔径的变形性质有关，根据加工中孔径的变形性质不同，铰刀的直径确定方法如下所述。

铰孔时，由于铰刀径向跳动、铰孔余量不均匀而引起颤振等因素的影响会使铰出孔的直径大于铰刀直径，称为铰孔"扩张"。而由于已加工表面的弹性变形恢复和热变形恢复等原因，会使孔径缩小，称为铰孔"收缩"。铰孔后是扩张还是收缩由实验或凭经验确定。经验表明，用高速钢铰刀铰孔一般会发生扩张，用硬质合金铰刀铰孔一般会发生收缩，因为硬质合金铰削切削速度高、产生热量大、刃口不锋利等，故收缩现象比较明显。

图 9.56（a）所示为产生孔扩张时的铰刀直径及其公差分布图。被加工孔的最大直径和最小直径分别为 $d_{w\max}$ 和 $d_{w\min}$，若已知铰孔时产生的最大和最小扩张量分别为 $P_{\max}$ 和 $P_{\min}$ 以及铰刀制造公差 G，则铰刀制造时的最大和最小极限尺寸为

$$d_{\max}=d_{w\max}-P_{\max} \tag{9.1}$$

$$d_{\min}=d_{w\max}-P_{\max}-G \tag{9.2}$$

若铰孔后孔径收缩，其最大和最小收缩量分别为 $P_{\max}$ 和 $P_{\min}$，则由图 9.56（b）可得

$$d_{\max}=d_{w\max}+P_{\min} \tag{9.3}$$

$$d_{\min}=d_{w\max}+P_{\min}-G \tag{9.4}$$

图 9.56（c）中，高速钢铰刀铰孔一般会发生扩张，通常规定 $G=0.35\text{IT}$，$P_{\max}=0.15\text{IT}$，硬质合金铰刀铰孔一般会发生收缩，这时一般取 $G=0.35\text{IT}$，$P_{\min}=0.1\text{IT}$，式中 IT 为被加工孔的公差。铰刀的制造公差 G 不能太大，否则磨耗备量 N 小，降低了铰刀的使用寿命。但是公差太小也会使铰刀制造成本增加。

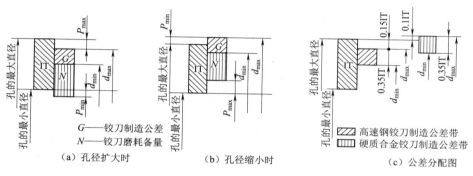

图 9.56　铰刀直径及其公差

例：用高速钢铰刀铰削 $\phi 8^{+0.062}_{+0.040}$ mm 孔，铰后孔发生扩张现象，试计算铰刀直径及上下偏差。

解：1）孔的基本尺寸 $d=8$ mm；孔的上偏差 ES＝＋0.062 mm，孔的下偏差 EI＝＋0.040 mm，所以公差 IT＝ES－EI＝0.022 mm；孔的最大直径＝孔的基本尺寸＋ES＝8＋0.062＝8.062 mm。

2）计算 0.15IT 和 0.35IT 值，并圆整到 0.001 mm 的整数倍。

0.15IT＝0.15×0.022＝0.003 3 mm；该值圆整后得 0.15IT＝0.004 mm；

0.35IT＝0.35×0.022＝0.007 7 mm；该值圆整后得 0.35IT＝0.008 mm。

3）铰刀直径的上限尺寸及下限尺寸计算：

铰刀直径的上限尺寸＝孔的最大直径－0.15IT＝8.062－0.004＝8.058 mm

铰刀直径的下限尺寸＝孔的最大直径－0.15IT－0.35IT＝8.062－0.004－0.008＝8.050 mm

4）铰削 $\phi 8^{+0.062}_{+0.040}$ mm 孔，选用铰刀直径尺寸 $d=\phi 8^{+0.058}_{+0.050}$ mm。

（3）铰刀齿数 z 及齿槽形。铰刀齿数一般为 4～12 个。在铰削进给量一定时，若增加铰刀的齿数，则每齿的切削厚度减小，导向性好，刀齿负荷轻，铰孔质量高。但是齿数过多，

也会使刀齿强度降低，容屑空间减小，通常是在保证刀齿强度和容屑空间的条件下，选取较多的齿数。为了便于测量铰刀直径，铰刀齿数一般取偶数。

铰刀的齿槽可做成直槽或螺旋槽。直槽铰刀制造、刃磨和检验方便，使用广泛；螺旋槽铰刀具有切削轻快、平稳、排屑好等优点，主要用于铰削深孔和带断续表面的孔。螺旋方向有左旋和右旋两种，如图9.57所示，右旋铰刀切削时切屑向后排出，适用于加工不通孔；左旋铰刀切削时切屑向前排出，适用于加工通孔。

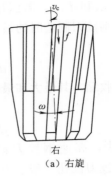

图 9.57　铰刀螺旋槽方向

3. 铰削的特点

（1）铰削加工余量小，一般小于 0.1 mm。铰削厚度 h_D 很薄，为 0.01~0.03 mm。铰刀存在钝圆半径 r_n，因此除了主切削刃正常的切削作用外，刀刃后刀面还对工件产生挤压刮擦作用。所以铰削是一个前刀面切削、挤压和校准部分后角为 0° 的刃带挤压与摩擦的切削过程（图 9.58）。

（2）铰削精度高。铰刀余量小，切削速度低，且综合了切削和修光作用，能获得较高的加工精度和表面质量。和镗削相比，铰削可以获得更小的表面粗糙度和更高的尺寸精度。

（3）适应性差。铰刀属于定尺寸精加工刀具，一种铰刀只能对应一种尺寸的孔的加工，且铰刀加工孔径一般小于 80 mm。

（4）铰削采用浮动装置装夹。铰削的功能是提高孔的尺寸精度、表面质量和表面物理机械性能，而不是提高孔的位置精度。

图 9.58　铰刀切削过程

铰孔时要求铰刀与机床主轴有很好的同轴度，采用刚性装夹并不理想，若同轴度误差大，则会出现孔不圆、喇叭口和扩张量大等现象，因此一般铰削采用浮动装置装夹。机床或夹具只传递运动和转矩，被加工孔采用自定位方式，并依靠铰刀校准部分来自我导向。所以当孔有较高位置精度时，还需要用镗削来保证。

■ 9.4.7　复合孔加工刀具

定义：由两把或两把以上同类或不同类孔加工刀具组合而成的刀具叫作复合孔加工刀具。

特点：①工序集中，它能在一次加工过程中，完成钻孔、扩孔、铰孔、锪孔和镗孔等多种工序内容，有利于减少机床台数或工位数，机动和辅助时间少，生产率高，加工成本低，工件安装次数少，从而减少了工件的安装及定位误差，能保证各加工表面相互间位置精度。②刀具制造复杂、重磨和尺寸调整较困难。

分类：按工艺类型分为同种工艺类型复合孔加工刀具、不同工艺类型复合孔加工刀具。按结构分为焊接式、镶嵌式；

应用：大量生产中的组合机床和自动线。

1. 同类工艺复合孔加工刀具

（1）复合麻花钻和复合内冷合金钻。通常在同时钻螺纹底孔与孔口倒角，或钻扩阶梯孔时，使用这类复合钻（图 9.59、图 9.60）。这种复合钻可用标准麻花钻改制而成，或制成硬质合金复合钻。

扫一扫

图 9.59　复合麻花钻

图 9.60　复合内冷合金钻

（2）复合扩孔钻。在组合机床上加工阶梯孔、倒角时，广泛使用复合扩孔钻（图 9.61）。小直径的复合扩孔钻，可用高速钢制成整体结构，直径稍大时，可制成硬质合金复合扩孔钻。如果刀具悬伸较长，在条件允许时，可设置前引导。

（3）复合铰刀。复合铰刀（图 9.62）可以对阶梯孔同时进行铰削，也可以一次进给过程中，前刀粗铰，后刀精铰。一般复合铰刀为了保证孔的精度，与机床主轴常用浮动连结。

扫一扫

图 9.61　涂层复合扩孔钻

图 9.62　焊接式硬质合金复合铰刀

扫一扫

2. 不同类工艺复合孔加工刀具

图 9.63 所示为不同类工艺复合孔加工刀具。其中（c）钻铰复合刀具常用于壳体零件上直径不大的定位孔加工，加工的尺寸精度和位置精度都较好。在铸铁件上可加工出 IT8 级精度、$Ra3.2\ \mu m$ 的孔。

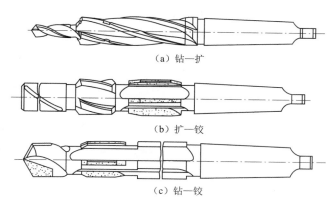

（a）钻—扩

（b）扩—铰

（c）钻—铰

图 9.63　不同类工艺复合孔加工刀具

使用复合刀具时还应注意几点特殊要求：如由于最小直径刀具的强度最弱，故应按最小直径刀具确定进给量；而由于最大直径刀具的切削速度最高，磨损最快，故应按最大直径刀具确定复合刀具的耐用度。总之，使用复合刀具时，需按各单个刀具所进行的加工工艺不同，兼顾其不同特点。总的切削层面积等于同时参加工作的各单刃刀具切削层面积之和；总的扭矩和总的切削力等于同时参加工作的各单刃刀具的扭矩和切削力之和。此外，设计时需考虑诸如当各单个刀具的直径、切削时间等切削条件悬殊时，应选用不同的刀具材料；根据工件加工质量要求以及刀具的强度、刚度和刃磨工艺等因素，确定适宜的刀具结构形式；根据工艺系统刚性等条件，合理设计导向装置等。

■ 9.4.8　拉刀与拉削

拉刀是一种加工精度和切削效率都比较高的多齿刀具。拉削时拉刀作等速直线运动，由于拉刀的后一个刀齿高于前一个刀齿，从而能够一层层地从工件上切下多余的金属。为获得较高的精度和较好的表面质量，拉削时宜选择较低的拉削速度及较小的切削厚度，拉削加工与其他切削加工方法相比较，具有以下特点。

（1）生产率高。由于拉刀是多齿刀具，同时参加工作的刀齿多，切削刃总长度大，一次行程能够完成粗、半精、精加工，因此生产率很高。

（2）加工精度与表面质量高。由于拉削速度比较低（一般为 $2\sim8$ m/min），拉削平稳，不会产生积屑瘤，切削厚度薄（一般精切齿的切削厚度为 $0.005\sim0.015$ mm），因此可加工出精度为 IT8～IT7、表面粗糙度 $Ra3.2\sim0.5\mu m$ 的工件，若拉刀尾部装有浮动挤压环，则可达 $Ra0.4\sim0.2\ \mu m$。

（3）拉刀耐用度高。由于拉削速度小，切削温度低，刀具磨损慢，因此拉刀的耐用度较高。

（4）拉床结构简单。拉削只有主运动，进给运动靠拉刀切削部分的齿升量来完成，因此拉床结构简单，操作方便。

（5）拉刀成本高。拉刀结构复杂，制造成本高，一般多用于大批大量生产。

1．拉刀的种类及应用

（1）按拉刀所加工表面不同可分为：外拉刀和内拉刀。外拉刀用于加工平面、成形表面的外表面，如平面拉刀、成形表面拉刀和齿轮拉刀等（图 9.64）；内拉刀用于加工孔和槽等内表面，如圆孔拉刀、键槽拉刀和花键拉刀等（图 9.65）。

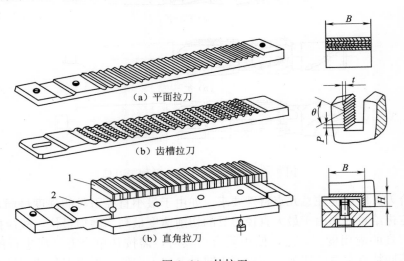

（a）平面拉刀

（b）齿槽拉刀

（b）直角拉刀

图 9.64　外拉刀

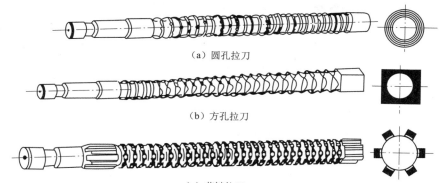

（a）圆孔拉刀

（b）方孔拉刀

（c）花键拉刀

图 9.65　内拉刀

（2）按拉刀的结构形式不同可分为整体式和组合式。发动机连杆大头 7 个侧外形面采用组合式拉刀进行加工（图 9.66）。该组合式拉刀由几个平面拉刀共同组成，每个平面拉刀拉削相对应的平面，在一次拉削运动中，把 7 个侧外形面加工完毕。

扫一扫

图 9.66　组合式拉刀实物

2. 拉刀的结构

拉刀的类型不同，其外形和结构也各不相同，但其组成部分和基本结构是相似的。图 9.67所示为圆孔拉刀结构。

扫一扫

图 9.67　圆孔拉刀结构

头部：与机床连接、用以夹持拉刀和传递拉力，带动拉刀运动。

颈部：头部和过渡锥连接部分，也是打标记的地方。

过渡锥部：引导拉刀容易进入工件的预制孔。

前导部：引导拉刀的切削齿平稳地、正确地进入工件孔，防止刀具进入工件孔后发生歪斜，还可检查预加工孔是否过小，以免拉刀第一个刀齿负荷过大而损坏。

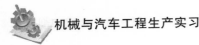

切削部：担任全部加工余量的切除工作，由粗切齿、过渡齿和精切齿组成。

校准部：由几个直径相同的刀齿组成，这些刀齿无齿升量和分屑槽，用以校正孔径、修光孔壁，以提高孔的加工精度和表面质量，也可作为精切齿的后备齿。

后导部：拉削终了前保持拉刀的后几个刀齿与工件间不发生偏斜。

3. 拉刀切削部分的几何参数

拉刀切削部分由粗切齿、精切齿、过渡齿和校准齿组成。

粗切齿：各刀齿完成 60%～80% 的切除任务。

齿升量：$f_z = 0.03\sim0.06$ mm。

精切齿：$f_z = 0.01\sim0.02$ mm。

参考齿数为 3～7。

过渡齿：齿升量在粗切齿与精切齿之间逐齿递减，参考齿数为 4～8。

校准齿：$f_z = 0$，参考齿数为 5～10。

拉刀切削部分主要几何参数如图 9.68 所示。f_z 为齿升量，即切削部的前、后刀齿（或组）高度之差。P 为齿距，即相邻刀齿之间的轴向距离。b_α 为刃带宽度，用于制造拉刀时控制刀齿直径，也为了增加刀齿前刀面的重磨次数，提升拉刀使用寿命。此外，刃带还可提高拉削过程稳定性。γ_o 为拉刀前角。α_o 为拉刀后角。

图 9.69 所示为用于某型号连杆拉削的平面拉刀，共有 11 个刀齿，分为粗切齿组、精切齿组、光整校准齿组。粗切齿切除主要的切削余量，精切齿切除剩下少量切削余量。校准齿齿升量为 0，起最后修光、校准拉削表面作用。每个刀齿齿升量见表 9.1，此外在粗切齿、精切齿上开有深度不一的分屑槽，便于断屑、分屑、排屑。拉削铸铁件可不开分屑槽。

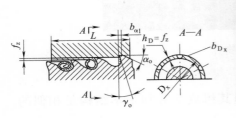

图 9.68 拉刀切削部分几何参数

扫一扫

图 9.69 连杆平面拉刀

表 9.1 连杆平面拉刀齿升量

齿数	1 齿	2 齿	3 齿	4 齿	5 齿	6 齿	7 齿	8 齿	9 齿	10 齿	11 齿
齿高/mm	34.50	34.52	34.54	34.56	34.58	34.59	34.60	34.61	34.62	34.62	34.62
齿升量/mm	粗拉 0.02					精拉 0.01			光整校准 0		

9.5 螺纹刀具

按加工螺纹的方法，螺纹刀具的种类与用途分述如下。

9.5.1 螺纹车刀

螺纹车刀是刀具刃形由螺纹牙形决定的简单成形车刀（图 9.70）。其特点是结构简单，通用性好，可以加工内、外螺纹，加工质量主要决定于工人的技术水平、机床和刀具的精度。该刀具属于单刃刀具，故生产率低，适应于单件和小批量生产。

9.5.2 螺纹梳刀

螺纹梳刀实质上可以认为是多齿的螺纹车刀，用它加工多头螺纹时，一次走刀便能成形，生产率高，但制造困难。其刀齿图形如图 9.71 所示。由于有了切削锥，切削时切削负荷均匀地分配在几个刀齿上，使刀齿磨损均匀，校准部分有 4～5 个刀齿，廓形完整，起校准作用。

当螺纹的螺距、头数、廓形角不同时，需采用不同的螺纹疏刀。因此，它只适用于成批生产。其结构如同成形车刀一样也可分为平体、棱体和圆体 3 种，其中圆体螺纹疏刀用得最普遍。

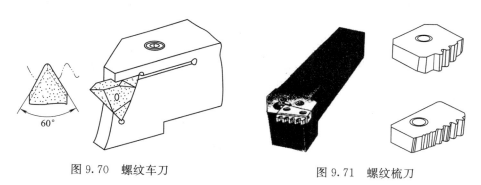

图 9.70 螺纹车刀   图 9.71 螺纹梳刀

9.5.3 丝锥

丝锥是用来加工圆柱形或圆锥形内螺纹的标准刀具。用于手工操作的丝锥称为手用丝锥，在机床上使用的丝锥称为机用丝锥。丝锥在生产中得到广泛应用。

丝锥的种类很多，按不同用途和结构，可以分为手用丝锥、机用丝锥（图 9.72 所示为发动机缸体螺纹孔加工机用涂层丝锥）、螺母丝锥等。尽管种类很多，但是结构基本上是相同的。

1. 丝锥的结构

丝锥由工作部分和尾柄（或夹持部分）两部分组成，如图 9.73 所示。

工作部分由切削部分 l_3 和校准部分 l_4 组成。切削部分担任主要的切削工作，校准部分用以校准螺纹廓形和在丝锥前进时起导向作用，尾柄起夹持作用以及传递扭矩作用。

（1）切削部分。为了使切削负荷能分配在几个刀齿上，所以切削部分做成圆锥形，每个刀齿廓形不完整，后一刀齿比前一刀齿高，如图 9.73 所示。切削部分的长度 l_3 及切削锥角 $2\kappa_r$ 对切削过程有重要影响。当丝锥转一转后，切削部分刀齿沿轴线方向移动一个螺距 P，切除一层金属。若丝锥有 Z 个容屑槽，则当丝锥转一转时，有 Z 个刀齿参加切削，由于 κ_r 很小，每齿切削厚度 h_D 近似等于每个刃齿在半径方向上切去的切削层的厚度。因此 h_D、κ_r、l_3 与 H 之间的关系为

$$l_3 = H/\tan\kappa_r，\tan\kappa_r = Zh_D/P$$

式中：H 为丝锥齿高，为丝锥外径减内径一半；h_D 为每齿切削厚度；P 为丝锥螺距；Z 为丝锥齿数，即容屑沟槽数。

图 9.72　涂层丝锥

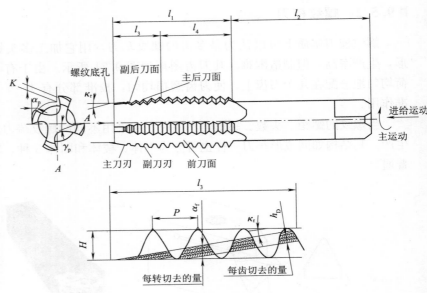

图 9.73　丝锥结构

l_1—工作部分；l_2—柄部；l_3—切削部分；l_4—校准部分

从以上公式可以看出，当齿高 H、丝锥齿数 Z、螺距 P 不变时，κ_r 愈小，l_3 愈长，则每齿切削厚度 h_D 愈小，使切削平均变形增大，单位切削力增加，扭矩增大，且加工时间变长，生产率降低。但是如果 κ_r 取得过大，h_D 增大，刀齿负荷增加，加工表面粗糙度上升，且导向性差，故加工精度要求高时和粗糙度低时，κ_r 角应取小些，而在加工盲孔时，为了获得较长的螺纹有效长度，κ_r 角应取大些。

（2）校准部分。校准部分有完整的廓形，用以校准螺纹廓形和起导向作用，并可以作为切削部分的后备部分。为了减少工作时的摩擦，将校准部分的外径与中径向丝锥尾柄缩小（倒锥）。

（3）容屑槽。槽数与丝锥类型、直径、被加工材料及加工要求有关。生产中常用 3～4 槽丝锥，大直径丝锥用 6 齿。槽型应保证合适的前角，排屑容易，并有足够容屑空间，还应使丝锥退回时，刃背处不会刮伤已加工表面。

（4）前角及后角。丝锥的前角 γ_p 及后角 α_p 都是近似地在端剖面中标注和测量的，如图 9.73 所示。按工件的材料性质决定前角。加工钢及铸铁 $\gamma_p = 5° \sim 10°$，加工黄铜和青铜 $\gamma_p = 0° \sim 4°$，加工铅 $\gamma_p = 20° \sim 25°$。丝锥后角是通过铲磨齿背而获得的，后角大小一般按丝锥类型选定。

手用丝锥：$\alpha_p = 4° \sim 6°$，机用丝锥：$\alpha_p = 4°$，螺母丝锥：$\alpha_p = 6°$。

（5）容屑槽方向。丝锥一般做成直槽。为了便于排屑，避免由于切屑堵塞而造成的崩刃和划伤工件表面的现象，可以将丝锥的容屑槽制成螺旋槽。在加工通孔右旋螺纹时，采用左旋的螺旋容屑槽，使切屑沿着丝锥进给方向流出，如图 9.74（a）所示。加工盲孔时，为了使切屑沿进给运动方向相反的方向流出，在加工右旋螺纹时，应采用右旋的螺旋槽 ［图 9.74（b）］。加工通孔时，为了改善排屑条件，还可将直槽丝锥的切削部分磨出刃倾角 λ_s ［图 9.74（c）］。

螺旋容屑槽的螺旋角 β：加工钢件时，$\beta = 20°$；加工轻合金时，$\beta = 30° \sim 45°$。

2. 螺纹底孔大小的确定

采用切削丝锥加工时，螺纹底孔直径大小有两种方法确定，一种是查表法，可以查相关手册确定；另外一种是计算法，计算公式为

$$d = D - P$$

式中：d 为螺纹底孔直径（麻花钻直径）；D 为螺纹公称直径；P 为螺距。

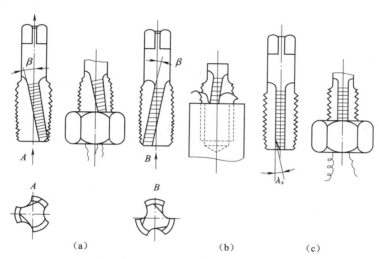

扫一扫

（a）　　　　　　　　　　（b）　　　（c）

图 9.74　丝锥容屑槽方向

9.5.4　板牙

板牙实质上如同具有切削角度的螺母，在端面上钻有 3～8 个排屑孔以形成切削刃。图 9.75所示的圆板牙，是切削或校准圆柱形（或圆锥形）外螺纹的标准刀具，在单件生产或修配工作中广泛使用，一般用于加工精度为IT8～IT6 和表面质量要求不高的螺纹。

板牙的刀齿也分为切削部分和校准部分。为了延长板牙的使用寿命，在它的两面都做有圆锥形的切削部分，以便一面磨钝后，可以用另一面进行切削。切削部分螺纹的廓形不完整。

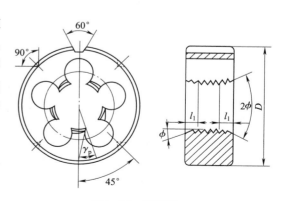

图 9.75　圆板牙

校准部分是板牙的中间圆柱部分，具有完整的螺纹廓形，起校准与导向作用。

切削部分的齿顶后角 $\alpha_p = 6° \sim 8°$，由铲磨获得；前角 $\gamma_p = 10° \sim 15°$，由排屑孔的形状与位置获得。校准部分由于制造困难，不磨后角。板牙切削锥角 $2\phi = 50°$，对于硬的工件材料 $2\phi = 30° \sim 40°$。校准部分的长度 $l_2 = (4 \sim 6) t$，t 为螺距。为了减少热处理后的变形与脱碳现象，板牙常用合金工具钢 9SiCr 制造。

9.5.5 螺纹铣刀

螺纹铣刀是用铣削方法加工螺纹的刀具。螺纹铣刀用于加工各种圆柱形及圆锥形的内、外螺纹。由于螺纹铣刀的加工精度较低（IT8～IT6 的螺纹），只适用于加工一般精度的螺纹或作为精密螺纹的预加工。螺纹铣刀的生产率高，特别适用于加工批量大、直径较大的螺纹。

螺纹铣刀分为圆盘形螺纹铣刀［图 9.76（a）］和梳形螺纹铣刀［图 9.76（b）］。

圆盘形螺纹铣刀主要用于加工螺距较大、长度较长的螺纹，如丝杆、蜗杆等。铣削时，铣刀轴线与工件轴线倾斜 β 角（螺纹中径处的升角 λ），铣刀作快速旋转，同时工件与刀具作相对螺旋进给运动。梳形螺纹铣刀是由若干个环形齿纹所组成的。铣刀的宽度大于工件螺纹的宽度 1.5～2 个齿距。梳形螺纹铣刀用于在专用的铣床上加工较短的三角螺纹，工件转一周，铣刀相对工件轴线移动一个螺纹导程，就可以铣出工件上全部螺纹。

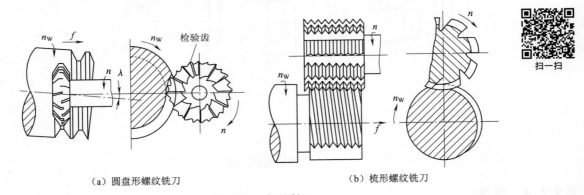

（a）圆盘形螺纹铣刀　　　　　（b）梳形螺纹铣刀

图 9.76　螺纹铣刀

9.5.6 拉削丝锥

拉削丝锥实际上是加工内螺纹的拉刀，通常有前导部、颈部、切削部、校准部和后导部五部分组成，如图 9.77 所示。拉削丝锥兼有拉刀和丝锥结构的工作特点，工作时改变了轴向受力状态，由受压力变为受拉力，因而丝锥可以做得较长，在一次走刀中即能将螺纹加工完毕，显著地提高了生产率。拉削丝锥可以加工方

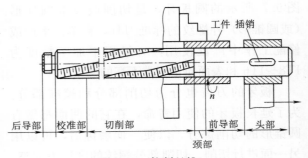

图 9.77　拉削丝锥

形、梯形、三角形单头或多头内螺纹。

拉削丝锥工作时，先将工件套入丝锥的前导部，再将工件夹紧，用插销把拉刀与刀架连结，防止拉刀转动。拉削右旋螺纹时工件由车床主轴带动反向旋转，拉刀同时沿螺纹导程向尾架方向移动。丝锥拉出工件后，螺孔就加工完毕。拉削丝锥实际上是一把螺旋拉刀。

拉削丝锥的特点如下。

（1）生产率高。一次拉削成形比车削效率提高 10 倍。

（2）工件尺寸精度稳定。工件尺寸精度由丝锥精度保证。

（3）加工粗糙度低。因为低速拉削，前角大，工作稳定，加工钢螺纹表面粗糙度为 $Ra1.6\ \mu m$，加工铜螺纹表面粗糙度为 $Ra0.8\ \mu m$。

（4）操作简便。可以在车床上使用拉削丝锥。

▊ 9.5.7 螺纹滚压工具

滚压螺纹属于无屑加工，适用于滚压塑性材料。螺纹滚压工具有滚丝轮和搓丝板，它是利用金属材料产生塑性变形来制造各种螺纹。这种方法生产率高、加工精度高、螺纹力学性能好，表面粗糙度低和刀具耐用度高，因此广泛应用于制造螺纹标准件、丝锥、螺纹量规等。这种方法不仅适合大批大量生产中应用，而且成批生产中亦广泛采用。

1. 滚丝轮

用两个滚丝轮组成一对，装在专用滚丝机上进行滚丝，如图 9.78（a）和图 9.79 所示，两滚丝轮螺纹的螺旋方向相同，且均与加工螺纹的旋向相反；其轴线相互平行，而齿纹相互错开半个螺距。

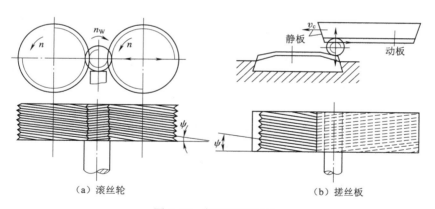

（a）滚丝轮　　　　　　　　　　　（b）搓丝板

图 9.78　螺纹滚压工具

工作时，工件放在两滚轮中间的支撑板上，当一滚轮（动轮）向另一滚轮径向进给时，工件逐渐受压，形成螺纹。滚丝轮制造容易，精度高，粗糙度低，外廓尺寸小，调整比较简单。但是生产率不如搓丝板高。适用于大批量生产，滚压螺纹精度可达 4～6 级，$Ra0.8～0.2$，也可以滚压管螺纹。为增大滚丝轮直径，以提高其刚度，滚丝轮都做成多头。

2. 搓丝板

搓丝板是由两块（上板、下板）组成一对进行工作，如图 9.78（b）所示。下板为静板，装在机床夹座内，静止不动。上板为动板，装在纵向移动的滑块上，当工件进入静、动板之间，立即被它们夹住，而使之滚动，最终在工件上压出螺纹。搓丝时，两板必须严格平行，两搓丝板上的螺纹应错开半个螺距，搓丝板上的螺纹方向应和工件螺纹方向相反，搓丝板上齿纹的齿形和齿距应与工件上的相同。搓丝板的生产率很高，现已经广泛用于大批大量的紧固件螺纹的生产中，但是由于径向力大，故不宜加工空心工件及直径小于 2.5 mm 的螺纹。

扫一扫

图 9.79　滚丝机实物

3. 挤压丝锥

挤压丝锥结构如图 9.80 所示。它不开容屑槽，也无切削刃，而是靠工件材料的塑性变形加工螺纹。挤压丝锥的切削部分具有完整齿形的锥形螺纹，它的大径、中径和小径都做出正锥角。攻螺纹时先使丝锥齿尖挤入，逐渐扩大到全部齿侧，挤压出螺纹齿形。挤压丝锥的端截面呈弧边三角形或多棱形［图 9.80（c）］，以减少与工件的接触面，降低攻丝时的扭矩。

挤压丝锥攻内螺纹的优点是所加工内螺纹表面组织紧凑，强度高，耐磨性好，所加工内螺纹扩张量很小，螺纹表面被挤光，螺纹精度高，可高速攻螺纹，无排屑问题，生产率高，挤压丝锥强度高，寿命长，适用于加工高精度、高强度的塑性材料上的螺纹，适合在自动线上应用。

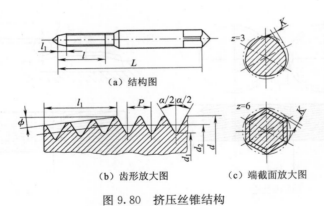

图 9.80　挤压丝锥结构

第 9 章习题

第 *10* 章

冲压加工及车架冲压工艺

10.1　冲压加工概述

■ 10.1.1　冲压加工的基本概念

　　冲压加工（冲压成型）是指在常温下利用冲压模具在压力机对板料金属施加压力，使其产生分离或塑性变形，从而获得一定的形状、尺寸和性能的零件的加工方法（图 10.1）。

　　冲压加工要具备三要素，即压力机、冲压模具和原材料。其中，压力机供给材料变形所需的力，冲压模具对材料塑性变形加以约束，使材料变成所需的形状。

　　冲压是机械制造中的加工方法之一，因为它通常是在室温下进行加工，所以常称冷冲压。又因为它主要是用板料加工成零件的，所以又可称为板料冲压。冲压不但可以加工金属材料，而且可以加工非金属材料。

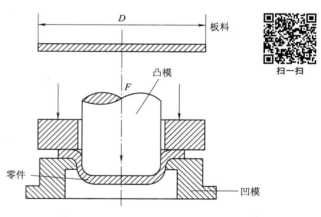

图 10.1　冲压过程简图

■ 10.1.2　冲压工序分类

　　冲压加工的零件由于其形状、尺寸、精度要求、生产批量、原材料性能等各不相同，因此生产中所采用的冲压工艺方法也是多种多样的，但概括起来可分为分离工序和成形工序两大类。

　　1. 分离工序

　　分离工序是指使板料按一定的轮廓线因剪切分离而获得一定的形状、尺寸和切断面质量的冲压件（俗称冲裁件）的工序，如剪裁、冲孔、落料、切边等。

　　2. 成形工序

　　成形工序是指被加工材料在外力作用下，并且不破裂的条件下产生塑性变形而获得一定形状和尺寸的冲压件的工序。例如，弯曲、拉深、翻边等。常见的冲压工序见表 10.1。

表 10.1　常见的冲压工序

工序名称		简图	模具简图	特点及应用
分离工序	落料	废料　零件		用冲模沿封闭轮廓线冲切，冲下部分是零件，或为其他工序制造毛坯
	冲孔	零件　废料		用冲模沿封闭轮廓线冲切，冲下部分是零件
	切边			将成形零件的边缘修切整齐或切成一定形状
	切口			用切口模将部分材料切开，但并不使它完全分离，切开部分的材料发生弯曲
	剖切			将冲压加工成的半成品切开成为两个或多个零件，多用于零件的成双或组成冲压成形之后
成形工序	弯曲			将板材沿直线弯成各种形状，可以加工形状复杂的零件
	卷圆			将板材端部卷成接近封闭的圆头，用于加工类似铰链的零件
	拉深			将板料毛坯拉成各种空心零件，还可以加工汽车覆盖件
	翻边			将零件的孔边缘或外边缘翻出竖立成一定角度的直边
	胀形			在双向拉应力作用下的变形，可成形各种空间曲面形状的零件
	起伏			在板材毛坯或零件的表面上用局部成形的方法制成各种形状的凸起与凹陷

■ 10.1.3　冲压模具分类

1. 按工序性质分类

冲压模具可分为落料模、冲孔模、切断模、切边模、切舌模、整修模、精冲模等。

2. 按工序组合程度分类

冲压模具可分为单工序模、级进模、复合模 3 种。

（1）单工序模。即在一副模具中只完成一种工序，如落料、冲孔、切边等。

（2）级进模（俗称连续模）。即在压力机一次行程中，在模具不同位置上同时完成数道冲压工序。级进模所完成的同一零件的不同冲压工序是按照一定顺序，相隔一定步距排列在模具的送料方向上的，压力机的一次行程可以得到一个或数个冲压件。

（3）复合模。即在压力机的一次行程中，在一副模具的同一位置上完成数道冲压工序。压力机的一次行程一般只能得到一个冲压件。

3. 按冲压模有无导向装置和导向方法分类

冲压模具可分为无导向的开式模和有导向的导板模、导柱模。

4. 按送料、出件及排除废料的自动化程度分类

冲压模具可分为手动模、半自动模和自动模。

10.2　冲裁工艺与冲裁模

■ 10.2.1　冲裁工艺及冲裁工艺性

1. 冲裁工艺基础

冲裁是指利用模具在压力机上使板料产生分离的冲压工艺。冲裁可直接冲出所需形状的零件，也可为其他工序制备毛坯。冲裁时所使用的模具称为冲裁模。

冲裁工艺种类很多，常用的有落料、冲孔、切断、切边、切口等，其中落料和冲孔应用最多。

从板料上冲下所需形状的零件（或毛坯）称为落料；在零件（或毛坯）上冲出所需形状的孔（冲去部分为废料）称为冲孔。落料与冲孔的变形性质完全相同，但在进行模具设计时，模具尺寸的确定方法不同，因此，工艺上必须作为两个工序加以区分。图 10.2 所示为垫圈，冲制外形 $\phi22$ 的冲裁工序为落料，冲制内孔 $\phi10.5$ 的工序为冲孔。

根据冲裁的变形机理不同，冲裁工艺可以分为普通冲裁和精密冲裁两大类。所谓普通冲裁是由凸、凹模刃口之间产生剪裂缝的形式实现板料分离；而精密冲裁则是以变形的形式实现板料分

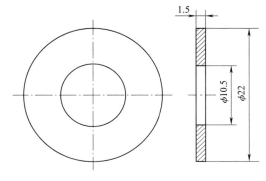

图 10.2　落料与冲孔

离。普通冲裁断面比较粗糙、精度较低；精密冲裁断面较光洁，精度较高，但需要专门的精冲设备与模具。

2．冲裁的工艺性

冲裁的工艺性是指冲裁件对冲压工艺的适应性，即冲裁加工的难易程度。良好的冲裁工艺性能使材料消耗少、工序数量少、模具结构简单且使用寿命长，产品质量稳定。因此，冲裁件的结构形状、尺寸大小、精度等级、材料及厚度等是否符合冲裁件的工艺要求，对冲裁质量、模具寿命和生产效率有很大影响。

（1）冲裁件的形状和尺寸。

1）冲裁件的形状设计应尽可能简单、对称，同时应减少排样废料，如图 10.3 所示。

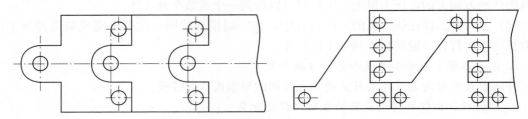

图 10.3　冲裁件形状与材料利用

2）冲裁件的外形或内孔应避免尖角，各直线或曲线的连接处，应有适当的圆角转接，以便于模具加工，减少热处理开裂，减少冲裁时尖角处的崩刃和过快磨损。

3）尽量避免冲裁件上过长的凸起和凹槽，冲裁件的凸起和凹槽不应小于板料厚度的 2 倍。

4）为防止冲裁时凸模折断或弯曲，冲孔时孔径不能太小。

（2）冲裁件的尺寸精度和表面粗糙度。

1）金属冲裁件的内、外形的经济精度不高于 IT11 级，一般落料精度最好低于 IT10 级，冲孔精度最好低于 IT9 级。

2）非金属冲裁件的内、外形的经济精度为 IT14、IT15 级。

10.2.2　排样设计

排样是指冲裁件在条料、带料、板料上的布置方式。选择合理的排样方式和适当的搭边值，是提高材料利用率、降低生产成本和保证工件质量及模具寿命的有效措施。

1．排样设计原则

一般情况下，冲裁件的排样应遵循以下几个原则：

（1）提高材料利用率。冲裁件生产批量大，生产效率高，材料费用一般会占总成本的 60％以上，所以材料利用率是衡量排样经济性的一项重要指标。

（2）改善操作性。冲裁件排样应使工人操作方便、安全，劳动强度低。一般来说，在冲裁生产时应尽量减少条料的翻动次数，在材料利用率相近时，应选用条料宽度及进距小的排样方式。

（3）使模具结构简单合理，使用寿命长。

2. 排样分类

按照材料的利用程度，排样可分为有废料排样、少废料排样和无废料排样 3 种，如图 10.4 所示。废料是指冲裁中除零件以外的其他板料，包括工艺废料和结构废料。

（1）有废料排样是指在冲裁件与冲裁件之间、冲裁件与条料侧边之间均有工艺废料，冲裁是沿冲裁件的封闭轮廓进行的，所以冲裁件质量好，模具寿命长，但材料利用率低，如图 10.4（a）所示。

（2）少废料排样是指只在冲裁件之间或只在冲裁件与条料侧边之间留有搭边，而在冲裁件与条料侧边或在冲裁件与冲裁件之间无搭边存在，如图 10.4（b）所示。这种冲裁只沿冲裁件的部分轮廓进行，材料利用率可达 70%～90%。

（3）无废料排样是指在冲裁件与冲裁件之间，冲裁件与条料侧边之间均无搭边存在，冲裁件实际上是直接由切断条料获得的，如图 10.4（c）所示。材料利用率可达 85%～90%。

采用少废料、无废料排样时，材料利用率高，不但有利于一次行程获得多个冲裁件，还可以简化模具结构，降低冲裁力，但受条料宽度误差及条料导向误差的影响，冲裁件尺寸及精度不易保证，另外，在有些无废料排样中，冲裁时模具会单面受力，影响模具使用寿命。有废料排样时冲裁件质量和模具寿命高，但材料利用率较低。所以，在排样设计时，应全面权衡利弊。

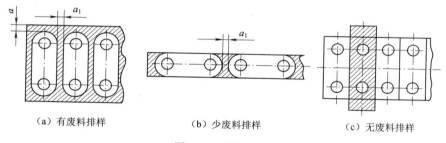

（a）有废料排样　　　　　　（b）少废料排样　　　　　　（c）无废料排样

图 10.4　排样分类

3. 排样形式

根据冲裁件在板料上的布置方式，有直排、单行排、多行排、斜排、对头直排和对头斜排等多种排样形式，见表 10.2。

表 10.2　排样形式

排样形式	有废料排样	少、无废料排样	应用特点
直排			用于简单的矩形、方形
斜排			用于椭圆形、十字形、T 形、L 形或 S 形。材料利用率比直排高，但受形状限制，应用范围有限
对头直排			用于梯形、三角形、半圆形、山字形、对头直排，一般需将板料掉头往返冲裁，有时甚至要翻转材料往返冲，工人劳动强度大

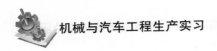

续表

排样形式	有废料排样	少、无废料排样	应用特点
对头斜排			多用于 T 形冲件，材料利用率比对头直排高，但也存在和对头直排同样的问题
多排			用于大批量生产中尺寸不大的圆形、正多边形。材料利用率随行数的增加而提高，但会使模具结构更复杂。由于模具结构的限制，同时冲相邻两件是不可能的，另外由于增加行数，使模具在送料方向亦要增长。短的板料，每块都会产生残件或不能再冲料头等问题，为了克服其缺点，这种排样最好采用卷料
混合排			材料及厚度都相同的两种或两种以上的制件，混合排样只有采用不同零件同时落料，将不同制件的模具复合在一副模具上，才有价值
冲裁搭边			细而长的制件或将宽度均匀的板料只在制件的长度方向冲成一定形状

在排样设计中，除了选择适当的排样方法外，还包括确定搭边值的大小、计算条料宽度及送料进距，画出排样图。

搭边：冲裁件与冲裁件之间、冲裁件与条料侧边之间留下的工艺余料称为搭边。搭边的作用是避免因送料误差发生零件缺角、缺边或尺寸超差，使凸、凹模刃口受力均衡。冲裁时，搭边过大，会造成材料浪费；搭边太小，则不起搭边作用，甚至还会导致板料被拉进凸、凹模间隙，加剧模具的磨损。

送料进距：模具每冲裁一次，条料在模具上前进的距离称为送料进距，当单个进距内只冲裁一个零件时，送料进距的大小等于条料上两个零件对应点之间的距离，如图 10.5 所示。

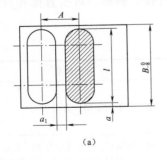
(a)

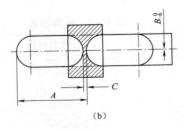
(b)

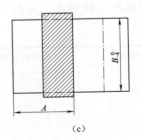
(c)

图 10.5　排样方式

送料进距公式为

$$A = D + a_1$$

式中：A 为送料进距，mm；D 为平行于送料方向的冲裁件宽度，mm；a_1 为冲裁件之间的搭边值，mm。

条料宽度 B：冲裁前通常需按要求将板料裁剪为适当宽度的条料，为保证送料顺利，不因条料过宽而发生卡死现象，条料的下料公差规定为负偏差。

10.2.3　冲裁模结构组成

冲裁是冲压最基本的工艺方法之一，其模具的种类很多。按照不同的工序组合方式，冲裁模可分为单工序冲裁模、连续冲裁模（级进模）和复合冲裁模。

图 10.6 所示为无导向冲裁模。模具的上模部分由模柄 1、凸模 2 组成，通过模柄安装在冲床压机滑块上，称为活动部分。下模部分由卸料板 3、导料板 4、凹模 5、下模板 6、挡料销 7 组成，通过下模板安装在冲床工作台上，称为固定部分。模具的上、下两部分之间没有直接导向关系，模具依靠压力机导向滑块导向，安装时调整麻烦、模具寿命低，冲裁件精度差。

根据零部件在模具中的作用，冲裁模结构一般由以下 5 部分组成。

1. 工作零件

工作零件是指实现冲裁变形、使材料正确分离、保证冲裁件形状的零件，工作零件包括凸模、凹模等。工作零件直接影响冲裁件的质量，并且影响冲裁力、卸料力和模具寿命。

2. 定位零件

定位零件是指保证条料或毛坯在模具中的正确位置的零件，包括导料板（或导料销）、挡料销等。导料板对条料送进起导向作用，挡料销限制条料送进的位置。

3. 卸料及推件零件

卸料及推件零件是指将冲裁后由于弹性恢复而卡在凹模孔内或箍在凸模上的工件或废料脱卸下来的零件。卡在凹模孔内的工件是利用凸模在冲裁时一个接一个地从凹模孔推落或由顶件装置顶出凹模。箍在凸模上的废料或工件由卸料板卸下。

4. 导向零件

导向零件是保证上模对下模正确位置和运动的零件，一般由导套和导柱组成。采用导向装置可以保证冲裁时，凸模和凹模之间的间隙均匀，有利于提高冲裁件质量和模具寿命。

5. 连接固定零件

连接固定零件是指将凸、凹模固定于上、下模座，以及将上、下模固定在压力机上的零件。

冲裁模的典型结构一般由上述 5 部分零件组成，但不是所有的冲裁模都包含这 5 部分零件，如结构简单的开式冲模，上、下模就没有导向装置零件。

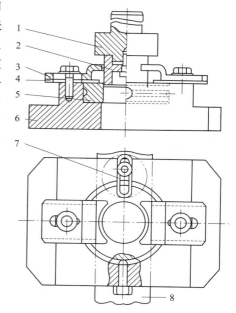

图 10.6　无导向冲裁模（落料模）

1—上模座（模柄）；2—凸模；3—卸料板；
4—导料板；5—凹模；6—下模座（下模板）；
7—定位板（挡料销）；8—工件板料

10.2.4　冲裁模典型结构

1. 单工序冲裁模

单工序冲裁模是指在压力机的一次行程中，只完成一道工序的冲裁模。根据模具导向装置不同，常用的单工序冲裁模又可分为无导向简单冲裁模、导板式单工序冲裁模与导柱式单工序冲裁模3种。

（1）无导向简单冲裁模。无导向简单冲裁模典型结构见图10.6。工作过程如下：条料沿导料板送进，并由导板7定位。压力机的滑块带动上模部分下行，凸模与凹模配合对条料进行冲裁；分离后的冲裁件靠凸模直接从凹模洞口依次推出。紧箍在凸模上的条料则在上模回程时由固定卸料板（左右各一块）刮下。照此循环，完成冲裁工作。

（2）导板式单工序冲裁模。图10.7所示为导板式单工序冲裁模。结构与无导向简单冲裁模相似。上模部分主要由模柄1、上模板2、垫板3、凸模固定板4、凸模5组成；模具的下模部分主要由活动挡料销6、导板7、凹模8、下模板9、临时挡料销10、螺钉11、销钉12、托料板13、导尺14等组成。这种模具的特点是模具上、下两部分依靠凸模与导板的动配合导向。导板兼做卸料板。工作时，凸模始终不脱离导板，以保证模具导向精度，为便于拆卸安装，固定导板的螺钉11与销钉12之间的位置（俯视图）应该大于上模板轮廓尺寸；凸模无须销钉定位固定，要求使用的设备行程不大于导板厚度（可用行程较小而可以调整的偏心式冲床）。

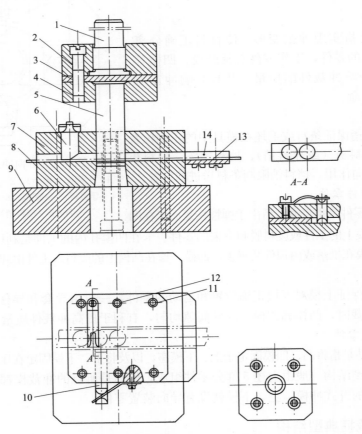

图10.7　导板式单工序冲裁模

1—模柄；2—上模板；3—垫板；4—凸模固定板；5—凸模；6—活动挡料销；7—导板；
8—凹模；9—下模板；10—临时挡料销；11—螺钉；12—销钉；13—托料板；14—导尺

这种模具的动作是条料沿托料板、导尺从右向左送进，搭边越过活动挡料销后，再反向向后拉拽条料，使挡料销后端面抵住条料搭边定位，凸模下行实现冲裁。由于挡料销对第一次冲裁起不到定位作用，为此采用了临时挡料销 10。在冲第一件前，用手压入临时挡料销限定条料位置，在以后的各次冲裁工作中，临时挡料销被弹簧弹出，不再起挡料的作用。

导板 7 与凸模 5 为间隙配合，为了使冲裁时对上模起导向作用，并且保证凸、凹模间隙均匀，导板与凸模的配合间隙必须小于凸、凹模间隙。一般来说，对于薄料 $t<0.8$ mm，导板与凸模的配合为 H6/h5；对于厚料（$t>3$ mm），其配合为 H8/h7。

导板式冲裁模结构简单，但由于导板与凸模的配合精度要求高，特别是模具间隙小时，导板的加工非常困难，导向精度也不容易保证，所以，此类模具主要用于材料较厚，工件精度不太高、形状较简单、尺寸不大的冲裁件。

（3）导柱式单工序冲裁模。用导板导向并不十分可靠，尤其是对于形状复杂的零件，按凸模配作形状复杂的导板孔形困难很大，而且由于受到热处理变形的限制，导板一般是不经淬火处理的，影响其使用寿命和导向效果。所以在大量和成批生产中广泛采用导柱式冲裁模。

图 10.8 所示为导柱式单工序冲裁模的结构形式。模具的上、下两部分利用导柱 1、导套 2 的滑动配合导向。模具工作时，导柱 1 首先进入导套 2，从而导正凸模进入凹模，保证凸、凹模间隙均匀。冲裁结束后，上模回复，凸模随之回复，装于导料板上的卸料板将箍紧于凸模上的条料卸下，工件则从下模座漏料孔落下。导柱模导向精度高，凸模与凹模的间隙容易保证，模具磨损小，安装方便。大多数冲裁模都采用这种形式。

图 10.9 导柱式单工序冲裁模的导料板与挡料销结构类似图 10.8 所示。导料板一般设在条料两侧，手工送料时也只在一侧设导料板。从右向左送料时，与条料相靠的基准导料板（销）装在后侧，从前向后送料时，基准导料板装在左侧。

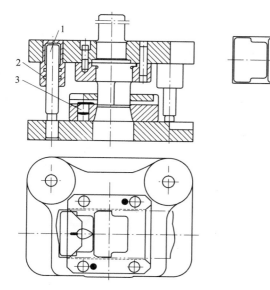

图 10.8　导柱式冲裁模

1—导柱；2—导套；3—挡料销

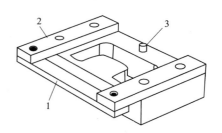

图 10.9　挡料销与导料板定位

1—承料板；2—导料板；3—挡料销

2. 复合冲裁模

复合冲裁模是指在压力机的一次行程中，在模具同一工位同时完成数道冲压工序的冲裁模。它在结构上的主要特征是有一个既是落料凸模又是冲孔凹模的凸凹模。图10.10所示为冲孔落料复合模的基本结构。在模具的一方（指上模或下模）外面装有落料凹模，中间装有冲孔凸模，而在另一方，则装有凸凹模（它是复合模中必有的零件，其外形是落料凸模，其内孔是冲孔凹模，故称凸凹模）。当上、下模两部分嵌合时，就能同时完成冲孔与落料工序。按照复合模工作零件的安装位置不同，可分为正装式复合模和倒装式复合模。倒装式复合模是落料凹模装在上模上的复合模；正装式复合模是将落料凹模装在下模上的复合模。图10.11所示为某冲孔落料复合模实物，该复合模冲裁件实物如图10.12所示。

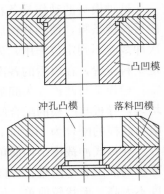

图 10.10　冲孔落料复合模的基本结构

扫一扫

图 10.11　冲孔落料复合模实物

图 10.12　冲裁件实物

10.3　弯曲工艺与弯曲模

■ 10.3.1　弯曲工艺概述

在冲压生产中，把金属坯料弯折成一定角度或形状的过程称为弯曲。弯曲所使用的模具称为弯曲模。弯曲是一种简单的成形工序，下面以 V 形件弯曲为例来说明其工作过程（图10.13）。毛坯放在凹槽上，在压力机滑块带动下，弯曲凸模下降接触毛坯并逐渐向下使其产生变形，随着凸模不断下压，毛坯弯曲半径逐渐减小，变形逐渐增大，当凸模到达下死点时，毛坯被紧压于凸、凹模之间，毛坯内弯曲半径与凸模的弯曲半径吻合，完成弯曲过程。

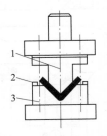

图 10.13　V 形件弯曲
1—凸模；2—定位板；3—凹模

10.3.2　弯曲模

弯曲模没有固定的结构形式，设计弯曲模应根据弯曲件的形状、材料性能、尺寸精度及生产批量要求，选择合理的工序方案，来确定弯曲模具的结构形式。下面介绍弯曲模典型的结构形式及其特点。

1. V 形件弯曲模

V 形件又称单角弯曲件，形状简单，能一次弯曲成形。

常用的弯曲方法有两种，一种是沿弯曲件的角平分线方向弯曲，称为 V 形弯曲；另一种是不对称的 V 形弯曲。

（1）有压料装置的 V 形件弯曲模。有压料装置的 V 形件弯曲模如图 10.14 所示，凸模 4 装在标准槽形模柄 3 上，并用销钉定位，凹模 5 通过螺钉和销钉直接固定在下模座 6 上，坯料由定位销 2 定位，弯曲过程中凸模下行，顶杆 1 和弹簧组成顶件装置起压料作用，防止坯料横向移动，回程时又可将弯曲件从凹模内顶出。这种模具结构简单，对材料厚度公差要求不高，工件在弯曲冲程终端得到不同程度的校正，因此回弹较小，工件的平面度较好。

（2）无压料装置的 V 形件弯曲模。图 10.15 所示为无压料装置的不对称 V 形件弯曲模。主要由模柄 1、上模座 2，导柱、导套 3，定位板 4、7，下模座 5，凹模 6、凸模 8 组成。

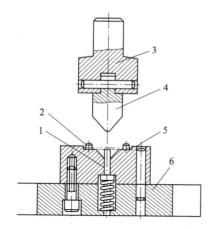

图 10.14　有压料装置的 V 形件弯曲模
1—顶杆；2—定位销；3—模柄；
4—凸模；5—凹模；6—下模座

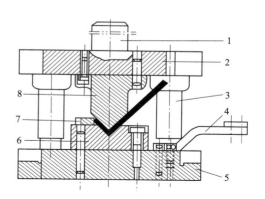

图 10.15　无压料装置的不对称 V 形件弯曲模
1—模柄；2—上模座；3—导柱、导套；
4，7—定位板；5—下模座；6—凹模；8—凸模

模柄与压床滑块通过定位销连结，用于确保模具与压床之间的定位。导柱、导套用于保证凸、凹模冲压工件时定位，进而保证工件质量。定位板用于工件加工前的定位。无压料装置弯曲模结构简单，通用性好，但弯曲时坯料容易偏移，影响零件精度。

2. L 形件弯曲模

L 形件弯曲模常用于两直角边不相等的单角弯曲件，如果采用一般的 V 形件弯曲模弯曲，两直边的长度不容易保证。图 10.16 所示为 L 形弯曲模，其中图 10.16（a）适用于两直边长度相差不大的 L 形件，图 10.16（b）适用于两直边长度相差较大的 L 形件。弯曲时坯料长边先被夹紧在顶板 5 和凸模 1 之间，然后对另一直边进行竖直向上弯曲。对于图 10.16 (b)，弯曲件也需用压料板 6 和凹模 3 将坯料长边压住，以防止弯曲时坯料上翘。由于采用了定位销定位和压紧装置，故压弯过程中工件不易偏移。另外，由于单角弯曲时凸模 1 将承受较大水平侧压力，因此需设置靠块 2，以平衡侧压力。靠块的高度要保证在凸模接触坯料以前靠住凸模，因此，靠块应高出凹模上平面一定高度。

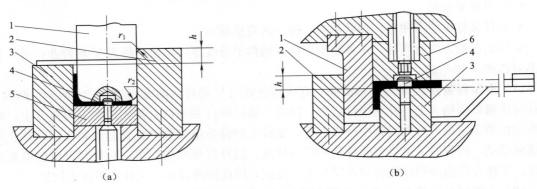

图 10.16　L 形件弯曲模

1—凸模；2—靠块；3—凹模；4—定位销；5—顶板；6—压料板

3.U 形件弯曲模

（1）一般 U 形件弯曲模。如图 10.17 所示，材料沿着凹模圆角滑动进入凸、凹模的间隙并弯曲成形，凸模回升时，压料板将工件顶出。由于材料的弹性，工件一般不会包在凸模上。

（2）U 形件可调弯曲模。当 U 形件的外侧尺寸或内侧尺寸要求较高时，可采用图 10.18 所示形式的弯曲模。将弯曲凸模或凹模做成活动结构，凸模或凹模的宽度尺寸能根据毛坯的厚度自动调整，在冲程终了时对侧壁和底部进行校正。图 10.18（a）所示结构用于外侧尺寸要求较高的工件，图 10.18（b）所示结构用于内侧尺寸要求较高的工件。

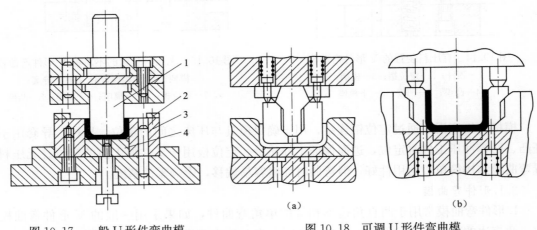

图 10.17　一般 U 形件弯曲模

1—凸模；2—定位板；3—凹模；4—压料板

图 10.18　可调 U 形件弯曲模

（3）二次弯曲复合模。有些复杂弯曲件需要两个不同平面、不同角度弯曲成形，这时可以选择使用两套弯曲模，对每个表面分别弯曲成形，也可以使用一套二次弯曲复合模一次成形，提高生产效率。如图 10.19 所示为弯曲件成品，一方面需要对底平面进行"Z"字弯曲成形；另一方面还需要对两个吊耳侧面进行竖直面弯曲成形。使用的弯曲模具如图 10.20 所示。在图 10.20 实物图中，"Z"字形凹模 1 对平面进行"Z"字弯曲成形，两个凹模 2 对两个吊耳侧面进行竖直面弯曲成形，凹模 1 的上平面和支撑销对弯曲毛坯件的平面进行定位，两个定位销对弯曲毛坯件的两个孔进行定位，限制工件 6 个自由度。模具的上、下两部分利用导柱进行导向，使凸模顺利进入凹模中。工作时，凸模下行，完成弯曲成形。

图 10.19　弯曲件成品

图 10.20　二次弯曲复合模实物

扫一扫

10.4　拉深工艺与拉深模

10.4.1　拉深件的分类及特点

拉深是把剪裁或冲裁成一定形状的平板毛坯利用模具变成开口空心工件的冲压方法。用拉深工艺可以制得筒形、阶梯形、锥形、盒形以及其他形状复杂的零件，如图 10.21 所示。拉深工艺分不变薄拉深和变薄拉深。不变薄拉深得到的工件各部分厚度与毛坯接近，而变薄拉深得到的工件壁厚比毛坯厚度显著减小。虽然这些零件的冲压过程都称为拉深，但是由于其几何形状的特点不同，故在拉深过程中，它们的变形区位置、变形性质、毛坯各部位的应力状态和分布规律等都有相当大的差别。所以在确定它们的拉深工艺参数、工序数目与工艺顺序方面都不一样。

拉深工艺如与其他成形工艺配合，还可以生产形状极为复杂的薄壁零件，而且强度高、刚度好、重量轻。因此，拉深工艺在汽车、飞机、拖拉机、电器、仪表、电子等工业及日常生活用品

（a）回转体拉深件

（b）非回转体对称拉深件

（c）不规则拉深件

图 10.21　拉深件

的生产中占有重要地位。拉深工序可以在普通的单动压力机上进行（拉深浅拉深件），也可在专用的双动或三动拉深压力机及液压机上进行。

10.4.2　拉深变形过程

圆筒形件的拉深变形过程如图 10.22 所示。将圆形平板毛坯置于凹模上，随着凸模的下行，在拉深力 F 的作用下，凹模口以外的环形部分逐渐被拉入凹模内，最终形成一个带底的圆筒形工件。其中图 10.22（a）所示为无压边的拉深过程，图 10.22（b）所示为有压边的拉深过程。

拉深凸模和凹模与冲裁模不同的是其工作部分没有锋利的刃口，而是分别有一定圆角半径 $R_凸$ 和 $R_凹$，并且其单面间隙稍大于板料厚度（图 10.23），直径为 D，厚度为 t 的圆角毛坯在这样的条件下拉深时，在拉深凸模的压力作用下，被拉进凸模和凹模之间的间隙中形成了具有外径为 d、高度为 h 的开口圆筒形工件。

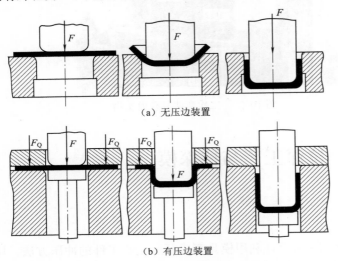

（a）无压边装置

（b）有压边装置

图 10.22　圆筒形件的拉深变形过程

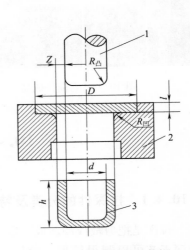

图 10.23　圆筒形件的拉深
1—凸模；2—凹模；3—工件

图 10.24 所示为拉深过程中，圆形平板毛坯拉成筒形件时材料的转移情况。若将平板毛坯的三角形阴影部分切去，把留下部分的狭条沿着直径为 d 的圆周弯折过来，再把它们加以焊接，就可以做成一个高度 $h=(D-d)/2$ 的圆筒形工件。

但是，在实际拉深过程中，并没有把这"多余的三角形材料"切掉。由此可见，这部分材料在拉深过程中已经产生塑性流动而转移了，使得拉深后工件的高度增加了 Δh，所以 $h>(D-d)/2$，工件壁厚也略有增加。

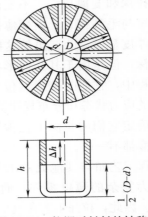

图 10.24　拉深时材料的转移

■ 10.4.3 拉深模

拉深模具按工艺顺序可分为首次拉深模和以后各次拉深模；按其使用的设备又可分为单动压力机用拉深模、双动压力机用拉深模和三动压力机用拉深模；按工序的组合又可分为单工序拉深模、复合模和连续拉深模。此外，还可按压边装置分为带压边装置的拉深模和不带压边装置的拉深模。

1. 无压边装置的首次拉深模

图 10.25 所示为无压边装置的首次拉深模。工作时，坯料在定位圈 3 中定位，拉深结束后，工件由凹模 4 底部的台阶完成脱模，并由下模板底孔落下。由于模具没有采用导向机构，故模具安装时由校模圈 2 完成凸、凹模的对中，保证间隙均匀，工作时应将校模圈移走。

此类模具结构简单，制造方便，常用于材料塑性好、相对厚度较大的工件拉深。由于拉深凸模要深入凹模，所以该模具只适用于浅拉深。

2. 带压边装置的首次拉深模

图 10.26 所示为一带压边装置的首次拉深模。零件 7 即为弹性压边圈（同时起定位和卸料的作用），其压边力由连接在下模座上的弹性压边装置提供。工作时，毛坯在压边圈上定位，凹模下行与工件接触，拉深结束后，凹模上行，压边圈恢复原位，将工件从凸模上刮下，使工件留在凹模内，最后由打料杆 2 将工件推出凹模。此类模具经常采用倒装结构，由于提供压边力的弹性元件受到空间位置的限制，所以压边装置及凸模一般安装在下模，凹模安装在上模。

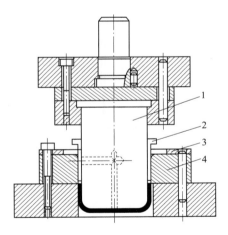

图 10.25 无压边装置的首次拉深模
1—凸模；2—校模圈；
3—定位圈；4—凹模

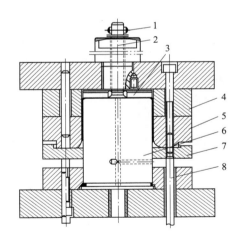

图 10.26 带压边装置的首次拉深模
1—挡销；2—打料杆；3—推件块；4—垫块；
5—凹模；6—凸模；7—弹性压边圈；8—卸料螺钉

图 10.27 所示为带压边装置的首次拉深模实物，其拉深件为车身上马蹄形拉深件（图 10.28），毛坯为四方形板料，弹性压边圈安装在下模座上，通过弹性压边圈上的 3 个定位销对四方形板料毛坯进行定位。凹模安装在上模座上，凹模型腔形状和凸模外形与马蹄形拉深件相似（图 10.29），工作时，凹模下行先与工件接触，然后继续下行拉深工件直至结

束。拉深结束后，凹模上行，压边圈在底座弹簧力的作用下恢复原位，将工件从凸模上刮下，使工件留在凹模内，最后由上模座的打料杆将工件推出凹模。

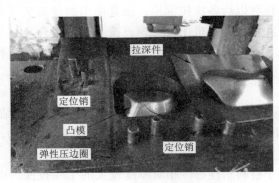

图 10.27　带压边装置的首次拉深模实物

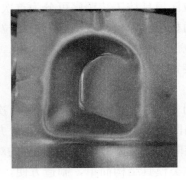

图 10.28　马蹄形拉深件

3. 双动压力机上使用的首次拉深模

图 10.30 所示为在双动压力机上使用的首次拉深模。双动压力机上有两个滑块，内滑块与凸模 1 相连接；外滑块与压边圈 3、上模座 2 相连接。工作时，毛坯在凹模 4 上定位，外滑块首先带动压边圈 3 压住毛坯，然后拉深凸模下行进行拉深。拉深结束后，凸模先回复，工件则由于压边圈 3 的限制而留在凹模上，最后由顶件块 6 顶出。由于双动压力机外滑块提供的压边力恒定，故压边效果好，此类模具常用于变形量大、质量要求高、生产批量大的工件拉深。

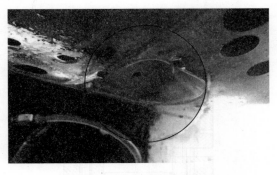

图 10.29　凹模型腔外形

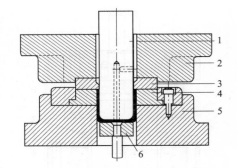

图 10.30　双动压力机上使用的首次拉深模
1—凸模；2—上模座；3—压边圈；4—凹模；
5—下模座；6—顶件块

10.5　车身覆盖件冲压工艺

10.5.1　车身覆盖件概述

汽车车身是由车身骨架、覆盖件组成的，而汽车覆盖件是指覆盖汽车发动

扫一扫

机、底盘、构成驾驶室和车身的薄钢板冲压成形的表面零件（称为外覆盖件）和内部覆盖件（称内覆盖件）。载货汽车（商用车）的车前钣金件和驾驶室、轿车的车身等都是由覆盖件和一般冲压件构成的。

轿车覆盖件在车身上的位置如图 10.31 所示。覆盖件通常由 0.6～1.2 mm 的 08 系列冷轧薄钢板冲压而成。商用车白车身（指已经装焊好但尚未喷漆的空壳驾驶室，如图 10.32 所示）由八大分总成组成，包括①前围总成；②后围总成；③顶盖总成；④底板总成；⑤左侧围总成；⑥右侧围总成；⑦左车门总成；⑧右车门总成，这八大分总成也大都是由各类覆盖件和一般冲压件经过冲压、焊接而成的。

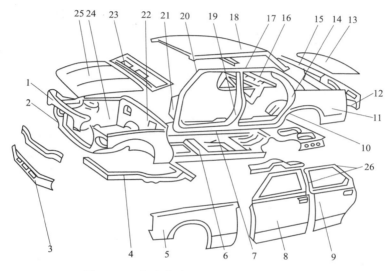

图 10.31 轿车各类覆盖件在车身上的位置

1—发动机罩前支撑板；2—固定框架；3—前裙板；4—前框架；5—前翼子板；6—地板总成；
7—门槛；8—前门；9—后门；10—车轮挡泥板；11—后翼子板；12—后围板；13—行李舱盖；
14—后立柱；15—后围上盖板；16—后窗台板；17—上边梁；18—顶盖；19—中立柱；20—前立柱；
21—前围侧板；22—前围板；23—前围上盖板；24—前挡泥板；25—发动机罩；26—门窗框

图 10.32 商用车白车身

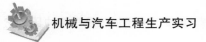

车身覆盖件是冲压加工难度最大的零件。与一般的冲压件相比较，覆盖件具有材料薄、形状复杂、结构尺寸大、表面质量要求高等特点，因此覆盖件的冲压工艺编制、冲模制造要求较高。工艺编制时要根据覆盖件形状的复杂程度、拉伸塑性变形程度确定拉深性能等级。

10.5.2 车身覆盖件拉深技术要求

拉深工序是制造覆盖件成形的关键工序，它直接影响产品质量、材料利用率、生产效率和制造成本。覆盖件拉深具有以下特点。

覆盖件拉深往往不是单纯的拉深，而是拉深、胀形、弯曲等的复合成形。无论覆盖件分块有多大、形状有多复杂，尽可能在一次拉深中成形出全部空间曲面形状以及曲面上的棱线、筋条和凸台，否则很难保证覆盖件几何形状的一致性和表面光滑的程度。

覆盖件形状复杂，深度不匀，且又不对称，压料面积小，因而需要采用拉深筋来加大进料阻力；或是利用拉深筋的合理布置，改善毛坯在压料圈下的流动条件，使各区段金属流动趋于均匀，才能有效防止起皱和拉裂。

覆盖件的拉深不仅要求一定的拉深力，还要求在拉深过程中具有足够的、稳定的压料力。由于覆盖件轮廓尺寸大，单动压力机不能满足其对压料力的要求，因此，在大量生产中，覆盖件的拉深均在双动压力机上进行。双动压力机具有拉深、压料两个滑块，压料力可达拉深力的70%，且四点连接的外滑块可进行压料力的局部调节，满足覆盖件拉深的特殊要求。

覆盖件的拉深要求材料塑性好，表面质量高、尺寸精度高。含碳量在 $0.08\%\sim0.19\%$ 的低碳钢具有延伸率高（$\delta>40\%$），屈强比小（σ_s/σ_b）、硬化指数 n 和厚向异性系数 r 大的特点，能满足复杂的，拉深变形程度很大的覆盖件的拉深工艺要求。

10.5.3 车身覆盖件拉深模

覆盖件拉深模是保证覆盖件成形质量的冲压工艺装备。根据生产批量的不同，生产中常采用的拉深模有合金铸铁模、锌基合金模和低熔点合金模。

1. 单动拉深模典型结构

单动拉深模是按单动压力机设计的。图10.33所示为单动拉伸模结构示意图，该模具主要由凹模1、凸模2（下模座可与凸模做成一体，也可分开）压料圈3三大件组成。凹模1安装在压力机的滑块上，凸模2安装在压力机下的工作台面上，凸模与凹模之间、凹模与压料圈之间都有导板导向。

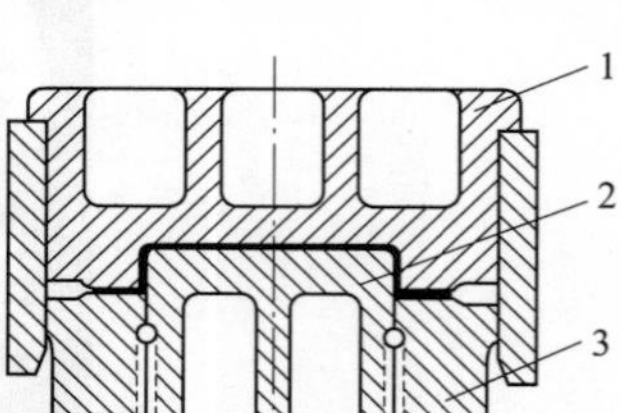

图10.34所示为微型载货汽车左右车门外板单动拉深模。此拉深模是按闭式双点单动压力机设计的，模具主要由凸模6、凹模1、压料圈5三大件及一些辅助零件组成。限位螺钉14用于调整压料圈上下的位置，使其与凹模之间间隙合理。限位块3用于模具在冲压到位时限位，同时可调节凹模与压料圈之间的间隙，到位标志器13是检验拉深件压到位的标志，导板12用于凸模与压料圈导向，导板4用于凹模与压料圈导向，定位块9用于坯料定位，定位键10用于

图10.33 单动拉深模结构示意图

1—凹模；2—凸模；3—压料圈

模具在压力机工作台的 T 形槽中定位，顶杆 7 用于顶件和压料。

2. 双动拉深模典型结构

双动拉深模是按双动压力机设计的。图 10.35 所示为双动拉深模结构示意图。模具主要由凸模 1、压料圈 2、凹模 3 组成。凸模 1 安装在双动压力机的内滑块上，压料圈安装在双动压力机的外滑块上，凹模 3 安装在双动压力机工作台面上，凸模与压料圈之间、凹模与压料圈之间都有导板导向。

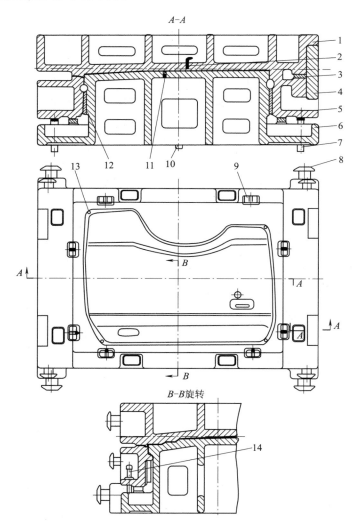

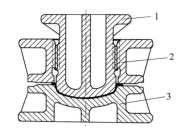

图 10.34　微型载货汽车左右车门外板单动拉深模

1—凹模；2、11—通气孔；3—限位块；4、12—导板；5—压料圈；
6—凸模；7—顶杆；8—起重棒；9—定位块；10—定位键；
13—到位标志器；14—限位螺钉

图 10.35　双动拉深模结构示意图

1—凸模；2—压料圈；3—凹模

图 10.36 所示为微型载货汽车后围板双动拉深模，也是按双动压力机设计的。模具主要由凸模 4、凹模 8、压边圈 6 三大件及一些辅助零件组成。凸模 4 安装在双动压力机的内滑块

上，压边圈 6 安装在双动压力机的外滑块上，凹模 8 安装在压力机的工作台上。凸模与压边圈之间用导板 5 导向，凹模与压边圈之间由背靠块（防磨板）13 导向。压料圈内轮廓和凸模外轮廓之间应有一定间隙，既要保证压料圈压料作用，又要便于制造，一般取 1~3 mm。

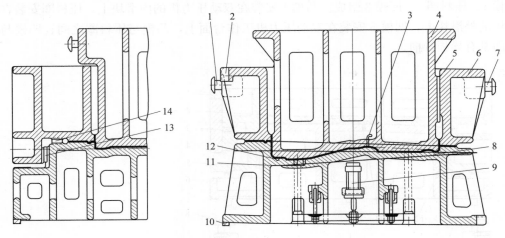

图 10.36　微型载货汽车后围板双动拉深模

1、7—起重棒；2—定位块；3、11—通气孔；4—凸模；5—导板；6—压边圈；8—凹模；
9—顶件装置；10—定位键；12—到位标志器；13—防磨板；14—限位块

10.5.4　车身覆盖件冲压基本工序

车身覆盖件的形状复杂，尺寸大，因此一般不可能在一道冲压工序直接完成，有的需要十几道工序才能获得，最少的也要 3 道工序。覆盖件冲压的基本工序有落料、拉深、修边、翻边和冲孔，见表 10.3。根据需要和可能可以将一些工序合并，如修边、翻边等。

表 10.3　轿车侧围冲压基本工序

工序	示例	工序内容及举例
落料		用落料沿封闭轮廓曲线冲切，冲下部分是零件
拉深		将板料压制成开口空心零件
修边		将拉深或成形后的半成品边缘部分的多余材料切掉

续表

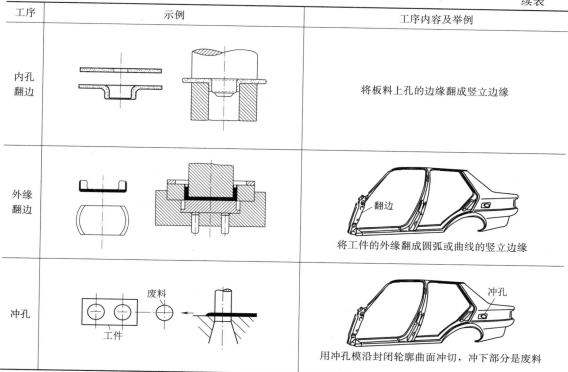

工序	示例	工序内容及举例
内孔翻边		将板料上孔的边缘翻成竖立边缘
外缘翻边		将工件的外缘翻成圆弧或曲线的竖立边缘
冲孔		用冲孔模沿封闭轮廓曲面冲切，冲下部分是废料

落料工序是为了获得拉深工序所需要的毛坯外形。

拉深工序是关键工序，覆盖件的形状是由拉深工序形成的。

修边工序是为了切除覆盖件拉深的工艺补足部分。这些工艺补足只是拉深工序的需要，因此拉深后应切掉。

翻边工序位于修边工序之后，它使覆盖件边缘的竖边成形。

冲孔工序是加工覆盖件上的孔洞。冲孔工序一般在拉深工序之后，以免孔洞破坏拉深时的均匀应力状态，避免孔洞在拉深时变形。

10.5.5　汽车典型覆盖件冲压工艺实例

汽车覆盖件左/右侧围外板冲压工艺见表 10.4。

表 10.4　左/右侧围外板冲压工艺

工序	工艺说明	设备	简　图
1	下料 1 340 mm×3 175 mm	开卷线	
2	落料	单动压力机	

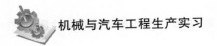

续表

工序	工艺说明	设备	简　　图
3	拉深	双动压力机	仅右件
4	修边冲孔	单动压力机	终修边　预切　斜楔修边　预切　顶修边　冲孔　门洞处预修边　预冲孔　终修边
5	翻边整形冲孔	单动压力机	翻边　翻边　修边　终修边　终成形　再次拉深　成形　修边　翻边　整形　翻边　冲孔　成形
6	翻边整形冲孔	单动压力机	整形　翻边　成形　终成形　冲孔　成形和整形

续表

工序	工艺说明	设备	简　图
7	修边冲孔	单动压力机	
8	修边冲孔整形	单动压力机	

10.6　车架冲压工艺及装备

车架需要具有足够的强度和刚度，以承受汽车的载荷和从车轮、悬架传来的冲击。当汽车发生碰撞的时候，其能量主要由车架的变形来吸收。在车架前部的吸能结构中，纵梁是最重要的吸能元件，在车辆发生正面碰撞时，纵梁是继保险杠总成压溃失效后产生塑性变形以吸收碰撞动能的主要部件，是重要的安全部件。

10.6.1　车架结构

车架是汽车各总成及零部件的安装基体，它承受汽车各总成的质量和有效载荷、汽车行驶中所产生的各种力和力矩，以及各种静载荷和动载荷。对于商用车，根据不同的车型，车架的结构形式也不相同，主要有边梁式、中梁式和综合式等几种。目前国内外卡车普遍采用边梁式车架结构。它一般是由两根纵梁、加强梁和若干个横梁通过横梁连接板采用焊接或铆钉和螺栓连接，构成一个牢固的梯子形状结构（图 10.37）。对于大多数商用车生产厂家，中、重卡车架都采用边梁式的结构形式，由两根相互平行且开口朝内的槽型纵梁及一些冲压制成的开口槽型横梁组合而成。不同在于纵梁和横梁的结构变化。

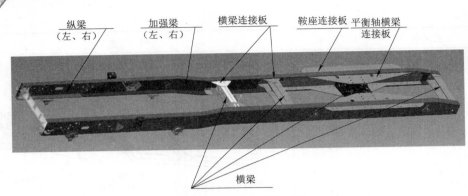

图 10.37　车架结构

纵梁加强板具有有效吸收衰减车辆碰撞时的冲击能量、提高车型安碰性能及增加主梁的抗扭强度的特点。

目前载货汽车的汽车纵梁根据用途及使用工况的要求，有的采用单层梁结构，有的采用主纵梁＋加强梁的双层结构，还有的采用主纵梁＋两层加强梁的三层结构，也有少数采用主纵梁＋上、下翼面附加厚钢板的结构等形式。

单层梁结构的汽车纵梁的各个截面厚度一致，一般采用强度很高的材料，虽然汽车纵梁的承载能力提高了，但是牺牲了纵梁的柔韧性，发生疲劳断裂的危险性增加，一般轻型车常采用此结构。双层纵梁结构由纵梁＋加强梁组成，加强梁装在主梁的受力部位（图 10.37），如前后轴位置、发动机、变速器位置等。内梁、外梁用铆钉连接。一般中重型汽车、自卸汽车常采用双层梁结构。少数三层梁由主纵梁＋两层加强梁组成。

此外根据车型不同，纵梁又分为阶梯式梁［图 10.38（a）］和直通式梁［图 10.38（b）］。大部分轻型、中型车采用阶梯式梁；重型车常采用直通式纵梁。按纵梁截面又分等截面梁［图 10.38（b）］和变截面梁［图 10.38（c）］。前后变截面非直纵梁，形成前宽后窄结构车架，有利于前端发动机的布置；另一种是等截面直纵梁形成前后等宽结构车架，有利于车架前端的抗扭能力提升。

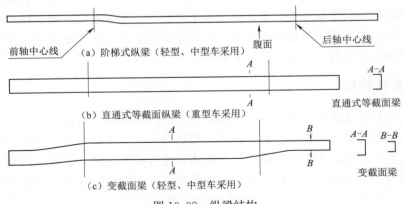

图 10.38　纵梁结构

重卡车架型材规格多样，长度集中为 3～12 m，宽度为 200～400 mm，翼高为 70～100 mm，料厚为 4～10 mm，形状以 U 形截面为主。U 形纵梁本体的内表面包括一个腹面以及两个翼面（上翼面、下翼面）（图 10.39）。

横梁的两端通过连接板与纵梁连接，横梁与连接板组成的部分为横梁总成，横梁总成的自身强度是决定车架承载能力的重要因素。横梁也有多种形状（图 10.40）。

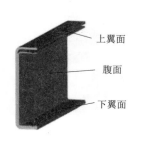

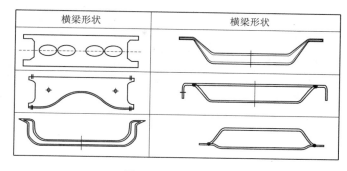

图 10.39　纵梁 U 形截面结构　　　　　　　　图 10.40　横梁形状

车架纵梁一般选用汽车纵梁专用热轧板料，目前常用的有 510L、590L、Q550、Q620 等。

板料主要是以锰为固溶元素的低合金钢。材料存放的时间不宜过长，材料表面的锈蚀层、氧化皮、毛刺等都会影响加工质量，使设备、冲压模具加速磨损，特别是最后的油漆，影响更为严重。因此，原材料在使用时需进行前处理，常用的方法是喷砂、喷丸、涂油处理。

10.6.2　车架上的冲压工艺术语及冲压件

1. 冲压工艺术语

（1）小件。对车架上除了纵梁、加强梁和平衡轴横梁连接板以外，其他冲压件的总称。

（2）辊形。带料通过数组带有型槽的辊轮，依次进行弯曲成形，最后得到所需截面形状制品的加工方法。

（3）镶梁配孔。将加强梁镶进纵梁后进行焊接，再用钻床将纵梁上孔复制到加强梁上的钻孔方式。

（4）关键孔。特指总装厂装配用孔，孔组分布在纵梁的腹、翼面上，或者工艺保证有困难，在整车装配中质量问题出现频次较高的孔，发生质量问题时，容易造成总装厂装配线停线。主要有翻转支架用孔、转向机用孔、驾驶室支架用孔等。

（5）商品件。由车架厂生产的，供给别的单位的零件。

（6）前宽后窄车架。为安装大尺寸发动机而设计的一种车架，其车架外宽前端大、尾端小。

2. 冲压件

东风汽车有限公司商用车公司车架厂是冲压、焊接、装配、油漆四大工艺俱全、以冲压工艺为主体的专业厂，现有各式压力机 49 台，各式数控柔性化冲压设备 24 台，是国内目前规模最大的商用车车架总成和冲压件生产阵地。东风公司车架厂中，重型车架上的零件种类多、品种多，其中大多数为冲压件，但也有铸件，如板簧支架、发动机支架等。主要的冲压件有纵梁、加强梁、横梁、横梁连接板、鞍座连接板等。车架厂商品件以储气筒总成

（图 10.41）、风扇总成（图 10.42）、雷诺发动机推杆室盖（图 10.43）、油底壳总成（图 10.44）为主，同时包括各类中小冲压件。

图 10.41　储气筒总成

图 10.42　风扇总成

图 10.43　发动机推杆室盖

图 10.44　油底壳总成

■ 10.6.3　车架冲压工艺特点

车架是载重汽车的重要零部件，载重车品种的变化主要是车架品种的变化，而车架的变化关键是纵梁、横梁的变化。因此，优质高效地实现车架纵梁、横梁的柔性化制造，对于满足客户对产品多样性的需求以及生产成本的削减，具有十分重要的意义。车架纵梁、横梁制造方式不同主要体现在孔加工和成形的工艺上。车架纵梁断面呈"U"字形结构，在上下翼面和腹面上通常分布着 300～500 个不同直径的孔，用于驾驶室、发动机、板簧吊耳、油箱支架、电瓶箱支架等的装配。除少部分通过孔外，80% 以上孔对卡车装配的一致性、安全性至关重要。

10.6.3.1　纵梁冲压工艺类型

纵梁是车架的最主要构件，零件尺寸大，形状复杂，尺寸和形状精度要求较高，生产所需的设备、工装投入很大，根据目前汽车纵梁的结构类型，纵梁加工工艺主要分以下 3 类：①模具修边冲孔＋模具成形工艺；②纵梁加工工艺（辊型）；③模具修边冲工艺孔＋平面冲冲孔＋模具成形工艺。

1. 模具修边冲孔＋模具成形工艺（模具加工型工艺）

本工艺是传统的纵梁模具加工型工艺，主要工艺流程为落料冲孔→冲多孔→弯曲成形。

其中冲孔和弯曲工序多采用压力机＋模具冲压方式进行。由酸洗、剪切生产线完成毛坯的准备，冲压工艺完成纵梁孔特征和形状特征的加工，适用于单一品种、大批量生产方式。使用3 000～5 000 t 压力机对平板料进行冲孔和成形加工，大型压力机连线生产。工装为大型模具，一般一种纵梁产品通常需要一套落料冲孔模与两套成形模。为适应多品种纵梁生产需要，现在多采用组合模具的冲压制造技术，模具采用模块式结构，便于换型。东风公司车架厂模具加工型纵梁加工工艺流程如图 10.45 所示。

图 10.45　模具加工型纵梁加工工艺流程

纵梁毛坯一般为带状热轧钢板料。板料表面的锈蚀层、氧化皮、毛刺都会影响加工质量，使设备、冲压模具加速磨损，特别是最后的油漆，影响更为严重。酸洗工艺是指采用酸性介质清洗掉带钢表面的氧化皮，除锈、除油污，提高纵梁表面质量和防蚀防锈能力。

纵梁孔加工的主要方式有模具落料冲孔、通过钻模板利用摇臂钻床钻孔、平面数控和三面数控冲孔机冲孔 3 种方式。不同的孔加工方式，在工艺精度和加工效率等方面存在着较大的差别。

本工艺采用的是一种先加工孔再成形的纵梁生产工艺方式，也就是先利用压力机或者平面冲冲压出一组定位孔和其他大部分主要孔系，然后将平板料一般不超过 5 片叠放在一起，最上面放钻模板，然后对剩余少部分未加工的纵梁孔进行补钻钻孔。钻模板可以是金属切削加工的钻模板，也可以是用平面冲加工出来的"样板梁"，一般"样板梁"只使用一次。

模具加工型工艺优点：①生产效率高、成本低；②产品质量稳定；③可生产长度≤10 000，厚度≤8，材料强度≤DL590 所有类型的纵梁，等截面纵梁和变截面纵梁均可生产。

模具加工型工艺不足：①受压力机台面尺寸限制，只能生产 10 m 以下的纵梁；②纵梁板料外形大、自重大，生产线自动化程度低，现场作业环境差，劳动强度较大；③柔性化程度差，模具价格高，工艺前期设备、工装投入较大，生产准备周期长，产品改动后模具的改动时间长，柔性化程度低，只适用于单一品种、大批量生产方式。

本工艺重点设备：3 000 t 机械压力机（图 10.46）、3 500 t 机械压力机（图 10.47）、4 000 t 机械压力机（图 10.48）。

图 10.46　3 000 t 机械压力机 S2-3000

图 10.47　3 500 t 机械压力机 J36-3500

2. 纵梁加工工艺（辊型）

针对车架纵梁腹面高度为 220、250、280、300 mm 等多品种的槽形结构梁，东风公司车架厂引进了意大利 STAM 公司的辊型生产线。辊型生产线设备主要由上料系统、开卷单元、校平单元（包括去毛刺）、去端头单元、辊压成形单元（包括导向及校正）和切断单元、下料系统组成，可以实现料厚 4～10 mm、长度 2.9～12 m 的多品种等截面直通纵梁的柔性化生产。其辊型线生产流程为自动上料→开卷→校平→去端头→去毛刺→辊压成形→校正→定尺切断→自动分

图 10.48　4 000 t 机械压力机
（E2S-4000-MB）

料。辊型效率最高值为 24 m/min，可以把等截面而且腹面等高的纵梁放在一起加工，尽可能减少上料时间，提高生产效率。

东风公司车架厂纵梁辊型加工工艺采用辊形工艺＋三面冲冲孔工艺结合进行，具体工艺流程如图 10.49 所示。

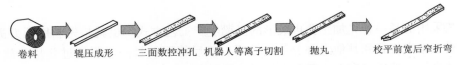

卷料　　　辊压成形　　三面数控冲孔　机器人等离子切割　　抛丸　　校平前宽后窄折弯

图 10.49　纵梁辊型加工工艺流程

目前国内纵梁孔加工工艺从钻孔逐渐过渡到数控冲加工，三面数控冲孔工艺适合于已经成形的槽形纵梁的孔加工，除个别孔边距较小的孔之外，可以事先编制好程序，一次性加工出所有的孔。数控三面纵梁冲孔生产线一般由上料、进料辊道、侧向定位辊、进料端送料机械手、前翼板冲孔压力机、孔位置检测、后翼板冲孔压力机、孔位置检测、中间辊道、中间送料机械手、腹板冲孔压力机、孔位置检测、出料辊道、出料端送料机械手等部分组成。常见的数控三面纵梁冲孔生产线有以下 4 种组成形式。

A 型：由 3 台压力机组成的数控生产线，即由 1 台腹板冲孔压力机、2 台翼板冲孔压力机组成，每台主机都安装有模具，模具规格根据生产需要配置，液压驱动模具冲孔。冲孔前数控系统会检查孔大小是否与设备模具库冲头相符，检查孔位置是否满足工艺要求。

X 轴冲孔精度为 ≤±0.15 mm/1 000 mm≤±0.3 mm/3 000 mm≤±0.5 mm/12 000 mm；

Y 轴冲孔精度为 ≤±0.2 mm/1 000 mm。

B 型：由 4 台压力机组成的数控生产线，即由 1 台腹板冲小孔压力机、1 台腹板冲大孔压力机、2 台翼板冲孔压力机组成。

C 型：由 4 台压力机组成的数控生产线，即由 1 台腹板冲孔压力机（冲小孔和大孔）、1 台纵向可移动的腹板冲小孔压力机、2 台翼板冲孔压力机组成。

D 型：由 5 台压力机组成的数控生产线，即由 1 台腹板冲小孔压力机、1 台可纵向移动的腹板冲小孔压力机、1 台腹板冲大孔压力机、2 台翼板冲孔压力机组成。

东风公司车架厂引进的比利时索能公司的三面数控冲孔机（线），由 4 台压力机组成数

控生产线，即由 1 台腹板冲小孔压力机、1 台腹板冲大孔压力机、2 台翼板冲孔压力机组成。该设备自动化程度高、性能稳定、加工精度和加工效率高。可预先编制数控程序并下载到三面数控冲孔机存储器里，当生产任务下达后根据计划编制任务列表，启动设备后由计算机自动调用程序进行生产，除将型材坯料放置到指定位置外，生产过程均可实现无人化操作，通过计算机自动计算分配后，由 4 台主机自行从 3 个方向进行冲孔，并根据任务列表输入的各车型的型材尺寸自动调节主机和进给机构位置，不仅效率高、节省人力，且非常适合重卡领域小批量多品种混线生产的特点。企业可按客户订单配置要求灵活调整产品技术状态进行生产，极大地丰富了各企业的产品种类。

三面数控冲工艺加工产品质量优于平板数控冲工艺，但加工产品类型不像平板数控冲能覆盖所有产品，柔性比平板数控冲较低。目前汽车厂两种数控生产工艺都有采用，三面数控冲孔更多地用于断面是槽形的直通纵梁生产。

表 10.5 是几种纵梁孔加工方式的精度和效率对比，可以看出，数控冲孔柔性化程度高，在新产品研发试制、批量生产等方面具有明显的优势。

表 10.5　纵梁几种孔加工方式的精度和效率对比

孔加工方式	模具冲孔	平面数控冲孔	三面数控冲孔	钻孔	
				叠钻	套钻孔
孔径变化	偏小	偏小	偏小	偏小或偏大	
孔位置度/mm	±0.5	±0.5	±0.5	±1	
模具费用	有	有	有	较少	
每片效率/min	0.5	60～70	3.5～14	25～35	40～60
每个孔平均成本/元	0.058	0.08	0.17	0.38	0.41
适合批量	中、大批量	单件、小批量	各种批量	中、小批量	

纵梁辊型加工工艺特点如下。

（1）柔性化程度高，各工序衔接较好，采用自动化数控设备组合成流水线进行纵梁生产，加工精度高、劳动强度低、物流成本低、生产周期较短，特别适用于多品种、少批量的混线生产模式。

（2）最大特点是产品切换快捷，技术资料可迅速转换为产品。可根据成形要求随时调整成形尺寸而无须更换模具，即一套模具就可成形多种规格的型材，模具投入成本大大降低。通过模具的调整，成形精度也可得到有效保障。

（3）受设备结构限制，只能生产等截面纵梁和加强梁；腹面高度变化的纵梁无法加工，生产节拍较模具加工型工艺要低。

本工艺用到的重点设备如图 10.50～图 10.54 所示。

3. 模具修边冲工艺孔＋平面冲冲孔＋模具成形工艺

该纵梁工艺加工流程如图 10.55 所示。

本工艺是传统冲压工艺与数控柔性化加工工艺的成功结合，继续保留了模具生产的高效率，并充分利用了数控设备的柔性化，主要适用于结构相对简单的车架的纵梁生产。

图 10.50　辊形线

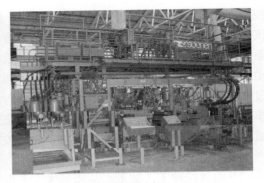

图 10.51　三面数控冲孔机

图 10.52　机器人等离子切割机

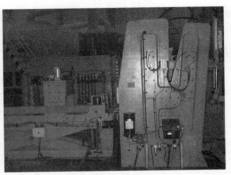

图 10.53　前宽后窄折弯专机

　　其中平面数控冲孔是一种先加工孔后成形槽，最后形成纵梁的工艺方式，其典型工艺路线为剪切下料→平面数控冲孔→成形（槽形）或者是剪切下料→模具落料冲定位孔→平面数控冲孔→成形（槽形）。两种方式分别适用于以边定位和以孔定位的平面数控冲孔机。

　　平面数控冲冲孔由数控平板冲孔生产线完成。该生产线一般由上料、坯料对中、进料辊道、送料机械手、冲孔压力机、出料辊道、下料等部分组成，冲一个孔的时间为 1.2 s 左右，冲一片 250 个孔的纵梁时间为 5 min 左右。目前新上的平板冲孔线大多采用此形式的冲孔线。

图 10.54　抛丸机

酸洗、剪切下料　→　模具修边冲工艺孔　→　平面冲冲孔　→　模具成形　→　前宽后窄折弯

图 10.55　纵梁模具修边冲工艺孔＋平面冲冲孔＋模具成形工艺流程

　　纵梁模具修边冲工艺孔＋平面冲冲孔＋模具成形工艺特点：①生产准备周期短；②模具修边、成形效率高；③等截面纵梁和变截面纵梁均可生产（图 10.56、图 10.57）；④孔位保

证精度低于三面冲冲孔，关键孔如板簧支架孔、转向机支架等孔需纵梁成型后补钻；⑤受压力机台面尺寸限制，只能生产 10 m 以下的纵梁；⑥劳动强度较大。

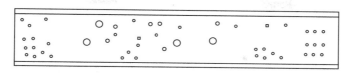

图 10.56　等截面纵梁

图 10.57　变截面纵梁

本工艺用到的重点设备是平面数控冲孔机（图 10.58）和 3 500 t、4 000 t 机械压力机。

10.6.3.2　加强梁冲压工艺简介

常见的加强梁的冲压工艺有两种，另一种是加强梁辊形工艺；另一种是加强梁模具工艺，工艺安排的原则是与所匹配的纵梁生产方式尽量一致。

1. 加强梁辊形工艺

加强梁辊形工艺流程如图 10.59 所示。

图 10.58　平面数控冲孔机

加强梁辊形工艺特点：①加工精度高；②材料利用率高；③受辊形线、切割机和前宽后窄折弯专机的设备结构影响，加强梁有最短长度的要求，如果加强梁短于 3 500 mm 就需要进行拍样套裁生产或增加工艺搭边，降低了材料利用率。

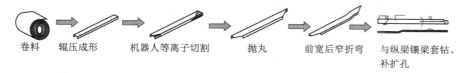

卷料　辊压成形　机器人等离子切割　抛丸　前宽后窄折弯　与纵梁镶梁套钻、补扩孔

图 10.59　加强梁辊形工艺流程

2. 加强梁模具工艺

加强梁模具工艺适用于产量大而稳定或试制手段无法生产的横梁，工艺主要以落料、冲孔、压弯、拉延等为主。横梁的主要作用是连接左右两根纵梁，构成完整的框架，保证车架承载性能，具有足够的强度和抗扭转刚度，一般车架的刚度是两端大，中间小。中重卡横梁总成一般通过"L"形或"U"形连接板将槽形横梁与纵梁连接起来。

（1）车架上最常见的 U 形横梁（或槽形横梁）加工工艺流程：酸洗、剪切下料→模具修边冲孔→模具成形（图 10.60～图 10.62）。

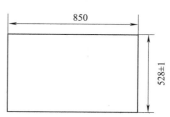

图 10.60　酸洗剪切下料

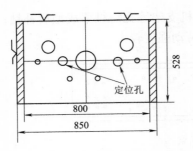

图 10.61 模具修边冲孔

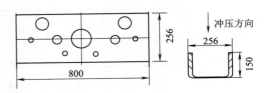

图 10.62 模具成形（U 形）

横梁连接处孔位尽量采用等间距或者倍数关系布置，保证各横梁连接处孔位尽量完全相同，这样便于后期变动车型横梁位置的移动，以及横梁件的相互借用，有效减少车架孔位，避免横梁位置移动导致叠孔现象出现，如图 10.63 所示。

加强梁模具工艺难点：①注意成形时保持修边光亮带在外侧，以防成形开裂；②注意零件的防反；③修边冲孔模增加顶件销或增加空手槽，方便取料。

（2）几字形横梁的加工工艺流程。几字形横梁外形如图 10.64 所示，其加工工艺流程为酸洗、剪切下料→模具修边冲孔→压弯压印→压弯→冲孔（图 10.65～图 10.69）。

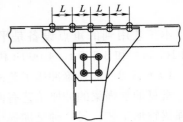

图 10.63 U 形横梁及纵梁连接板

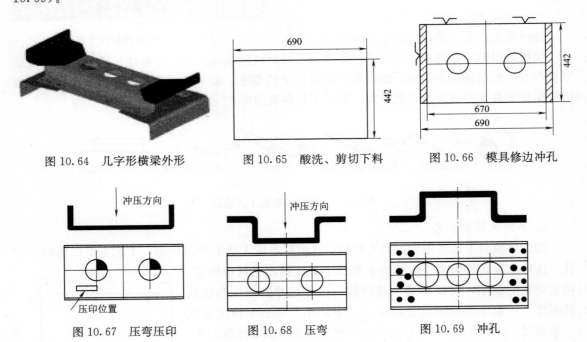

图 10.64 几字形横梁外形　　图 10.65 酸洗、剪切下料　　图 10.66 模具修边冲孔

图 10.67 压弯压印　　　　图 10.68 压弯　　　　　图 10.69 冲孔

工艺难点：①控制零件的回弹，保证成效角度，进而保证冲孔精度；②保证成形高度的精度，防止装配困难。

本工艺主要冲压设备及参数：EIS-1250 压力机（图 10.70）：为 1 250 t 压力机，工作台尺寸为 1 600 mm×1 800 mm，闭合高度为 400~800 mm，滑块行程次数为 10 次/min，滑块行程为 500 mm。

图 10.70　EIS-1250 压力机群

小型数控冲孔机：最高冲次为 75 次/min，一次送料最大行程为 X 轴 2 400 mm，Y 轴 1 000 mm。

第 10 章习题

第 *11* 章

汽车焊装夹具

11.1　焊装夹具概述

■ 11.1.1　焊装夹具功用与分类

1. 焊装夹具功用

在汽车零件的焊接中，除飞轮齿环、轮辋等个别情况是将一个环状和其他封闭体自身的某道焊缝接起来外，大多数情况是把几个不同形状的工件焊接到一起，组成一个焊接合件，因此，焊接和装配一般是联系在一起的，故通常把焊接过程中所用的夹具称为焊接装配夹具。所谓焊接装配夹具，是指在焊接工艺过程中，根据工件结构的要求，用来保证被焊工件的正确相对位置及形状，并通过夹紧机构可靠夹紧进行焊接、保证汽车零件相互位置精度和结构强度方面要求的工艺装备。

在轿车生产的冲压、焊装、涂装和总装四大工艺中，冲压和焊装与白车身制造过程直接相关。每台轿车车身零件数量为 300~500 个，这些冲压零件在焊接夹具上进行装配后焊接，焊接后的车身尺寸偏差无疑和焊接夹具的精度有密切的关系。

焊装夹具的设计水平直接关系到白车身总成的焊接质量和生产节拍。据统计，在汽车焊接流水线上，真正用于焊接操作的工作量仅占 30%~40%，而 60%~70% 为工件的上件夹紧工作。合理的设计焊装夹具是保证焊接质量、提高劳动生产率、减轻工人劳动强度、降低车身制造成本的根本途径。

2. 焊装夹具的分类

焊装夹具按汽车零部件结构特点分为以下几类：

（1）薄板件装焊夹具。是以车身为代表的薄板冲压件焊接夹具，有它特定的设计、制造方法和结构特点，是设计、制造、调整工作量最大的一部分。

（2）薄板箱筒型及特殊组件装焊夹具。如燃油箱、储气筒、液压变速箱中泵轮总成和涡轮总成等，其夹具结构就又是一种风格。

（3）中厚板冲压件、机加件和刚性较好的其他焊接件装焊夹具。如传动轴、焊接桥壳、焊接车架、减振器、车轮、刹车蹄片、变速箱齿轮与轴等焊接用夹具，在结构上也有它的特点，这类夹具除有的需要导电外，结构上还与机加夹具比较接近。

3. 对焊接夹具的一般要求

（1）满足产品结构、工艺和生产纲领要求，有可靠的定位夹紧机构，处于焊接回路内的夹具应有良好的导电通路，能减少焊接变形或能适应变形的需要，对夹具上急剧受热的部位要进行通水冷却，要根据生产纲领选择夹具结构，产量低用简易结构，高产量用气动和自动化程度高的夹具。

（2）容易制造和便于维修。

（3）操作方便和安全。要便于装卸工件，特别注意防止焊接后工件从夹具中取不出来，能使焊缝处于最佳施焊位置，防止机构压手和松开打手。

（4）结构简单合理，降低制造成本。大型焊接夹具价格很贵，要充分利用工件的装配关系，了解焊接件的作用，简化结构，降低成本。焊接夹具设计中的一个通病是结构复杂化，很多机构实际上是不需要的。

▌11.1.2　汽车覆盖件在车身上的位置

以车身覆盖件为焊接对象的焊接夹具，在设计时考虑的一个重要设计参数是该汽车覆盖件在车身上的位置。汽车车身产品图以空间三维坐标来标注尺寸，为了表示覆盖件在汽车上的位置和便于标注尺寸，我国的汽车车身一般每隔 200 mm 或 400 mm 画一坐标网线（也简称车线），3 个坐标的基准是：前后方向（X 向）——以汽车前轮中心为 0，往前为负值，向后为正值；左右方向（Y 向）——以汽车对称中心为原点，面向车行驶方向，向右为正，向左为负；上下方向（Z 向）——以纵梁上平面为 0，往上为正值，往下为负值。车线图及整车参考方向简图如图 11.1 所示。因此每个汽车覆盖件图上也相应地每隔 200 mm 画出 3 个方向的坐标线，见图 11.1。

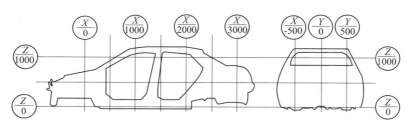

图 11.1　车线图

▌11.1.3　车身焊装夹具结构特点

设计夹具时，要了解产品结构，吃透工艺要求。车身一般由外覆盖件、内覆盖件和骨架件组成。覆盖件的板厚一般在 0.8～1.2 mm 范围内，骨架件多为 1.2～2.5 mm，也就是说它们大都为薄板件，对夹具设计来说，有以下特点：

扫一扫

（1）结构形状复杂，构图困难。车身都是由薄板冲压件经过装配焊接而成的空间壳体。为了造型美观和壳体具有一定的刚性，组成车身的零件通常是经拉延成形的空间曲面体，结构形状相当复杂。

（2）刚性差、易变形。

（3）以空间三坐标标注尺寸。车身产品图以空间 3 个坐标来标注尺寸，各种车型对坐标原点和坐标间隔的规定略有不同。在设计车身夹具时只要记住，凡是在夹具上要标注坐标尺寸的地方，都必须与产品图上的坐标体系完全一致。车身覆盖件图纸只标注外形的某些限定尺寸，因此在设计夹具时，有时要用到产品设计的主样板、线图和主模型。主模型是汽车车身形状的原始数据，也是制造冲模、焊接夹具、检验夹具和辅具以及检查覆盖件形状和尺寸的依据。

（4）车身的一般精度要求。由于车身门框与车门间有门锁、密封件，前后风窗要装玻璃，因此这些部位的装配精度都比较高，加上市场竞争和用户对车身外观要求的提高，特别是轿车车身。现在，载重车驾驶室的装配精度实际上也向轿车车身靠近。装配精度包括外观精度与骨架精度，外观精度指车门装配后的间隙面差，骨架精度指三维坐标值。货车车身的装配精度一般控制在 2 mm 内，轿车控制在 1 mm 内。焊接夹具的设计既要保证工序件之间的焊装要求，又要保证总体的焊装精度，通过调整工序件之间的匹配状态来满足整体的装配要求。

11.1.4　焊装夹具定位原理

在进行汽车装配焊接作业时，首先应使焊件在夹具中得到确定的位置，并在装配、焊接过程中一直将其保持在原来的位置上。把焊件按图样要求得到确定位置的过程称为定位；把焊件在装配焊接作业中一直保持在确定位置上的过程称为夹紧。由力学知识可知，在空间处于自由状态的刚体，具有 6 种活动的可能性，即 6 个自由度，夹具定位的目的就是约束这 6 个自由度中的部分或全部，这样物体的位置和方位就能够被唯一确定，所以自由度也是决定物体空间位置的独立参数。

由于薄板件柔性较大，在加工载荷下容易变形，在工业生产中可能导致较大的尺寸偏差。因此，在传统的刚性夹具设计广泛应用的"3-2-1"的六点定位原理难以解决薄板件焊装质量精度难以控制的问题。在车身焊装夹具设计中，工件定位采用"N-2-1"定位原理，即经常采用过定位的方式（$N>3$）进行定位，即在焊点附近均设置定位面，增加其刚性。此外焊件上凡是夹紧力的作用点，也都必须有相应的支承块，以防止和矫正大尺寸零件或薄板件的变形。只要过定位所产生的误差没有超出工件装配精度所允许的范围，过定位是允许存在的，"N-2-1"定位原理能够较好地满足薄板件焊装加工定位的精度要求。因此过定位在焊装夹具设计上是既允许又必要的。但是，过定位并非越多越好。

11.1.5　定位基准的选择

焊装件要获得正确的定位，首要的问题是选择定位基准。这不仅关系到工件的装、焊精度，还影响到整个装配和焊接工艺过程以及夹具的结构方案。

在焊接装配前把待焊装零、部件的相互位置确定下来的过程称为定位。通常的做法是先根据焊件结构特点和工艺要求选择定位基准，然后考虑它的定位方法。它们必须事先按定位原理、工件的定位基准和工艺要求在夹具上精确布置好，然后每个被装零、部件按一定顺序"对号入座"地安放在定位元件所规定的位置上（彼此必须发生接触）即完成定位。夹具设计的定位基准，要求严格按照车身主要控制点（main control point，MCP）信息进行设计，目的是保证基准的一致性和延续性，在实际生产中才能更好地保证车身焊接精度。

车身焊接夹具大多以冲压件的曲面外型、在曲面上经过整形的平台、拉延和压弯成形的台阶、经过修边的窗口和外部边缘、装配用孔和工艺孔定位，这就在很大程度上决定了它的定位元件形状比较特殊，很少能用上机加夹具通用的标准定位元件。焊接夹具上要分别对各被焊工件进行定位，并使其不互相干涉。在设置定位元件时，要充分利用工件装配的相互依赖关系作为自然的定位支承。有的工件焊接成封闭体，无法设置定位支承，可要求产品设计时预冲凸台、翻边作为定位控制点。有的工件仅起加强作用，装配位置要求不严格，可在与之相配的工件上冲出位置标记，只要按标记放在规定位置上焊牢即可。在定位方法上采取这些措施，可大大简化夹具结构。

定位基准选择一般遵循以下原则：

（1）选择各零件的定位基准与车身设计基准一定要一致。定位基准应尽可能与焊件起始基准重合，或与被装配结构的设计基准一致，以便于消除由于基准不重合造成的误差。在实际应用中，定位基准尽量采用产品图纸上已有的孔，或者在设计时已考虑工艺的需要而事先确定的定位孔或定位面。若图样上没有规定，则尽量选择图样上用以标注各零、部件位置尺寸的基准作为定位基准，如边线、中心线等。

（2）有装配关系的相邻结构的不同焊接装配夹具，应选择统一的定位基准。由总成分解出的部件、组合件应尽量与总成夹具同一基准。尽量利用上道工序的定位基准作为本道工序的定位基准。

（3）优先选择平面作为主要的定位基准，尽量避免选择曲面，否则夹具制造困难，工件易变形。如果有几个平面时，则应选择其中较大的平面作为主要定位基准。应注意选择门洞、前后悬置孔、窗框、纵梁、工件经拉深和折边形成的台阶作为主要定位基准，因为这些部位易安装定位。

（4）以工件的平面或外形轮廓为基准进行定位时，常采用定位块、支撑柱进行定位。面定位主要限制零件定位面法向移动的自由度。

（5）以工件圆孔内表面为基准进行定位时常采用定位销定位。孔定位主要限制垂直于孔轴线的切面中两个移动方向的自由度。

（6）以工件圆柱外表面为基准进行定位时常采用 V 型铁定位器，限制的自由度同孔定位。

对于刚性较好的焊件定位常采用"一面两销"的方式进行定位，其中一个为圆柱销，一个为菱形销。但是对于刚性较差的大型焊件则不易采用这种方式。例如汽车下车身薄板钣金件，若采用一个圆柱销和一个菱形销的"一面两销"定位形式对其定位，由于下车身钣金件焊后的变形或本身总质量的重力作用，车架中部可能出现向下的挠曲会对车架上所拼焊零件的相互位置产生影响，以至于车架焊接质量不合格。另外，由于菱形销的存在，菱形销短边无法阻止被定位零件向下挠曲过程中向定位孔边的位移，以致零件偏离正确位置，定位销将失去其定位作用，此时若采用两个圆柱销进行定位，在其左、右梁中间下方增加辅助定位支承及夹紧点，定位效果就会得到很大改善。

案例：如某框架式车门框由 4 段焊件组成（图 11.2），由于汽车门框各部件的形状窄而长，极易产生焊接变形，要实现各焊件准确对焊，单采用六点定位原则已经不能保证其要求的位置和形状精度，所以采用过定位的形式来保证汽车门框的准确形状和可靠定位。焊件上定位基准采用焊件的折边台阶面、折边上的U形定位工艺槽（图11.3），该定位槽是专门为定位而设计的，焊件上的定位孔（图11.4）。定位元件主要采用平面定位块（用于折边台阶面定位）、定位销（用于U形定位工艺槽和定位孔定位）（图11.5）。焊接前把各焊件按顺序依次放入夹具中定位，然后用10个夹紧器，将汽车门

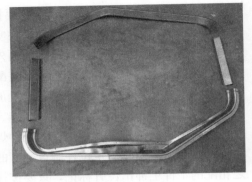

图11.2　车门框架

框各部件牢牢地固定在夹具上，整个框架式车门焊装夹具如图11.6所示。

图11.3　U形定位槽

图11.4　前支柱焊件定位孔

图11.5　定位基准及定位元件

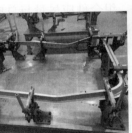

图11.6　车门框架焊装夹具

11.1.6　焊接夹具的总体设计方案

　　焊接夹具方案设计分为4个阶段：定位方案设计、夹紧方案设计、辅助元件选择、夹具空间布置设计，其中定位和夹紧方案设计是关键。

　　对于汽车白车身焊接夹具设计，首先是确定夹具的设计基准，选择各零件的定位基准与车身设计基准一定要一致。定位基准选择是否合理是保证定位可靠的关键；在确定了定位点后就需要确定夹紧方案和机构，夹紧机构针对每个定位点选择可靠的方式进行夹紧，将各压紧块连接为整体，选择合适的开合角度及运动方式便可实现夹紧机构的功能。其次是绘制出焊装工件图，它包括在此工位上需要焊装的冲压件外形以及要求的焊点位置，以此作为夹具设置的基础。最后是根据定位基准传递的一致性，合理布置夹具的位置。汽车焊接的基本特征就是单个零件到部件再到总成的一个组合再组合的过程。这样可以消除由于基准不同而产生的尺寸误差，简化装配协调关系，提高装配精度。

夹具设计需要保证操作的安全性和便捷性，符合人体工程学，平移、平面旋转、轴向翻转等动态机构应有到位锁死装置和安全防护装置；所有平移滑轨需设置四面防尘机构。滑轨需要定位销进行限位（滑轨一侧用定位销，另一侧采用偏心销的结构），以保证滑轨的定位精度。在焊接操作有可能踩踏的部位需保证防护罩有一定的刚性。如夹具轴向翻转机构要采用气动齿轮齿条机构，以保证夹具整体翻转的平稳性，齿轮齿条需经相应热处理，保证耐磨性。焊接夹具结构应尽量小巧，具有良好的开放性。由于整个焊装过程是把许多个小零件按顺序逐个在夹具上定位并夹紧，待定位焊接后形成一个整体，这时从夹具中取出的是已经连成整体的车身焊接件，其形状复杂、尺寸增大、质量增加，从焊装夹具上卸下的难度也增加。因此焊装夹具的结构应使工件装卸方便，便于操作。

11.2　典型焊装夹具的组成

11.2.1　焊装夹具的基本构造

焊装夹具通常由基板（BASE 板）、夹具单元、辅助系统（如顶升、输送装置）、电器系统等几部分组成，如图 11.7 所示。一个典型的夹具单元通常包括支撑座（又称支架或 L 型板）、支撑板（过渡板）、压紧块、调整垫片、铰链销、定位销、定位销调整块、限位块、压紧臂、气缸等部件，如图 11.8 所示。

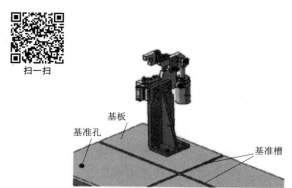

图 11.7　典型焊装夹具

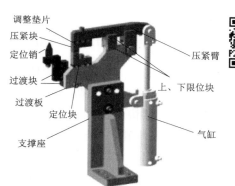

图 11.8　典型夹具单元的组成

1. 基板

基板是所有夹具单元安装及自身定位的平台，是夹具定位、支撑精度的保证。

为了保证车身零件正确的装配和保证装配精度，每个焊装夹具基板都必须建立一个夹具坐标系，这个坐标系与汽车车身产品设计的空间三维坐标系一致（图 11.1），它是该系统中所有夹具的设计基准，从而使夹具的定位面坐标尺寸和被焊车身零件所对应的坐标尺寸相同，保证焊接好的车身零件符合其设计尺寸和位置。

基板用于车身零件的装配与焊接，它的上表面确定了夹具系统的 XOY 坐标，又是所有夹具的安装平台，基板上表面的高度确定了夹具系统的 Z 坐标，这样就建立了夹具系统的空间三维坐标系（图 11.9）。基板也是所有焊装夹具的装配基准和测量基准，必须有较高的加工精度，以提高夹具的定位精度。为了方便设计和检测，在 BASE 板上还确定了基准孔和基准槽（图 11.7）。基板一般由槽钢和钢板焊接而成，下部槽钢多采用 10♯、12♯、14♯、16♯、20♯ 等，钢板一般选用厚度为 20、25 mm，材料采用 Q235。

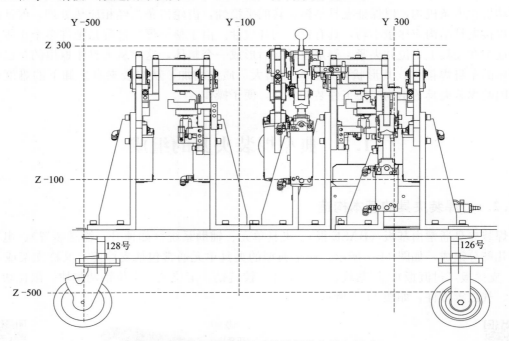

图 11.9　某车型后地板后横梁焊装夹具坐标系

（1）坐标基准的形式。为了方便夹具的安装和测量，基板上表面必须加工有坐标基准，并且在坐标基准上下左右各侧每隔 200 mm 刻基准车线，与车身零件的设计基准一致。通常坐标基准有下面两种结构形式：

1）基准孔法。基准孔法一般用于数控（NC）加工方式的基板中，它是在基板面相互垂直的两个方向各加工出 4 个基准孔，每个方向上的 4 个基准孔中心连线构成这个方向的坐标线，8 个基准孔构成两个相互垂直的坐标线，这样 XOY 平面的坐标系就确定了。有的基准孔会均布在基板的 4 个边角位置，如果是大型夹具，考虑到三坐标测量仪臂长有限的原因，会在对称位置增加一到两组基准孔。基准孔主要用于后期装配和测量基准，每块基板上都有一个三维坐标系，这些三维坐标系不是相互独立的，一般是根据整车坐标系经过平移得到的。基准孔的圆心设定在基准线偏移 5 mm 的位置上（基准孔与基准线相切），为了能清楚地看到基准线，要在基准线的边上刻印坐标值。如图 11.10（a）所示，基准销孔尺寸精度为 $\phi10H7$，与基准车线的位置精度偏差为 ±0.05 mm。基准孔作为检测孔，不能与部件等干涉，且基准销的安装也不能在干涉情况下进行，基准孔必须放在方便检测、方便安装基准销的位置。

2）基准面法。基准面法一般用于非 NC 方式加工的基板中，它是在基板面上加工两条相互垂直的基准槽，其中基准槽的一个面垂直于基准平面，这样垂直于基准平面的两个基准

槽槽面就构成了 XOY 平面坐标系，如图 11.10（b）所示，局部剖面图表示了基准槽的形状及尺寸加工精度。

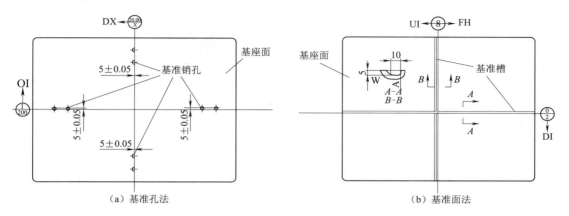

（a）基准孔法　　　　　　　　　　　　　　　（b）基准面法

图 11.10　基板的坐标基准

（2）基板的结构和加工。基板一般由钢板和槽钢焊接而成，其结构要求有足够的刚度和强度，以支撑其上安装的夹具单元和被焊零件。基座的上表面是所有夹具单元的装配基准和测量基准，必须有较高的加工精度和平面度要求，而且必须在焊接完后进行退火去应力热处理后再加工表面，以保证位置精度。

2. 脚轮

脚轮安装在基板下方，用于夹具位置的就位和调整，可采购标准件，有标准型号。

3. 夹具单元

夹具单元一般是定位部分和夹紧部分的混合体，定位部分通过限制零件的自由度，使零件在夹具中具有准确的位置，夹紧部分将压力作用在零件表面，使零件充分与定位面贴合，防止零件滑动。图 11.8 所示为夹具单元的典型结构，根据设计需求对图中各要素进行增减。

4. 定位元件

在装配焊接作业中，零件按图纸要求，在夹具中得到确定位置的过程称为定位。定位元件是保证零件在夹具中获得正确装配位置的零件和部件。车身焊装夹具的定位元件主要由定位销、定位块和导向块 3 种结构组成。

5. 定位块

定位块是焊接夹具中直接与零件表面接触的部件，是主要的平面定位元件，也称支撑块。定位块一般采用 2 个圆柱销加 1 个螺钉的安装方式（图 11.11），在空间受限时也可采用不外露的盲销安装方式（图 11.12）。圆柱销是定位块的安装基准，螺钉用于定位块和支撑板的连接，由于焊接件外形复杂，在装配焊接中与定位块相接触，这就决定了定位面形状复杂，且加工精度高。为了使元件的制造和调整方便，一般将定位块和本体分别设计，从而减小定位块尺寸，避免整体加工。定位块上的定位面形状取决于与其相接触的冲压件的 CAD（计算机辅助设计）数据，在制造过程中，为保证定位面的形状、尺寸精度，应采用数控加工或靠模加工。

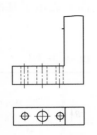

图 11.11　定位块结构

定位块定位面

圆柱销

调整垫片

图 11.12　定位块实物

扫一扫

定位块和定位销座均采用可调式结构，通过调整垫片数量的增减来调整定位块的精确位置。一般定位块要求在定位面的法向有 3 mm 的调整量。定位销要求在与定位孔中心线垂直的平面上有两个方向的调整量。如图 11.13（a）所示，定位块固定在安装支架上，通过调整垫片数量的增减来调整定位块 2 的位置。

分离式定位块根据调整方向的要求不同，可设计为一维可调式、二维可调式和三维可调式。如图 11.13（a）中的定位块为一维可调式，它只在垂直方向可调。原则上定位块应独立调整，但当定位块定位两个不同方向且距离太近的面时，采用双向可调整的结构（二维可调式），二维可调式需要通过一个"L"形块来实现。如图 11.13（b）所示，其定位块可在水平、垂直两个方向可调；要实现三维可调，即 XYZ 三个方向可调，就必须在"L"形块的基础上再加另一个方向的直块来实现，如图 11.13（c）所示。由于调整量不大，调整垫片设计制造为 $1+1+0.5+0.5=3$（mm）厚四片一组的形式，便于增减微调。分离式定位块在车身焊装线中应用越来越广，即使车身零件数据有精确的计算机文件，在加工焊接过程中也可能因为发生变形，使实际尺寸与理论数据发生偏差，需要在装配调式过程中通过调整定位块与实际车身零件表面贴合。

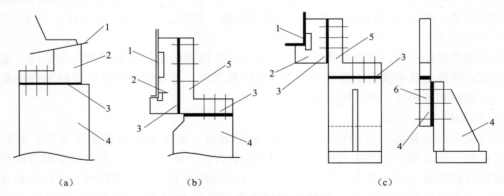

(a)　　　　　　　　(b)　　　　　　　　(c)

图 11.13　分离式定位块结构

1—工件；2—定位块；3—调整垫片；4—安装支架；5—过渡 L 块；6—过渡直块

（1）活动式定位块。在大多数情况下，定位块都是固定式的，但当定位块的位置影响被焊零件的装卸时，就必须考虑将其设计成活动式，在焊接完成后移动或旋转，以让出空间方便焊件的取料。在自动化要求较高的生产线上，活动定位块常采用气动操作方式。

（2）调整垫片要求。利用可调式结构定位块、定位销座对夹具进行精确定位调整或夹紧位置调整时，需要使用垫片，即在定位块与连接板、压块与转臂之间设置有 3～5 mm 的调整垫片。垫片一般与定位块配合使用，在安装的过程中需要使用三坐标测量仪测试每个点的绝对坐标后，通过增减垫片的数量来调整坐标误差。

垫片形状采用统一形式，一般分为三齿（三孔）和四齿（四孔）两种（图 11.14），垫片宽度配合定位块的尺寸，宽度一般分为 16 mm 及 19 mm 两种规格。垫片长度一般分为 50 mm 和 25 mm，常用垫片厚度分为 0.2、0.3、0.5、1.0、1.5 mm 等几种。当设计调整量为 3.1 mm 时，即 1 组垫片的厚度为 3.1 mm，则由 5 片垫片组成 [1+1+0.5+0.3+0.3=3.1（mm）]。Z 向调整也采用上述相同的方案在定位销和支撑 L 形板架间用调整垫片进行调整。垫片材质一般为不锈钢。

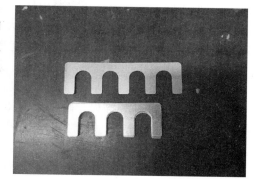

图 11.14　调整垫片实物

（3）定位块技术要求。对定位块有耐磨度、刚度、制造精度和安装精度的技术要求。夹具定位块材料为 45♯钢，定位型面硬度为 HRC38～42，优先采用表面淬火方式，淬硬层深度≥2 mm，也可采用整体淬火＋低温回火的方式；重要的安装面、定位面及销孔要求热处理后进行精加工，确保达到规定的粗糙度要求（型面、安装面的粗糙度为 Ra3.2，销孔的粗糙度为 Ra1.6）。安装面不上色漆，要涂防锈油。有些焊接件为防止磕碰也用聚氨脂材料的定位块。使用的聚氨脂夹具其邵氏硬度为 60～80，由于有耐油性的问题，一般不使用橡胶。MC 尼龙硬度高易导致磕碰伤，没有特殊指定也少使用。

6. 定位销

为使焊接件在夹具中能够准确定位，便于焊接，焊接夹具大量采用了定位销。定位销是定位车身部件的重要方式，一般定位销与白件的孔配合，定位销是靠其圆柱面与工件的定位基准孔接触进行定位的。在汽车车身装配焊接中，一般都采用 2 个定位销来限制零件的 3 个自由度，若零件是对称结构，则采用对称的 2 个孔定位。若零件外形尺寸较大，则采用件上对角 2 个孔定位。为了定位方便，其中一个采用圆柱销（图 11.15），另外一个采用菱形销（图 11.16）。根据冲压零件的形状、定位孔的位置以及装配焊接过程中零件的装卸顺序，可将定位销设计成固定式、移动式、摆动式 3 种。

图 11.15　圆柱销实物

图 11.16　菱形销实物

　　一般固定销结构比较常用，此时定位孔所在的零件平面与组装基准面（BASE）平行，或工件上的定位孔的中心线与 BASE 面垂直（垂直于取件方向），且定位销在工件的下面的时候，采用固定销。由于车身薄板件在焊接过程中焊接应力的作用下，容易发生变形，造成焊接件卸料困难，所以定位销的直径大小设计略小于零件上的孔径，一般定位销的直径取 $d=$ 零件孔径 $D-0.2$ mm，其位置精度为 ±0.1 mm，尺寸公差为 $0\sim0.05$ mm，定位销的长度在保证可靠定位的前提下尽可能短，太长导致卸料困难，而且容易折断，根据经验设计，其最短长度如图 11.17 所示，长度一般首先保证伸出工件 $5\sim10$ mm。定位销的材料一般选用 45♯钢，前部高频淬火，硬度为 HRC42～45，发黑防锈处理，定位销经热处理后还要求具有良好的抗冲击性能（韧性），表面粗糙度要达到 0.8 μm。定位销的安装一般要与销座配合，销座的尺寸长度根据夹具尺寸的需要，宽度与定位块类似。

　　（1）定位销安装方式。在大多数情况下将定位销单独安装在固定支架（过渡块）上的定位销基座上，并通过螺母连接、拧紧来防止定位销在工作过程中发生传动，然后将过渡块安装在夹具体上的过渡板上（图 11.18），使安装结构简化，成本降低，安装时定位销位置有不可调整、定位销一维可调、定位销二维可调几种形式。

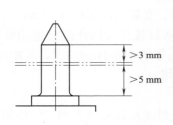

图 11.17　定位销的长度

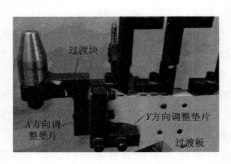

图 11.18　定位销安装

　　（2）定位销的相关要求。

　　1）4 位销（圆柱销）和 2 位销（菱形销、扁销）。①针对刚性较差的零件，为了减少工件在焊接过程中的变形移位、夹具的定位销以 4 位销为主；②针对刚性较好的零件（如大梁、小螺母板等），采用 4 位销有可能会因工件定位孔相对于定位销出现微小偏差而无法定位，此时应采用 4 位销加 2 位销的定位方式。

　　2）定位销与工件被定位孔的配合尺寸关系：其配合关系除了可以通过经验公式（定位销的直径取 $d=$ 零件孔径 $D-0.2$ mm）粗略确定外，还可以通过查表计算法求得。具体计算方法为：定位销的定位直径＝（工件被定位孔径理论值-0.15）＋h7。h7 为定位销直径公差等级。定位销直径对照表见表 11.1。如产品孔尺寸为 $\phi6$ mm，则定位销的尺寸应为 $\phi5.85$ mm，公差为上偏差为 0，下偏差为 -0.015 mm。采用螺孔定位时，因螺孔位置精度较差，应适当放大间隙，推荐螺孔定位销的定位直径＝（被定位螺孔小径理论值$-k$）＋h7；M6、M8、M10，取 $k=0.2$；≥M12，取 $k=0.3$。

表 11.1　定位销直径对照表　　　　　　　　　　　　　（单位：mm）

序号	孔的理论直径	孔的公差	定位销的定位直径
1	6	+0.1/0	5.85（0/−0.015）
2	8	+0.1/0	7.85（0/−0.015）
3	10	+0.1/0	9.85（0/−0.015）
4	13	+0.1/0	12.85（0/−0.018）
5	16	+0.1/0	15.85（0/−0.018）
6	18	+0.1/0	17.85（0/−0.018）
7	20	+0.1/0	19.85（0/−0.021）
8	25	+0.1/0	24.85（0/−0.021）
9	30	+0.1/0	29.85（0/−0.021）

（3）销的设计。

在车身装配焊接过程中，若销的固定位置妨碍了工件的装卸，就必须将销设计成运动方式。例如，当零件上定位孔的轴线与组装基准面（BASE）不垂直时，可将定位销设计成可移动式，其中图 11.19 所示为可拆卸式手动定位销。使用时，先把焊件放入夹具中，再把定位销插入焊件上的定位孔中进行定位。焊接结束后，把定位销拔出，用于自动化程度不高的手工操作中，其结构简单、方便，但手动销在经常取出后容易丢失，不易保管。图 11.20 所示为手动移动定位销，有两个工作位置，旋转手柄向上抬，定位销顶出，用于工件定位。当焊接完毕，需要拆卸工件时，旋转定位销手柄，并向下推，定位销退出，方便工件拆卸。这种定位销结构固定，不可拆卸，操作简便，在自动化程度要求不高的焊装夹具中得到广泛使用，效果较好。图 11.21 所示为气缸作动力源的移动销，它结构复杂，成本高，但其定位精度高，比较稳定，适用于大批量自动化焊装生产线。

扫一扫

定位销

手柄

扫一扫

图 11.19　拆卸式手动定位销　　　　　　图 11.20　手动移动定位销

当两个零件装配时，定位孔位于上面的零件，定位销在工件的上面，只用来给上面零件定位，此时定位销设计成旋转式（摆入式定位销），可与夹紧件连成一体绕销轴旋转。为了使定位销在旋转过程顺利转出定位孔，不与零件发生干涉，应选用短定位销，且摆入式定位销，旋转点的位置应与定位孔的位置在一个平面内，以保证定位销可安全退出，如图 11.22

所示。由于定位销与夹紧件连成一体，其动力源与夹紧件动力源一致，可选用手动或气动形式。

扫一扫

图 11.21　气动移动定位销

扫一扫

图 11.22　旋转式（摆入式定位销）
定位销结构

7. 限位块

限位块分为上限位块和下限位块，配对使用，其中上限位块安装在压臂上，下限位块安装在过渡板上（图 11.23）。限位块起限位作用，防止夹具在夹紧时由于操作失误或夹紧力过大将工件夹变形。此外，夹紧件与被焊零件接触部分的倾角大于 15°时，为避免夹紧面滑移，产生过紧接触而使被焊零件变形，也需要设置限位装置。常见限位块有以下类型（图 11.24）：
①A 型、B 型为单孔型，导向定位面较短。A 型配合精度较差，用于位置度要求相对不高的单点或多点夹紧的导向定位。B 型配合精度高，用于短小摆杆的工件定位销的导向定位。
②C 型为 B 型的加长型，导向定位面较长，配合精度高，多用于带工件定位销夹紧的导向及定位，对多级夹紧结构，除最后一级之外的摆动件的导向及定位优先使用。③D 型为 V 形块导向定位型，特点是精度高、占用空间较小，但无导向定位行程，对上下件配合的紧密度要求较高，经上级部门或用户许可方可使用。限位块的材料一般为 45♯钢，热处理为 HRC42～45。

扫一扫

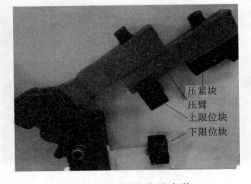

压紧块
压臂
上限位块
下限位块

图 11.23　限位块的安装

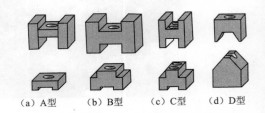

（a）A 型　　（b）B 型　　（c）C 型　　（d）D 型

图 11.24　限位块的类型

8. 压紧臂

压紧臂简称压臂，是夹具的核心零件，其位置和形状由工件相应位置的形状、尺寸决定。它是焊装夹具中直接与工件表面接触的部件。它的形状、尺寸精度直接影响了车身的焊接质量和装配精度。压紧臂一端通过销孔与气缸连结，另外一端安装有压紧块，随着活塞杆的移动，压紧臂和气缸围绕支点转动，从而使工件被夹紧或松开。需要注意的是，在夹具打开时，为方便取出工件，要有一个合理的张开角度 α。α 主要与活塞杆的行程 s 和两支点的相对位置有关。所以在设计夹具时需注意合理布置支点的位置和气缸的选择，并保证零部件之间不发生干涉和碰撞（图 11.25）。

设计夹紧臂长度和张开角除了考虑干涉和碰撞，还要考虑作业人员放置、拿取零件，作业空间满足人机工程要求（图 11.26）。

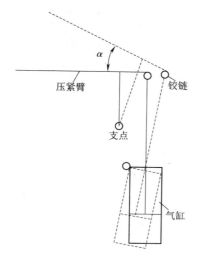

图 11.25　压紧臂的工作原理

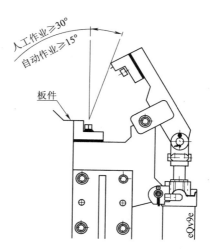

图 11.26　合适的作业空间

（1）压紧臂受力分析。某压紧臂材料为 45♯钢，厚 16 mm，热处理 HRC38～43。压紧臂受力分析图如图 11.27 所示，根据杠杆原理 $fL_1=FL_2$，计算压紧力 F。

该单元气缸压力 $f=100\times10=1\,000$（N），转化压紧臂给压块的压力
$$F=1\,000\times75/\left[（210-85）/2+85\right]=508（N）$$

（2）压板结构要求。压板铰链优先采用锁紧螺母紧固型铰链销。焊接式压板的结构要求原则上应尽量减少或避免出现焊接结构。压板采用焊接连接方式的必须进行去应力处理，且安装面及配合面必须在焊接及应力处理完成后经精加工而成。

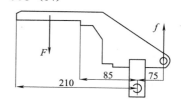

图 11.27　压紧臂受力分析图

当出现下列情况时，必须加长压板耳座间距及铰链轴、衬套等的长度及直径，并使用适当加大的铰链销及衬套组件：①转轴为水平布置的压板及安装在其上的组件总重量≥10 kg；②转轴为非水平布置的压板，其与水平面的夹角≥15°且总重量≥5 kg；③压板耳座间距与压板铰链轴到最远夹紧点的距离之比 $X/L\leqslant5/100$（图 11.28）。

9. 压紧块

压紧块安装在压紧臂前端，夹紧工件时直接与安放在定位块上的工件相接触（图 11.29）。设计压紧块的形状时，不仅要考虑工件表面平整、夹块位置、焊枪的运动，还要考虑工件本身的结构特点。一般压紧块和压臂之间装有调整垫片，通过调整垫片对压紧块

进行夹紧位置调整，从而调节夹紧力。压紧块的材料一般为 45♯ 钢，上下两个表面和左右两个表面的粗糙度为 3.2 μm，销孔的表面粗糙度为 1.6 μm，销孔尺寸公差为 H7。

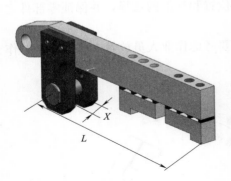

图 11.28　压板力臂选取

扫一扫

图 11.29　压紧块安装结构

10. 支撑板

在一般情况下，支撑板（过渡板）不直接与工件接触，不直接对工件定位（工件的定位由安装在支撑板的定位块负责）、支撑板的材料一般为 Q235A。支撑板应尽量避免焊接；当支撑板需要焊接时，焊接件必须在精加工前进行去应力处理。

11. 支架

支架（支撑座）是夹具的基础单元，用于连接支撑板、压板和夹紧气缸，使其成为一个机构整体，固定在焊装夹具基板上的专用 L 形支座上。支架将夹具按其所在的车线位置固定在焊装夹具基板上，支架制造精度直接影响夹具的定位准确性。支架高度为 100～500 mm，一般采用 10～20 mm 厚的 A3 钢板焊接结构。

■ 11.2.2　夹紧机构

在装配焊接作业中，使零件一直保持确定位置的过程叫作夹紧。使零件保持确定位置的各种机构称为夹紧机构。

在进行焊装夹具设计计算时，首先要确定装配焊接时零件所需要的夹紧力，然后根据夹紧力的大小和方向、被焊接零件的结构、夹紧点的布置、安装空间的大小等来选择夹紧机构的类型和数量。车身覆盖件是刚性较差的薄板零件，与定位元件相适应，它所需要的夹紧力的数目较多，其夹紧力的数目主要由保证零件的定位基准与定位元件能紧密贴合为标准来确定，一般每一个定位件上都应有夹紧力。

1. 夹紧力作用

在车身装配焊接时，夹紧力有以下几个作用：

（1）消除装配间隙。车身零件大都是薄板冲压件，由于冲压模具的误差引起的零件的制造误差造成零件变形，在装配时往往难以贴合而达不到要求，这就需要应用夹紧力，使零件产生局部变形而"强制"贴合。对于车身薄板焊件，装配件之间的间隙应不大于 0.8 mm。

（2）获得预反变形量。为了减少或消除焊接残余变形，焊前需对焊件施以夹紧力使得其获得预反变形量。

（3）防止冷却过程中的残余变形。在焊接及焊完后的冷却过程中，为防止焊件发生焊接残余变形，需要夹紧力，且夹紧力要足以应付焊接过程中热应力引起的约束反力。

2. 夹紧机构设计原则

（1）高效快速、多点联动夹紧。焊接通常在两个以上工件间进行，夹紧点一般比较多。电阻焊是一种高效焊接工艺，为减少装卸工件的辅助时间，夹紧应采用高效快速装置和多点联动夹紧机构。

（2）夹紧力作用点的安排。对于薄板冲压件，夹紧力作用点应作用在支承点上，只有对刚性很好的工件才允许作用在几个支承点所组成的平面内，以免夹紧力使工件弯曲或脱离定位基准。

（3）夹紧力大小的确定。对车身焊接夹具，夹紧力主要用于保持工件装配的相对位置，克服工件的弹性变形，使其与定位支承或导电电极贴合。对于板状结构，夹紧力应使装配件之间或使工件与电极之间的贴合间隙不大于 0.8 mm；对于刚性冲压焊接件，要使其缝隙不大于 0.15 mm，才能使焊接不发生困难，避免因夹紧不好而使焊点不牢或工件烧穿。夹紧力的大小与冲压件的质量、导电块的调整位置和磨损情况有很大关系，根据经验，1.2 mm 厚度以下的钢板冲压件，每个夹紧点的夹紧力一般为 300～750 N；钢板厚度为 1.5～2.5 mm 的冲压件，每个夹紧点的夹紧力为 500～5 000 N。

3. 典型夹紧机构夹紧力计算

焊接夹具常用各种手动铰链夹紧器和气动铰链夹紧器等。图 11.30 所示为标准手动铰链夹紧机构，图 11.31 所示为其夹紧机构受力简图。图中夹紧杆是一根杠杆，一端与压紧块相连以便压紧工件，另一端用铰链 D 与夹具支座连接；手柄杆也是一根杠杆，用铰链 A 与支座连接。夹紧杆和手柄杆通过连杆用两个铰链 C 与 B 连接，包括支座在内共组成一个铰链四杆机构。图 11.30 和图 11.31 都处于未夹紧状态。当工件夹紧时，A、B、C 处于一条直线上（"死点"位置），该直线与压紧块都垂直于夹紧杆。这时夹紧机构自锁，即使去掉作用力 Q，夹具也不会松开。工件之所以能维持夹紧状态是靠工件弹性变形形成的反作用力来实现的。反作用力的大小决定压紧块对工件的压紧程度，可以通过调节压紧块上的垫片厚度来控制。在压紧杆上设置一个限位块，是防止手柄杆越过死点位置而导致夹紧杆不能自锁而松开工件。用后退出时，只需要把手柄往后搬动即可。

扫一扫

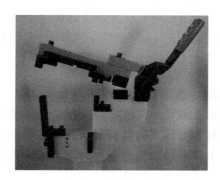
图 11.30　手动铰链夹紧机构

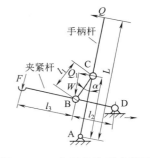
图 11.31　夹紧机构受力简图

该手动铰链夹紧机构的夹紧力可按下面的公式计算。

$$W=Q\frac{L}{l_2}\times\frac{1}{\tan(\alpha+\beta)}，而 F=\frac{Wl_2}{l_2+l_3} \tag{11.1}$$

式中：Q 为手的作用力（一般为 80 N）；F 为夹紧力；β 为摩擦角；α 角在夹紧时一般为 5°～10°。气动铰链夹紧机构也可仿照上式计算。

从式（11.1）可知，F 是 α 角的变量，该手动夹紧装置只有在自锁状态下才有意义。

4. 气动夹具气缸的选用与计算

焊接工装中，动力装置包括气压传动、液压传动、电力传动等多种方式，而气压传动是这些传动中应用最广泛的一种。气缸是气动夹具重要的组成部分。气缸选用与计算方法如下。

（1）根据夹紧力确定气缸的缸径。气缸缸径大小代表了气缸输出力的大小，而且缸径 d 的尺寸已经标准化。在设计过程中可以预选气缸缸径，然后验算夹紧力，通过调整机构的设计或改变气缸缸径来满足定位夹紧要求。

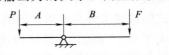

图 11.32 气动夹具的原理图

气动夹具的原理图如图 11.32 所示。由杠杆平衡原理，有

$$P \cdot A = F \cdot B \tag{11.2}$$

式中：P 为单缸双作用气缸推力，kgf；F 为夹紧力，kgf；A 为气缸作用力臂，mm；B 为夹紧力臂，mm。

由气缸运动结构原理，有

$$P=\frac{\pi}{4}d^2 \cdot \eta \cdot p \tag{11.3}$$

式中：η 为气缸的负载率，即气缸活塞杆受到的轴向负载力与理论输出力之比，一般取 $\eta=50\%$；d 为气缸缸径，cm；p 为气缸系统使用压力，kgf/cm^2，汽车焊装线气压一般调节为 4～5 kgf/cm^2。

将式（11.3）代入式（11.2）求出夹紧力

$$F=P \cdot \frac{A}{B}=\frac{\pi d^2 p\eta A}{4B} \tag{11.4}$$

根据经验，在车身薄板焊接中，夹紧力 $F\geqslant 50$ kgf 才能满足焊接要求。

假设选用 $\phi63$ 的气缸，取气压 $p=5$ kgf/cm^2，$\eta=50\%$，$A/B=2/3$，则

$$F=\frac{\pi\times 6.3^2\times 5\times 50\%\times 2}{4\times 3}\approx 51.95\ (\text{kgf})>50\ (\text{kgf})$$

如果 $F<50$ kgf，可以调整 A/B 的值或选用大缸径 d 的气缸。

（2）根据设计要求选择气缸行程。用于移动的气缸，要根据设计要求移动的距离来决定气缸行程；用于夹紧的气缸，选定的行程要保证气缸在打开状态时工件取料方便，不与打开后的任何装置发生干涉，并留有一定的干涉余量。气缸活塞杆端部受横向载荷或者受轴向压力载荷时，需限制活塞杆的变形量在可控范围内，且活塞杆变形量在可控的最大范围时气缸允许伸出的行程称为最大行程。

5. 常见焊装夹具单元定位夹紧结构类型

（1）一节旋转销轴夹具。一节旋转销轴夹具结构如图 11.33 所示，它是定位夹紧焊装夹

具简单而又常用的形式，主要由定位板、压板、夹紧气缸和安装支架（过渡板）组成。这类夹具设计在于旋转销点位置的确定和气缸参数的选定，它关系到夹紧力 F 的大小以及压板的打开角度 θ。随着 A/B 值的增大，夹紧力 F 也增加。旋转点位置高低与工件受力状态有关，当旋转点与定位夹紧面平齐时，工件只受到垂直方向的力，此时夹紧效率最高（图 11.33）。考虑到工件上下料方便，必须保证压板打开后其边缘与工件边之间的水平距离大于 20 mm。这与旋转销位置点和压板旋转销的旋转角 θ 有关。而压板旋转销旋转角度 θ 主要由气缸力臂 A 以及气缸行程 ST 决定。

图 11.33　一节旋转销轴夹具结构

（2）二次旋转夹具。二次旋转夹具主要用于压板一次旋转后无法打开让出被焊零件的运动空间，或者定位板固定时，使焊接完后的零件取出发生干涉，需要旋转避开干涉的情况，如图 11.34 所示。二次旋转夹具的第二次旋转结构设计类似一次旋转夹具，但尽量使结构小巧、轻便，在保证强度、刚度前提下可采用挖空的形式来减轻重量。二次旋转夹具的运动顺序是：①第一次旋转到位后再第二次旋转夹紧；②第二次旋转打开后再第一次旋转打开，即图 11.34 中气缸 1 活塞杆伸出后气缸 2 活塞杆再伸出；气缸 2 活塞杆缩回后，气缸 1 活塞杆再缩回，它必须通过设置行程开关在气路中实现互锁，否则会发生干涉，破坏被焊零件。为了保证第一次旋转到位的精度，必须设置嵌入式限位块结构。

图 11.34　二次旋转夹具

6. 辅助机构

辅助机构在焊接过程中发挥着重要作用。下面介绍几种常用的辅助机构。

（1）旋转机构。在夹具底板和夹具支撑中布置的旋转机构，可使夹具体在平面上作 360° 旋转（为使转动灵活轻巧还配备有滚动轴承）（图 11.35）。这样的机构可解决或克服焊机少的缺陷，因为当焊机不动，电缆长度有限时，转动夹具可使焊点移动到焊钳的工作区域进行焊接，使焊接工作方便轻松地进行，保证焊接质量。另外，为保证夹具在装夹、拆卸时能处于稳定工况，还应设计止动装置。

（2）升降机构。有些焊装夹具工人在放置焊件时，需要弯腰放置，劳动强度大，这时可以考虑设置升降机构，放置时，夹具抬升，放好后，夹具下降归位进行焊接（图 11.36）。

（3）翻转机构。当焊点处于中间位置时，如果用 X 型焊钳进行点焊，则焊钳无法伸进，喉深也不够，难以焊接；若用 C 型焊钳，如果夹具平放，虽能焊接，但工人的劳动强度大。所以设计夹具时，可将其设计成可翻转夹具，使焊件能向两边翻转 90°，焊件平面处于竖直位置（图 11.37），这样工人只要将焊枪处于水平位置便可焊接，大大降低了劳动强度。在设计翻转夹具时需要设计止动机构，以防止夹具自动回复原位造成事故。增加配重块以使工人操作时方便省力。

(4)平移机构。对于有些焊接件，为了放入和取出方便，保证操作的安全性和便捷性，可以设置平移机构。放置时，平移机构把夹具整体推出接近工人操作位置，工人把焊件放好后，平移机构把夹具归位进行焊接（图11.38）。

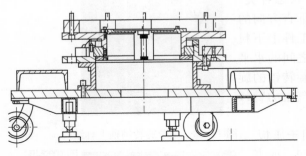

图11.35　旋转机构

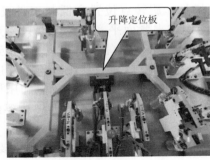

扫一扫

图11.36　升降机构

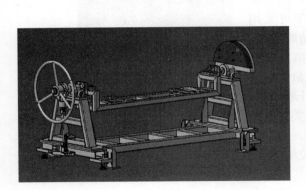

图11.37　翻转机构

扫一扫

图11.38　平移机构

11.3　后地板中板焊接总成焊装夹具设计

后地板中板焊接总成如图11.39所示，主要由下连接板（图11.40）、上连接板（图11.41)组成。钢板厚度为1.6 mm，均为低碳钢薄板冲压件。共46个焊点，且均为点焊。

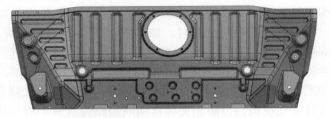

图11.39　后地板中板焊接总成

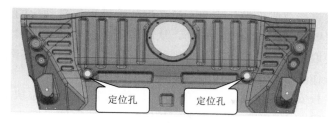

图 11.40 下连接板定位方式

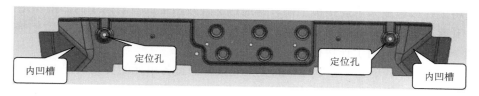

图 11.41 上连接板定位方式

1. 夹具定位方案

根据"N-2-1"定位原理，下连接板采用底面和两个销孔定位，圆销限制了下连接板沿 X 向和 Y 向的平移，削边销限制了下连接板绕 Z 轴的转动。考虑焊件刚度低，底面采用分布的 6 个定位块对底面进行定位。上连接板也采用底面和两个销孔定位。考虑焊件刚度低，底面采用 5 个分布的定位块对底面进行定位。

2. 夹具总体设计方案

该焊装夹具有 9 个夹具单元（单元 1～9），如图 11.42 所示，每个夹具单元有 1 个压紧块和 1 个定位块。单元 10 和单元 11 上各有一个定位销，其中一个是圆柱销，一个是削边销，用于插入下连接板上的两个定位孔，对下连接板定位。单元 6 和单元 8 上各有一个定位销，用于插入上连接板上的两个定位孔，对上连接板定位。由于上、下连接板装配焊接时，根据装配顺序，上连接板放在下连接板上面，此时单元 6 和单元 8 上的定位销设计成旋转式（摆入式定位销），可与夹紧件连成一体绕销轴旋转，从焊件上方把定位销插入焊件的定位孔中。

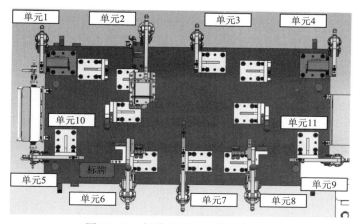

图 11.42 焊装夹具夹具单元布局图

　　由于后地板中板焊接总成为批量生产，整个焊装夹具采用自动化的气缸夹紧，随着气缸活塞杆的移动，压紧臂和气缸围绕支点转动，从而使工件被夹紧或取出。需要注意的是，在夹具打开时，为方便取出工件，要有一个合理的张开角度 α，并保证零部件之间不发生碰撞。

　　焊装夹具具体操作步骤如下（焊装夹具工作图如图 11.43 所示）：

　　（1）先将下连接板安放在单元 1～4、单元 10、单元 11 上的定位块上，同时把下连接板上的两个定位孔放入单元 10 和单元 11 上的定位销中，完成定位工作。

　　（2）升起单元 1～4 的夹紧气缸，通过各单元的夹紧块把下连接板压紧。

　　（3）将上连接板放入下连接板上面，并通过上连接板上的左右两个内凹槽预定位。

　　（4）升起夹具单元 6 和单元 8 气缸，夹具单元 6 和单元 8 上的旋转式定位销插入上连接板上的两个定位孔中，对上连接板进行精确定位和夹紧。

　　（5）升起单元 5、单元 7 和单元 9 的夹紧气缸，通过各单元的夹紧块把上连接板压紧。

　　（6）焊接。

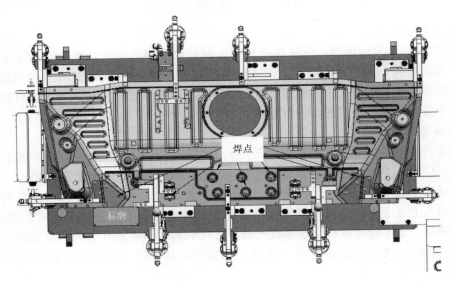

图 11.43　焊装夹具工作图

第 11 章习题

■ 第 12 章 ■

车身涂装工艺

12.1 车身涂装工艺概述

■ 12.1.1 车身涂装概述

车身涂装是指车身经过除锈、脱脂及磷化等预处理后，用一定方法将涂料涂覆在车身上，干燥后在其表面形成一层牢固坚韧的涂层（漆膜）的过程，让车身的耐腐蚀性、装饰性或特定功能等性能得以提高，以延长其使用寿命，提高其商品价值。

涂装工艺一般由漆前表面处理（包括净化表面和化学处理）、涂布和固化（包括烘干、干燥）这三大基本工序组成。有时也将涂料在被涂物表面扩散开的操作称为涂装，俗称"涂漆"或"油漆"。已固化的涂料膜称为涂膜或涂层。涂层一般可指由两层以上的涂膜所组成的复合层。

汽车涂装的目的有两个：①对相应部位进行保护，从而保障汽车使用性能的良好发挥。通过使用耐水、耐热、耐油、耐候性较好的材料在车身表面喷涂覆盖层不但可以保护车辆，还可以使汽车适应各种使用环境，包括耐候性、耐紫外线、耐碱性、耐酸性、耐污染等，延长车身的使用寿命。②现代社会人们对于汽车外在形象的个性化要求越来越高。对于乘用车、轿车要求涂层色泽鲜艳多样化，外观装饰性好（如高档轿车涂层光亮如镜，水平面的鲜映性达到 0.9～1.0），因而车身要采用多层涂装体系。复杂的涂装工艺多达上百道工序。多种涂料的应用给人一种赏心悦目的感觉，实现了汽车装饰的多样化及个性化。

■ 12.1.2 涂装四要素

1. 涂装材料

涂装材料的质量和作业配套性是获得优质涂层的基本条件。在选用涂料时，要从涂膜性能、作业性能和经济效果等方面综合衡量。如果涂料选用不当，即使精心施工，所得涂层也不可能耐久。如内用涂料用作户外面漆，就会早期失光变色和粉化。又如含铅颜料的涂料涂在黑色金属制品上是好的防锈涂料，而涂在铝制品上反而促进铝的腐蚀。

2. 涂装工艺

涂装工艺包括所采用的涂装技术（工艺参数）的合理性和先进性，涂装设备和涂装工的先进性和可靠性，涂装环境条件以及涂装操作人员的技能、素质，等等。涂装工艺是充分发挥涂装材料的性能，获得优质涂层、降低涂装生产成本和提高经济效益的必要条件。如果涂装工艺与设备选择和配套不当，即使采用优质涂料也得不到优质涂膜。

3. 涂装管理

涂装管理包括涂装材料管理、工艺管理、工艺纪律管理、质量管理、现场环境管理、人员管理等。涂装管理是确保所制定的工艺的实施、确保涂装质量的稳定、达到涂装目的和最佳经济效益的重要条件。

4. 涂装设备

涂装设备与产品要求、市场需求、成本、管理方式等因素密切相关，具有投资大、建成后使用年限较长的特点。涂装设备主要包括前处理电泳设备、烘干炉、中涂及面涂涂装室、送排风系统、作业室、调输漆系统、输送设备（如雪橇输送机、摆杆链、喷漆双链、烘干双链等）、喷涂机器人、自动控制系统等。

12.2　车身涂装工艺流程

一般汽车车身涂装工艺基本流程分为 5 部分：①涂装表面预处理工艺（又称漆前表面处理工艺）；②电泳底漆工艺；③涂胶工艺；④中涂工艺；⑤面漆工艺（图 12.1）。

图 12.1　车身涂装工艺流程

对一辆汽车进行涂装首先需要做好漆前表面处理工作，即漆前表面处理工艺。漆前表面处理工艺包含对汽车的预清理除锈、预脱脂、脱脂、水洗、表面调整、磷化、水洗以及烘干。漆前表面处理的目的是对汽车进行彻底清洁，保证汽车车身表面干净，防止有灰尘、铁锈、金属粉尘或者油污、油渍。同时在车身金属表面生成一层多孔性磷化膜，磷化膜可以增强被涂物的防锈性，并且加强基材与底漆的附着性，进而增强汽车车身涂层的抗腐蚀能力。第 2 个流程是涂胶工艺，涂胶指的是在焊缝处涂密封胶和在边梁以及底盘处涂抗石击涂料 PVC（聚氯乙烯），目的是防锈、防水和抗石击。第 3 个流程是底漆工艺，包含喷底漆、绝缘防震材料、刮腻子和打磨。该工艺采用电泳底漆工艺，底漆层可以提高被涂物的耐腐蚀性。第 4 个流程是中涂工艺，包含水洗、喷中涂、打磨、水洗和烘干。在底漆与面漆之间喷中间涂料，主要目的是增强面漆与底漆的附着性，并同时增强车身涂层的抗石击性。第 5 个工艺流程是面漆工艺，包含喷基色漆、晾干、喷罩光漆、烘干 4 个步骤。面漆是处于车身最表层的漆层，主要作用是给予汽车绚丽的色彩以及增强车身抗腐蚀能力。汽车涂装这四大工艺流程紧密联系，所有的流程都需要对工艺效果进行检查。随着汽车涂装工艺的进一步研究与发展，一些新型涂装工艺也在不断涌现，诸如新一代环保型无磷涂装前处理工艺等。

■ 12.2.1　涂装表面预处理

涂装是汽车车身耐腐蚀和装饰的最经济而有效的方法，而涂装表面预处理（又称漆前表面处理）的好坏又是直接影响涂层使用寿命和装饰效果的重要环节。漆前表面处理的目的是把白车身表面所附着的油脂、锈蚀、氧化皮、灰尘等异物去除，否则在涂层时会阻碍涂层与车身基体金属的附着力，造成涂层起皮、龟裂、剥落等。特别是铁锈，如果带铁锈涂饰，铁锈仍然在涂层底下蔓延，则涂饰完全失去了"保护"的意义。试验证明，不经过除锈处理的涂层，经过两年的自然露晒后，涂层生锈腐蚀面达 60％，而经过喷砂、磷化等漆前表面处理的表面涂层仅有个别锈点。

因此，为了增加金属表面与涂料层间的结合力，提高涂层质量，延长涂层的使用寿命，在涂层前必须充分除去车身表面上的各种污物，在金属表面生成一层不溶于水的磷酸盐薄膜，为涂层提供一个良好的基底，这就是涂漆前表面处理的目的。

汽车车身漆前表面处理主要内容包括除锈、脱脂、表面调整（简称表调）、磷化处理、钝化处理、水清洗等，其中主要工序为脱脂、表调、磷化及钝化处理。当然对于有些防腐蚀性能、装饰性能要求不高的载重车，为降低成本，其表调和钝化处理工序也可以不要。

12.2.1.1　除锈

车身材料常采用镀锌板、镀合金材料、耐候钢（在普通钢中添加微量耐腐蚀元素而形成的低合金钢）等材料防止腐蚀生锈。除锈方法可分为两大类：一类属于机械法；另一类属于化学法，化学除锈方法主要是酸洗。

1. 机械除锈法

机械除锈和氧化皮的主要方法包括手工打磨、喷砂喷丸、风动或电动工具等。

（1）手工除锈。借助于砂布、铲刀及钢刷之类简单工具的磨、铲、刷作用除锈，只用于小面积除锈。

（2）借助于风动或电动工具除锈。以压缩空气或电能驱动风砂轮工具除锈，效率比纯手工高，但是不宜做大面积除锈。

2. 化学除锈法

车身板件化学除锈的主要方法是酸洗，并且一般在车身板件冲压成形前进行。酸洗除锈法是一种化学处理法，利用酸性溶液与金属氧化物（铁锈）发生化学反应，生成盐类，而脱离金属表面。常用的酸性溶液有硫酸、盐酸、硝酸、磷酸。操作中将酸性溶液涂于金属铁锈部位让其慢慢与铁锈发生化学反应而去掉。铁锈去除后应用清水冲洗，先用弱碱溶液进行中和反应，再用清水冲洗后烘干，以防很快生锈。

12.2.1.2　脱脂

将车身制件金属表面的各种油脂去除的过程称为脱脂。钢材及其零件在储运过程中要用防锈油保护，车身钣金工件在冲压成形加工时要用拉延油、润滑油。零件在切削加工时要接触乳化液，热处理时可能接触冷却油，零件上还经常有操作者手上的油渍和汗迹。这些油污大都由矿物油、动植物油及石蜡等组成，在室温下，它们以固态、液态或半流动状态存在，吸附在车身表面，不仅阻碍磷化膜的形成，而且影响涂层的结合力、干燥性能、装饰性能和耐蚀性能。

油污的性质、玷污的程度、被涂金属的种类、制品的光洁度以及最后涂层的作用不同，其脱脂去除工艺也各不相同。下面介绍几种车身表面处理中常用的化学脱脂法。

1. 有机溶剂清洗脱脂

有机溶剂清洗是依靠有机溶剂对油污的浸透、溶解等作用达到去除油污的目的。其特点是脱脂效率高，特别是清洁那些高黏度、高滴落点的油脂具有明显效果。对于各种金属、各种尺寸和形状的零件都能适用。操作简单，其方式有浸渍式、喷射式、溶剂蒸汽法及超声波清理法。浸渍式较简单，但是长期浸渍清洗的溶剂里油污含量积累到一定程度时，要及时更换，一般至少要用有机溶剂清洗两次以上，最后一道清洗要用干净溶剂。溶剂蒸汽清洗可以避免浸渍式的缺陷，但操作及设备较复杂，去油速度较慢，而喷射方式去油速度快，质量好。

常用的有机溶剂有石油系溶剂、芳香族溶剂、氯系溶剂、氟系溶剂以及醇类溶剂、酮类溶剂等。

石油系溶剂主要有汽油、溶剂油、煤油、正己烷等。这类溶剂对可溶性油污的去除效果较好，但是对矿物颗粒、金属颗粒等的清除效果较差，除油后这些脏污仍能附在金属表面，这样在磷化时，污物有可能残留在金属与磷化膜之间，影响磷化质量。目前汽车行业用的石油系溶剂主要是汽油。对于一些小工件，可用浸洗法进行施工，即将汽油倒入槽中，将工件浸入汽油中刷洗数分钟，出槽后晾干，用抹布或棉纱擦净工件表面杂质，即可涂头遍底漆；对于整车（如客车的外蒙皮表面），可先用喷枪喷一次汽油，或用毛刷蘸汽油先涂刷一次，再用棉纱或抹布反复擦净油污，最后用干净棉纱或抹布反复擦净残留物。

2. 碱液清洗脱脂

碱液清洗脱脂在汽车车身涂装前处理中应用较广泛，它使用了含有表面活性剂的碱性物质对车身进行脱脂处理。这种脱脂方法简单、成本低廉，故在金属表面清洗脱脂法中占据主要地位。

碱液清洗脱脂法主要通过皂化作用、乳化作用和分散作用来完成脱脂过程。

（1）皂化作用。油污中的动植物油脂大都是由不同高级脂肪酸组成的混合酯。当有碱类存在时，这些酯类与水共热可发生水解，如油脂与碱类中的 NaOH 水溶液共热即发生水解反应，生成高级脂肪酸，而 NaOH 立即与其反应生成溶解于水的脂肪酸钠盐，即肥皂和甘油，这样就完成了脱脂过程。因其反应生成物是肥皂，所以一般又称皂化反应。

（2）乳化作用。车身零部件表面上的油污大多数是以矿物油为基料的化合物，它们遇到碱类清洗剂时不能像脂肪酸一样起皂化作用，此时便要借助于碱类清洗剂中的乳化剂，如碳酸钠、硅酸钠等，它们能促使这些油污以微小颗粒分散在水溶液中而形成稳定的乳化液，从而达到从金属表面上除去油污的目的。这就是碱液清洗剂的乳化作用。

（3）分散作用。碱液清洗剂中的磷酸钠等还有分散作用，它能把油污中的微小颗粒状的固体污垢悬浮在清洗剂溶液中，阻止它们的凝结或重新沉积在工件表面上，从而达到脱脂的目的。

常用的碱液清洗剂中碱有碳酸钠（Na_2CO_3）、氢氧化钠（NaOH）、磷酸三钠（$Na_3PO_4 \cdot 12H_2O$）。

表面活性剂是脱脂剂的主要成分之一，具有去垢、湿润、乳化、分散等作用，它是一种有机物质，有阳离子、阴离子和非离子型三大类。表面活性剂可降低油污与金属表面界面张力而产生的湿润、渗透、乳化、增溶、分散等作用的综合结果，最终达到除去金属表面的油脂和脏物的目的。用于磷化前脱脂的表面活性剂，多数采用非离子型。这种表面活性剂的特点是在水中不分解，也不受水的硬度影响，使槽液保持稳定，具有良好的脱脂效果。

3. 乳化剂清洗脱脂

乳化剂清洗脱脂法是在有机溶剂中加入一种或数种表面活性剂，或再添加弱碱性净洗剂组成的一种混合液，当用这种混合液浸渍或喷射在车身上时，溶剂浸透油脂层使油脂微粒化，而表面活性剂又使油脂微粒乳化分散在水中，从而把油脂除去。

4. 影响脱脂工艺的因素

（1）脱脂时间。在脱脂操作中，必须保证有足够的脱脂时间，压力喷射脱脂时间一般为1.5～3 min，浸渍脱脂一般为3～5 min。增加脱脂时间可以提高脱脂效果，有时也经常采用喷射预脱脂1 min，再用浸法脱脂3 min。或是采用槽内浸洗，出槽时喷淋的方式，以加强脱脂效果。

（2）机械作用。在脱脂时，借助于压力喷射或搅拌等机械作用是非常有效的。一般来说，压力喷射脱脂比浸渍脱脂速度要快1倍以上。喷射压力通常为 0.1～0.2 MPa。

（3）清洗。脱脂后车身要进行清洗，若水洗不完全，表面活性剂或碱液在金属表面残存，会给后面磷化处理工艺造成恶劣影响。所以要用流水充分清洗，然后用热水进行冲洗，把表面附着的微量异物完全除去是非常重要的。

12.2.1.3　表面调整

脱脂后磷化前的表面调整是生成磷化膜结晶的重要工序。它改变金属表面的微观状态，促使磷化过程中形成结晶细小、均匀、致密的磷化膜。尤其是经酸洗或高温强碱清洗过的金属表面和浸式低温低锌薄膜磷化场合，特别需要进行表面调整。

表面调整液的主要成分是钛化合物（钛胶体）和磷酸钠，是微碱性的胶体溶液。由于胶体微粒表面能很高，对金属表面有极强的吸附作用，在被处理表面形成数量极多的磷化膜晶核，大量的晶核限制了大晶体的生长，促使磷化膜结晶细化和致密，且提高了磷化的成膜性和均匀性，缩短了磷化时间，降低了膜厚，同时能消除金属表面状态的差异对磷化质量的影响。此外，镍盐、钙盐中镍、钙离子也可以起到表调作用。

钢件未采用表面调整处理，磷化膜结晶晶粒粗大，而且松散。采用表面调整工序，有助于提高磷化膜的成膜均匀性和结晶的细密性，从而提高磷化膜的耐腐蚀性。在表面调整工序中，其管理要点在于控制有效的钛含量以及 pH 和槽液的碱度。

12.2.1.4　磷化处理

用磷酸或锰、铁、锌、镉的磷酸盐溶液处理金属制品表面，使金属表面生成一层多孔性不溶于水的磷酸盐薄膜（简称磷化膜）的过程称为磷化处理。为获得汽车车身涂层的耐久性、耐腐蚀性，在车身制造过程中，对于一些大型的覆盖件一般要采用磷化处理。车身金属表面致密的磷化膜可以增强被涂物的防锈性，保护车体（金属面）10 年以上不生锈成为可能。磷化膜作为油漆涂层的基底，其功能是提高涂布在其上的涂膜（电泳涂膜）的附着力，即能增强基材与底漆的附着性。由于制得磷化膜结晶微溶于金属表面，其结晶的附着力良好。由于无数的结晶的表面凸凹，表面积增大，涂膜的附着力得到了提高。其耐蚀性也随着涂膜附着力的提高，防止腐蚀生成物的侵入而显著提高，因而能大大延长涂层的使用寿命。

如未磷化处理，内涂膜在短期就会起泡生锈。透过涂膜的水、空气到达钢板表面，形成红锈将漆膜鼓起，透过涂膜的水、空气到达镀锌钢板，形成白锈，还与涂膜反应生成皂类物，其体积增大 10 倍，因而更强有力地鼓起涂膜。此外未磷化的表面会造成后续电泳底漆不粘漆现象。磷化膜是靠化学反应在金属表面上生成的不溶性的膜，充分脱脂过的金属表面，并进行表面调整，是生成磷化膜的最适宜条件。化学反应由磷酸的离解反应和成膜反应组成。磷化膜由于其物理附着力和化学稳定性好，通常作为耐久性好的高级防锈涂层的底材处理。

磷化的分类方式很多，根据其反应时温度不同分为高温磷化（80 ℃以上）、中温磷化（50～70 ℃）、低温磷化（40 ℃以下）和室温磷化（20 ℃左右）；按其处理方式不同可分为浸渍式、喷射式和电化学磷化；根据反应速度不同又分为正常磷化和快速磷化；而根据组成磷化液的磷酸盐分类，又分为磷酸锌系、磷酸锰系、磷酸铁系。此外，还有在磷酸锌盐中加钙的锌钙系，在磷酸锌系中加镍、加锰的所谓"三元体系"磷化等。

在车身制造过程中应用较广的是喷射式快速磷化处理。一般磷化膜的厚度为 1.5～3 μm。

12.2.1.5 钝化处理

钝化处理是指由于磷化膜结晶之间存在缝隙，用强氧化剂与磷化膜结晶反应对其缝隙进行封闭的过程。通常采用的氧化剂是铬酸和无铬钝化剂。钝化的作用是改善磷化膜与电泳涂膜的配套性，提高磷化膜的耐腐蚀性、附着力和抗石击能力。磷化膜中磷酸锌结晶含量较高的、磷比较低的，应采用钝化工艺。钝化处理常需要控制的工艺参数是钝化时间和钝化温度。钝化时间一般控制在 0.5～1.0 min。钝化温度控制在室温至 40 ℃。

12.2.1.6 水清洗工序

图 12.2 所示为全喷式漆前处理工艺流程中脱脂后和磷化后都要进行水清洗工序。水清洗工序的实质是用水稀释、置换被涂物上附着的处理液。水洗效果（被涂物洗后的清洁度）与水洗次数、水洗方式、水洗用水的污染度、自来水和纯水的水质、沥水时间等工艺参数有关。多次水清洗是提高清洗效果的关键因素，一般达到工艺要求的洗净度，需水洗 2～4 次。在大量生产的流水线上喷射水洗一般为 20～30 s，浸式水洗为浸入即出。

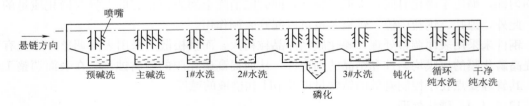

图 12.2　全喷式漆前处理工艺流程

图 12.2 是全喷式漆前处理生产线，该生产线采用全喷淋方式。喷淋式的优点是车身外表面的处理效果好，占地面积小，设备投资少；缺点是对内腔的处理不够理想，但是，对载重汽车而言，也基本满足要求。车身喷淋在罩壳中进行，设备下部为工作液循环和加料副槽，如图 12.3 所示。

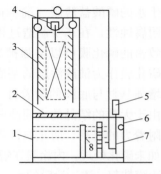

图 12.3　喷淋槽

1—壳体；2—栅格；3—喷管；4—悬链；5—水泵；6—溢流口；7—过滤网；8—挡板

12.2.1.7 汽车车身涂装生产线漆前处理工艺案例

某汽车公司其涂装生产线漆前处理工艺流程如下：白车身（打磨除锈、焊渣、油污）→洪流热水洗（喷）→预脱脂（喷）→脱脂（浸）→水洗 1（喷）→水洗 2（浸）→表调（浸）→磷化（浸）→水洗 3（喷）→水洗 4（浸）

→纯水洗 1、2（喷）→沥水→电泳→UF1（喷）→UF2（浸）→UF3（喷）→纯水洗 1（喷）
→纯水洗 2（浸）。

漆前处理线是先通过清理、洪流热水洗、预脱脂、脱脂工序对焊装车身进行清洗除油，
再通过表调、磷化、钝化在车身板材表面形成致密的磷化膜，以便后续进行电泳涂装。

12.2.2　底漆种类和涂漆方法

车身经过漆前表面处理后就进入底漆工艺阶段。底漆作为整个涂层的基础，它对车身的
防锈蚀和整个涂层的经久耐用起着重要作用。

12.2.2.1　底漆种类

车用底漆的品种很多，按汽车油漆涂层分组，底漆可以分为优质防腐蚀性涂层、高级装
饰性填充底漆、中级装饰性保护涂层、一般防锈蚀保护性涂层底漆。按底漆使用漆料的不同
分组，如用醇酸漆料制成的底漆称为醇酸底漆等。又因底漆中含的颜料有铝、锌等金属氧化
物，所以底漆又带有颜料的名称，如铁红酚醛底漆、锌黄醇酸底漆、环氧富锌底漆等。

此外，H06-2 铁红锌黄环氧底漆也很常用，其漆膜坚硬耐久，附着力好。铁红环氧底漆
适用于黑色金属，锌黄环氧底漆适用于有色金属打底。

12.2.2.2　涂漆方法

涂漆的方式很多，各有优缺点，应该根据工件具体情况正确选择。汽车车身制造中常用
的涂漆方法有刷漆、浸涂、喷涂、静电喷涂、电泳喷涂。

1. 刷漆

刷漆是一种使用毛刷手工涂漆的方法，工具简单，但是手工劳动生产率低，质量不容易
保证。

2. 浸涂

浸涂是将被涂零件浸入盛有涂料的槽中，经过一定时间后取出，经滴、流平、干燥即
可。浸涂操作简单，不需要复杂设备，生产效率高。对于工件的铅垂面，浸涂形成的漆膜易
产生上薄下厚、流挂现象，因此仅适用于外观装饰性不高的防腐蚀性涂层，如车身底漆，不
适用于面漆。

3. 喷涂

一般说喷涂是指压缩空气喷涂，它是利用压缩空气在喷枪嘴处产生的负压力将漆流带入
并分散为雾滴状，涂覆在表面上，这是目前使用最普遍的装饰施工方法。喷涂所用设备主要
为喷枪、空气压缩机、油水分离器、漆罐、喷气室等。

喷涂功效高，可手工喷涂，也可以机械化喷涂，适用于工件面漆涂装。

4. 静电喷漆

静电喷漆是借助于高压电场作用，使喷枪喷出的漆雾带电，通过静电引力沉积在带异
电的工件表面上而完成喷漆过程。图 12.4 所示为静电喷漆示意图。负高压接在喷枪上，
工件接地，喷枪与工件之间造成一个不均匀的静电场，靠电晕放电现象，首先在负极附近
激发出大量电子，被雾化的漆离子一进入电场就与电子相结合，呈负电荷离子，在电场力
作用下奔向工件（正极），使油漆微粒均匀地吸附在工件表面上，经过烘干便形成牢固的
涂膜。

5. 电泳涂漆

电泳涂装是当今汽车车身底漆涂装工艺的主流涂装方法，具有高效、优质、安全、经济、环保等优点。电泳涂装是一种特殊的涂装方式。电泳涂装是将工件作为一个电极，与一相反电极同时浸入电泳涂料中，在电场的作用下，涂料离解成带电粒子，与工件带电相反的涂料粒子泳到工件表面上，形成均匀的涂膜的过程。电泳涂装有阳极电泳涂装和阴极电泳涂装两种方式。阳极电泳涂装是指涂料粒子带负电荷，工件作为阳极的涂装方式；阴极电泳涂装是指涂料粒子带正电荷，工件作为阴极的涂装方式。

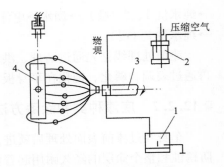

图 12.4　静电喷漆示意图

1—高压电源；2—漆罐；3—喷枪；4—工件

（1）电泳涂漆原理。电泳涂漆与电镀相似，将工件作为阳极（或阴极），浸入在盛有电解质—水溶性涂料的槽中，槽体作为阴极（或阳极），两极间通以直流电后，在工件表面就形成了一层均匀的涂膜。其实质就是胶体化学中的电泳原理，即带电荷的胶态粒子在直流电场的作用下，向着它所带电荷相反的电极方向运动，在电极（工件）上脱去电荷，并沉积在工件表面上。电泳过程中伴随着电解、电泳、电沉积、电渗 4 种化学物理现象。

图 12.5 和图 12.6 所示分别为电泳涂漆示意图和应用广泛的阴极电泳涂漆装置示意图。

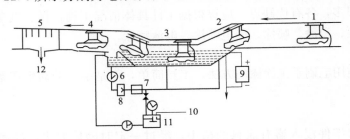

图 12.5　车身电泳涂漆示意图

1—电极安装；2—接触极杆；3—电泳涂漆；4—滴漏；5—水洗；6—溢流槽；
7—热交换器；8—过滤器；9—电源；10—涂料补充；11—溶解槽；12—排水

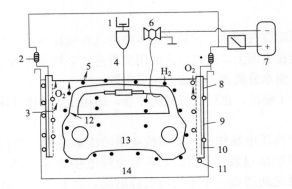

扫一扫

图 12.6　阴极电泳涂漆装置示意图

1—输送带；2—阳极汇流排；3—氧释放；4—汽车悬挂架；5—氢释放；6—阴极汇流排；
7—直流电源；8—不锈钢阳极；9—阳极板；10—酸性阳极液；11—氧释放；
12—氢释放；13—汽车阴极；14—在线槽

采用电泳底漆工艺时，在汽车车身底漆涂料的选用上，阴极电泳底漆、阳极电泳底漆和有机溶剂型底漆是应用较广泛的 3 种底漆。其中阴极电泳底漆有美国 PPG 体系双组分水乳液型和德国 Hoesecht 体系单组分或双组分水溶液型两大体系。阴极电泳涂料所用成膜聚合物是阳离子型树脂，在树脂骨架中含有多个氨基。中和剂为有机酸，如甲醛、乳酸等。阴极电泳涂料在水中离解成阳离子的聚合物，最常用的树脂有环氧树脂和聚酰胺树脂等。

阴极电泳涂料电泳涂装时，工件为阴极，金属表面不被溶解，且树脂中的胺基具有缓蚀作用。因此阴极电泳涂膜的防腐蚀能力远比阳极电泳涂膜好得多，因此应用更广。

（2）车身阴极电泳底漆涂装工艺。车身阴极电泳底漆涂装工艺包括车身阴极电泳底漆涂装工序、电泳后清洗工序以及电泳涂膜烘干（图 12.7）。

图 12.7　车身阴极电泳底漆涂装工艺

1）车身阴极电泳底漆涂装工序。将车身作为阴极，将车身浸入盛有阴极电泳底漆的电泳槽中，并按规定的泳涂条件通电一定时间（一般为 2～4 min），使槽液中成膜物质泳涂至车身表面上。

2）电泳后清洗工序。为防止涂膜表面的再溶解、二次流痕等缺陷，电泳后的车身需要用超滤水清洗，最后用去离子水清洗。这样可以提高表面涂层的质量，并且可以减少后续打磨的工作量，使涂层具有更好的耐腐蚀性。

3）电泳涂膜烘干。在规定的温度下保持一定时间，直到涂膜完全固化。

12.2.3　密封、粘接及车底防护工艺

为保护车体钢板，不仅采用磷化膜、电泳底漆、中涂和面漆等涂层，还采用密封材料和底盘抗石击涂料，它们都必须具有强的附着力和抗石击性，防止车体在行驶过程中被车轮卷起的小石子打击造成破坏。

扫一扫

PVC 涂装线一般由涂密封胶、喷涂底盘涂料、装贴阻尼地板和预烘干等工艺组成。密封、底盘抗石击涂料涂装线布置在电泳底漆烘干后，喷中涂之前。密封及车底防护用涂料由 PVC 树脂、增塑剂、填充料、附着力增强剂组成。防声、防震垫是以沥青为主要成分制成的板状成型件。

1. 密封工艺

为了使汽车车身具有很好的密封性（水密封、机械密封性）、防锈性、耐久性和舒适性，构成车身的壁板的接合面上都需要涂密封材料。它们使用在发动机仓、前罩盖、车门、行李箱等钣金结合部位。涂密封胶工艺又可分为细密封工序和粗密封工序。细密封工序系指车身外表面（如流水槽）、门框和门盖的密封工序，要求有一定的装饰性，涂布后尚需修饰一下，工序布置在车底涂料喷涂后。粗密封工序系指底盘下表面和车身内搭接面的密封，一般布置在车底涂料喷涂前进行。

2. 粘接工艺

粘接是指在发动机盖、行李箱盖内表面板和加强筋部位涂粘接剂。

3. 车底防护工艺

车底防护工艺是指在车底喷涂防石击、防声和隔热涂料。部位包括轮罩下表面、车地板下表面、门槛底部等。汽车下部涂膜易被飞石等击伤，涂膜损伤，露出钢板，短时间就易生锈。车体下部涂装底盘涂层是用来防止飞石等击伤的防护涂层。

底盘涂层对车体地板具有防振、防声和防锈等功能。底盘涂层的涂装工序布置在电泳涂装和中涂涂装工序之间进行。通常是搭接部涂密封胶后再涂车底涂料，也有仅喷涂 PVC 涂料，搭接部位不涂密封胶。

4. 防声、防震垫粘贴工艺

将防声及防震垫粘贴在驾驶室内部地板上，可以起到整车隔音降噪的作用。

12.2.4 中涂涂装工艺

中涂涂装是指在底漆涂层与面漆涂层中间涂中间涂层。

中涂的作用是改善工件表面和底漆层的平整度（电泳底漆的涂膜表面粗糙度往往较大），为面漆提供一个良好的基底，以提高整个车身表面涂层的装饰性和耐久性（光泽、丰满度、平整度、耐紫外线等），即汽车中涂涂装的目的是保护漆底及提高面漆涂膜的装饰性。底漆用的阴极电泳涂料的主要功能是对钢板的附着性和防锈性。涂面漆的主要目的是美观和耐久性等。底漆与面漆涂料的颜料、树脂组成等有差异，面漆直接涂在底漆层上，附着力差，透过面漆涂膜的紫外线使耐候性差的电泳涂膜产生粉化，短期内引起漆膜剥离和生锈。为此，在底漆涂层与面漆涂层中间涂中间涂料，以此来提高涂层的附着力和涂膜的永久性。

需要注意的是，中涂涂装工艺不是必须有的工艺，由于载重汽车的车身和一些中级客车、轿车的表面平整度较好，装饰性要求也不太高，为简化工艺，降低成本，在大量流水生产中，常不采用中间涂层。而对于装饰性要求高的客车、轿车、根据需要有时采用多种中间层涂料。

中间层涂料用漆基与底漆和面漆基相似，以利于涂层间结合力和配套性，主要有环氧树脂、氨醇酸树脂、聚氨酯树脂和聚酯。

中涂涂装一般是布置在 PVC 密封胶、车底涂料和防声、防振片预烘干后进行。现在为节能，有的生产线省略 PVC 涂料的预烘干工序，即 PVC 密封胶和车底涂料与中涂一起烘干。

中涂涂装线一般是由底漆打磨室、擦净室、喷漆室、晾干室、烘干室和强冷室等组成。中涂喷漆工序（工位）布置随生产线的大小、喷涂工序的自动化程度和喷涂涂层的种类及涂膜厚度（喷涂遍数）等的不同而又有差异。中涂干涂膜厚度为 $30\sim40\ \mu m$。现代化的中涂涂装一般都采用机器人机械手自动静电喷涂，实现了全自动化的喷涂作业。

12.2.5 面漆涂装工艺

1. 面漆涂装的目的

面漆涂装的目的是车体外板的装饰和保护。面漆涂装不仅给予汽车车身色彩，还大幅度提高其外观装饰，最大限度地表现车体的设计构思，实现颜色的设计，使汽车涂层具有更亮的光泽，更新的丰满度和鲜映性（反映镜物的清晰

扫一扫

度），使漆面光亮如镜。

面漆涂装兼有对底涂层（中涂层和电泳涂层）和面漆涂层自身的保护作用。对底层涂膜的保护系指防止紫外线和水透过。对面漆涂膜的保护主要体现在保色性、耐候性、耐污染性、耐酸雨性和抗划伤性等高功能性上。

2. 面漆涂装的工艺方法

汽车面漆的颜色一般可分为本色和金属闪光色（金属闪光色和珠光色）两大类。本色系也叫单色面漆，膜厚为 $30\sim40~\mu m$；金属闪光色系是指金属底色漆＋罩光清漆，膜厚为 $45\sim60~\mu m$；珠光色系是指珠光封底层＋珠光底色漆＋罩光清漆，膜厚为 $45\sim60~\mu m$。虽然都可采用喷涂法涂布，但是它们的涂装工艺方法稍有差别。面漆涂装工艺方法（图 12.8）可分为以下 3 种。

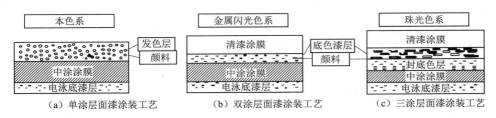

图 12.8　本色面漆和金属闪光色面漆涂装工艺方法比较

（1）单一涂层的工艺方法（图 12.9），即整个面漆涂层为单一色（单色面漆）。

图 12.9　单涂层水性本色面漆涂装工艺（无罩光工艺）

（2）双涂层的工艺方法（图 12.10），即底色漆层，加罩光清漆层组成的金属闪光色面漆。其中底色涂层（漆）是喷涂罩光清漆之前的着色底涂层。

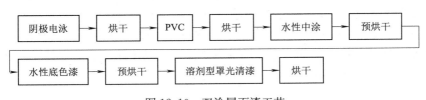

图 12.10　双涂层面漆工艺

（3）三涂层的工艺方法，即封底色层，加底色漆层，再加罩光清漆层。其中除封底色层在中涂线上涂布外，其他涂层均采用湿碰湿工艺涂层，随后一起烘干。所谓"湿碰湿"面漆涂装工艺是涂第一道面漆后仅晾干数分钟，在涂膜尚湿的情况下就涂第二道面漆，然后几道面漆一起烘干（$140\sim150~℃$，$20\sim30~min$）。

本色汽车面漆一般均采用单一涂层涂装法，"湿碰湿"两道同色面漆。在 20 世纪 80 年代前卡车驾驶室及覆盖件的涂装工艺都是在底涂层上喷涂两道同色、同种面漆（单层面漆涂装工艺），且喷一道烘干一次。自 20 世纪 80 年代后，为提高轿车车身涂装的外观装饰性，开发采用了双涂层面漆喷涂工艺。金属闪光色面漆现今采用双涂层工艺方法。为提高外观装饰性，本色面漆也有采用双涂层面漆涂装工艺方法的倾向。由于珠光色的遮盖力差，在涂底色漆之前需在中涂层涂一道封底涂层，故可称为三涂层面漆涂装工艺。

底色漆的喷涂现今普遍采用机器人自动静电喷涂法。常规的底色漆的喷涂工艺是 $14\sim 25\ \mu m$ 涂层膜厚，分两道工序（BC1＋BC2）喷涂，以提高涂层的均匀性和避免静电场对铝粉定向排列的影响。本色底色漆也可一次喷涂成膜。

12.2.6 车身涂装工艺种类

根据各种汽车的使用工况不同，汽车车身涂装工艺可分为涂三层、涂两层两种基本涂装工艺，每层分别加热烘干。烘干适用于大量流水生产。

12.2.6.1 涂三层涂装工艺

1. 涂三层烘三次涂装工艺

此工艺为基底漆涂层＋中间涂层＋面漆涂层，三层分别烘干。

对于外观装饰要求高的轿车、旅行车和大客车一般都采用这一涂装工艺。

2. 涂三层烘两次涂装工艺

涂层同上，第一层不烘干，涂中间涂层后一起烘干，采用湿碰湿工艺，因而烘干次数由三次减为两次。对于外观装饰性要求不太高的旅行车和大客车车身以及轻型载重汽车的驾驶室等一般采用这一涂装工艺。

12.2.6.2 涂两层涂装工艺

此工艺为基底漆涂层＋面漆涂层。无中间涂层，两层分别烘干。中型、重型载货车的驾驶室一般采用这一涂装工艺。

12.2.7 案例

奇瑞某型号轿车车身采用三涂层涂装工艺，前处理采用低温磷化、阴极电泳，中涂面漆内表面采用手工喷涂，外表面采用自动机喷涂，材料为溶剂型涂料。

具体流程为预清洗→预脱脂→脱脂→水洗→表调→磷化→新鲜水洗→去离子水洗→电泳→UF1 喷洗→UF2 浸洗→循环去离子水洗→沥水→电泳烘干→粗密封→底板 UBS→细密封→PVC 胶烘干→底漆打磨→擦净→中涂喷涂→中涂烘干→中涂打磨→中打擦净→底色漆喷涂→罩光清漆喷涂→面漆烘干→修饰→点修补→喷蜡。

第 12 章习题

第 *13* 章

轴瓦和板簧加工工艺

13.1 发动机轴瓦加工工艺

■ 13.1.1 轴瓦概述

1. 轴瓦的作用

扫一扫

轴瓦也称滑动轴承，它在轴与座孔之间主要起支承载荷和传递运动的作用。作为运动学来说，轴瓦是主要的摩擦副。对于两个相对运动的物质（零件）来说，必然有一个要磨损乃至损坏。那么在发动机里，无论是主轴还是机体磨损后的更换其成本都很高，所以人们就想到在主轴与机体座孔之间增加一种容易更换且成本较低的零件，那就是轴瓦。要损坏就首先损坏轴瓦。所以有专家说，轴瓦相当于电路中的保险丝，当电路短路时或负荷增大时，首先烧坏的就是保险丝。

为了减小摩擦阻力和曲轴连杆轴颈的磨损、主轴颈的磨损，连杆大头孔内装有瓦片式滑动轴承，简称连杆轴瓦。曲轴主轴颈上也装有主轴瓦。这些轴瓦分上、下两个半片，目前多采用钢背—合金层双层结构轴瓦，即在钢背轴瓦内表面浇铸有耐磨合金层。耐磨合金层具有质软、容易保持油膜、磨合性好、摩擦阻力小、不易磨损等特点。耐磨合金常采用的有铜基合金、铝基合金、巴氏合金等。连杆轴瓦的背面有很高的光洁度。半个轴瓦在自由状态下不是半圆形，当它们装入连杆大头孔内时，或者装入主轴轴承座时又有过盈，故能均匀地紧贴在大头孔壁上，或主轴轴承座上，具有很好的承受载荷和导热的能力，并可以提高工作可靠性和延长使用寿命。

连杆轴瓦和主轴瓦上都制有定位唇，供安装时嵌入定位槽中，以防轴瓦前后移动或转动。有的轴瓦上还制有油孔和油槽，以便轴瓦通油润滑和冷却，减少轴瓦烧伤（图 13.1）。一般上主轴瓦带油孔和油槽（图 13.2），下主轴瓦都是光面（图 13.3）。

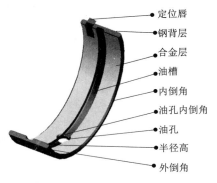

定位唇
钢背层
合金层
油槽
内倒角
油孔内倒角
油孔
半径高
外倒角

图 13.1 典型轴瓦结构

图 13.2　雷诺主轴上瓦

图 13.3　4H 主轴下瓦

2. 轴瓦的材料要求

发动机曲轴高速在轴瓦中运动，轴瓦受到强烈的摩擦和冲击，因此对轴瓦材料有以下特殊要求：

（1）高的疲劳强度。疲劳强度是材料在弹性极限以下受周期性载荷作用，不致发生开裂或产生表面凹坑的能力。

（2）良好的摩擦相容性。摩擦相容性是指主轴与轴瓦在相对运行中，轴瓦材料防止与轴颈材料发生冷焊和咬合的能力。

（3）良好的顺应性。所谓顺应性，是指轴瓦材料通过弹性变形和塑性变形而自行适应轴的挠曲或轻微不对中（由于安装不良，轴和轴承孔不同心，以及轴和轴承变形或磨损所致）而保持正常运转的能力。

（4）良好的嵌入性。嵌入性是指轴承材料可嵌进硬的污物微粒，从而防止或减轻它们将轴和轴承表面擦伤与磨损的能力。即使在精心维护的情况下，也很难使内燃机保持绝对清洁，很难避免污物微粒进入轴和轴承的间隙内。通常轴承材料越软，则其嵌入性越好。

（5）良好的耐蚀性。润滑油在高温下易氧化，生成腐蚀性物质——有机酸和氧化物，此外油中的某些添加剂，特别是含硫、磷的添加剂，在很高的温度下，易于形成无机酸和氧化物，所有这些都会引起轴瓦和轴颈的严重腐蚀。因腐蚀而形成的凹坑，一方面会影响正常的油膜的建立，加之腐蚀脱落的小颗粒会作为磨粒，从而使磨损加重；另一方面这些小凹坑能形成疲劳源，使轴承加速疲劳失效。

（6）高的承载能力。承载能力是指轴承材料在不致产生过渡摩擦、磨损和疲劳损伤下所承受的最大单位压力。

（7）高的熔点。高的熔点可以防止由高温引起的损坏。现代重载内燃机的曲轴轴承材料应能在 200 ℃之内的温度下长期稳定地工作而不致熔化或软化。

（8）较低的线膨胀系数。线膨胀系数低，以便轴承间隙在工作中不会有很大的变化。

▌**13.1.2　轴瓦材料**

目前使用的轴瓦材料均为钢背——合金双金属材料，使用最广泛的是钢背——铝基合金（图 13.4）和钢背——铜基合金。其中钢背材料多为 45♯优质中碳钢。

1. 铝基合金

铝基合金主要成分是铝（Al）、锡（Sn）及硅（Si）。

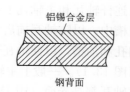

铝锡合金层

钢背面

图 13.4　铝基瓦材料结构

（1）高锡铝合金内圆表面不需电镀减磨合金层，具有中等疲劳强度、承载能力、良好的耐蚀性，有较好的轴承表面性能，适用于软曲轴。

（2）中锡铝合金内圆表面不需电镀减磨合金层，具有中等疲劳强度、承载能力、良好的耐蚀性，有较好的轴承表面性能，特别适用于球铁曲轴。

（3）低锡铝合金内圆表面需电镀减磨合金层，具有中等疲劳强度、承载能力、良好的耐蚀性，有较好的轴承表面性能，适用于硬曲轴。

常见的铝基合金材料牌号有 AlSn20Cu、AlSn12Si2.5Pb1.7、A20、AlSn6CuNi 等。

优点：铝基合金的材料抗咬合性能特别好，而且易于和钢背材料黏接，拥有较好的耐蚀性、顺应性、嵌藏性、相容性及亲油性，此外成本相对较低。

缺点：锡其合金的疲劳强度较低，轻载荷下使用较多，一般乘用车多采用铝基合金轴瓦。

2. 铜基合金

铜基合金主要成分有铜（Cu）、铅（Pb）及少量的锡（Sn）。

铜铅合金内圆表面需电镀减磨合金层，具有高的疲劳强度、承载能力、抗冲击能力、耐蚀性，有较好的轴承表面性能，常用于高速、重载的重型商用车柴油机。

铜铅合金表面镀层材料常用的有铅锡铜三元和铅锡铜铟四元材料。其中三元镀层轴瓦适用于普通的柴油机；四元镀层轴瓦适用于强化的柴油机和高转速的柴油轿车。

常见的铜基合金材料有 CuPb20Sn4、CuPb24Sn4、CuPb24Sn、AC21 等。

优点：①耐疲劳强度高，承载能力高；②抗压能力、耐高温能力强。

缺点：①材料的硬度较高，因此，顺应性、嵌藏性较差；②合金中的铅易受润滑油中酸性物质的腐蚀，耐蚀性较差；③价格较贵。

3. 镀层材料

铜基合金工作表面常见的镀层材料有 PbSn10Cu2、PbSnCuIn、SnCu、PVD 等。

（1）改善铜基合金层材料表面的抗咬合性、嵌藏性、顺应性和抗蚀能力。

（2）基本要求：铜基合金层电镀前必须先镀 Ni，Ni 层厚度通常为 0.001～0.003 mm。

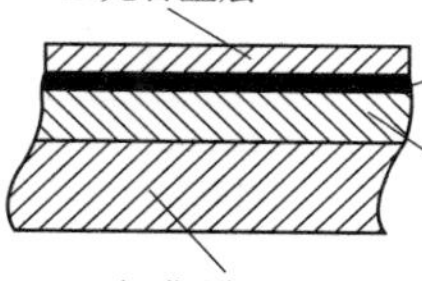

铜基合金轴瓦壁厚为钢背厚度及铜铅合金层、镍（Ni）层及表面镀层厚度之和（图 13.5）。此外，一般来说，合金层厚度越大，轴承耐疲劳性能越差，通常产品的合金厚度设定在 0.2～0.5 mm。

图 13.5　铜基瓦镀层材料结构

13.1.3　轴瓦的结构要素

1. 自由状态弹开量

轴瓦在自由状态下并非正圆，它是一个椭圆形的，其开口尺寸大于座孔尺寸。其主要目的是使轴瓦与座孔产生过盈配合，在工作时轴瓦不发生转动。

2. 厚度（壁厚）

轴瓦的厚度主要是保证装配后工作时，轴瓦内圆与主轴具有一定的间隙。

3. 半圆周长高出度

半圆周长高出度（简称半径高）主要是保证轴瓦压入座孔后产生过盈配合，使轴瓦外圆与座孔紧紧贴合。不使轴瓦产生转动和有良好的导热性。

4. 油槽及油孔

油槽及油孔主要是保证油压的正常供给。

5. 定位唇

定位唇有两个作用：其一是保证轴瓦在座孔中的正确装配位置；其二是保证轴瓦因弹开量缩小而防止轴瓦转动。

13.1.4 典型轴瓦加工和装配工艺

1. 乘用车（轿车）轴瓦加工工艺

乘用车（轿车）由于载荷小，属于轻载，因此其轴瓦一般多采用铝基合金。如东风乘用车公司 A16 发动机主轴瓦外形如图 13.6 所示，其加工工艺流程如图 13.7 所示。

图 13.6　A16 发动机主轴瓦外形

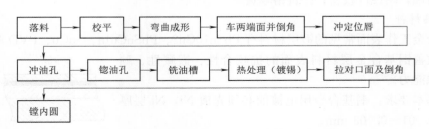

图 13.7　乘用车铝基合金轴瓦工艺流程

工艺说明如下。

（1）落料。毛坯为条状板料，在落料冲压模具上制成料长为（77.6±0.2）mm、料宽为（21.1±0.2）mm 的矩形板料。

（2）校平。在压机上对矩形板料进行校平，保证平面度。

（3）弯曲成形。在压力机上利用弯曲模对矩形板料进行弯曲成形，要保证的尺寸主要有瓦高尺寸 H、弹开尺寸 L、贴合度，其中要求在中心线 90°范围内贴合度大于 90%，采用量胎进行测量（图 13.8）。

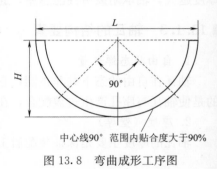

中心线 90°范围内贴合度大于90%

图 13.8　弯曲成形工序图

（4）车两端面倒角。内外都倒角，外倒角要比内倒角大。使用机床为车两端面倒角全自动车床（图 13.9），该车床有左右两个主轴，左右两把车刀同时进给车削轴瓦两个端面，同时可实现自动上下料。

（5）冲定位唇。冲对口面上凸起的定位唇。保证的尺寸有定位宽、定位高、定位长、定位距离。

（6）冲油孔及锪油孔（内倒角）。控制尺寸为油孔直径。

（7）铣油槽。保证油槽的宽度和油槽的深度。

（8）热处理。铝基轴瓦为钢背——合金双金属材料，外层为钢，较易生锈，内层的合金层也很薄，约 0.2 mm，后面还要镗削，

图 13.9　车两端面倒角全自动车床

因此也容易生锈。因此本热处理工序是镀锡，主要目的是防锈。镀锡时整个轴瓦内层、外层整体镀锡。

（9）拉对口平面及倒角。本工序采用拉床拉削加工。保证的主要尺寸为半圆瓦的瓦高和平行度（图 13.10），不同的发动机瓦高不一样。此外对口平面和侧面也是后工序镗内圆的定位基准。该工序使用的设备为卧式拉床（图 13.11），使用的刀具为涂层硬质合金平面拉刀，机床能实现自动上下料。拉削时，机床自动上下料装置先完成轴瓦上料、轴瓦定位、轴瓦夹紧动作，然后轴瓦不动，拉床主轴作直线运动，带动平面拉刀拉削轴瓦对口平面及倒角。

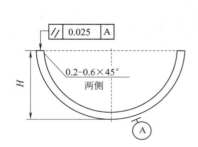

图 13.10　拉对口面及倒角工序图　　　　图 13.11　拉对口平面及倒角拉床

（10）镗内圆。控制内圆直径尺寸和粗糙度。轴瓦壁厚不是等厚，从中间向两边逐渐变薄，镗削时以对口面和侧面定位。

2. 重型柴油发动机轴瓦加工工艺

中卡由于载荷比乘用车大，其轴瓦可以根据情况采用铝基合金，也可以采用铜基合金。

为了充分发挥材料性能，降低成本，中、重卡连杆瓦的上下片原材料不一样，一般连杆上瓦是铜基合金，下瓦是铝基合金。曲轴主轴瓦下瓦是铜基合金，上瓦是铝基合金。如雷诺柴油发动机连杆上瓦、4H 发动机连杆上瓦、雷诺主轴下瓦都用的是铜基合金。重卡由于载荷大，其轴瓦一般都采用铜基合金。如 DCi11 大马力发动机主轴瓦采用的是铜基合金。这些铜基合金轴瓦在镗削后，后面还要镀三元。把三元软金属镀在轴瓦内表面，提高轴瓦的综合性能。

DCi11 大马力发动机主轴瓦工艺为落料→校平→弯曲成形→车端面及倒角→冲定位唇→冲油孔→锪油孔→铣油槽→拉对口平面及倒角→镗内孔→热处理（镀三元）。

3. 凸轮轴衬套、连杆衬套加工工艺

凸轮轴两端和连杆的小头孔都要用到衬套。衬套多采用铜基合金为原材料，如雷诺系列、4H 系列、153 系列凸轮轴衬套都是铜铅合金（图 13.12）。

衬套典型加工工艺为落料→冲孔→成型（成圆）、柳合→整型（整圆）→磨外圆→热处理（镀锡）→镗内圆。

衬套都是铆合在一起的，对圆度有较高要求。因此成形（成圆）、铆合后需要后工序进一步整型（整圆）提高衬套孔圆度。此外，衬套外圆粗糙度小，因此需要在无心外圆磨床上进行外圆磨削。

4. 热处理工序——镀锡

镀锡主要目的是防蚀、防锈。一般对铝基合金轴瓦或铜基合金衬套整件镀锡，把轴瓦沉浸在各类溶液槽中进行（图 13.13）。

图 13.12　连杆衬套　　　　图 13.13　镀锡热处理设备（溶液槽）

镀锡工艺流程为超声波去油→**热清洗→冷清洗→酸洗→热清洗→冷清洗→镀锡→热清洗→冷清洗→烘干**。

5. 热处理工序——镀三元

所谓镀三元，是指把铜、铅、锡 3 种软金属镀在铜基合金轴瓦内表面，以提高轴瓦抗疲劳、抗咬合、抗磨损、耐腐蚀等性能。一般镀三元前，首先要镀镍 Ni，只有镀了镍层，才能在铜基合金表面镀上三元。镀三元工序和镀锡类似，只是多了一个镀镍工序。

镀三元工序为超声波去油→**热清洗→冷清洗→酸洗→热清洗→冷清洗→镀镍→热清洗→冷清洗→镀三元→热清洗→冷清洗→烘干**。镀三元热处理设备如图 13.14 所示。

6. 轴瓦装配工艺

轴瓦的装配要注意以下几点：

（1）要有良好的清洁度。因清洁度不好，轴瓦内圆表面有颗粒杂质或因油中或油道中的颗粒杂质夹在轴与轴瓦之间，很容易并很快使轴与瓦发生划伤，且产生烧瓦。

（2）要有良好的贴合度。轴瓦外圆与座孔如果不能紧密贴合，工作中就会出现松动、滚瓦现象，导致散热效果差。

（3）预紧力。装配时座孔盖的预紧力要适当。预紧力过大容易使轴瓦产生塑性变形

图 13.14　镀三元热处理设备（溶液槽）

而使瓦的弹开量消失导致咬轴烧瓦。预紧力过小会使轴瓦在工作时产生微量转动而使瓦异常磨损。

（4）装配间隙。发动机在工作时，其主轴与轴瓦之间有一层润滑油膜将主轴浮起来而使轴与瓦产生相对运动，那么就要求轴与瓦之间具有一定的配合间隙。

装配间隙的大小与轴瓦材料和主轴的大小有关，其装配间隙具体的大小在不同发动机装配工艺中有严格规定。

13.2　汽车板簧加工工艺

13.2.1　板簧概述

1. 板簧的作用

汽车钢板弹簧简称板簧（图 13.15），是汽车悬架系统中最传统的弹性元件，通过板簧上的卷耳和汽车底盘悬架弹簧系统连结。在汽车悬架系统中除了起缓冲作用外，多数汽车板簧通过卷耳和支座兼有导向作用。此外多片弹簧的片间摩擦又起系统阻尼作用。一般商用车有 6 套板簧。

图 13.15　板簧实物图

2. 原材料的选用

碳素弹簧钢因淬透性低，较少使用于汽车中；锰钢淬透性好，但易产生淬火裂纹，并有回火脆性。因此，硅锰钢在我国应用较广泛。一般汽车钢板弹簧常用材料为 60Si2Mn。

■ 13.2.2　东风汽车板簧加工工艺

东风汽车钢板弹簧厂汽车板簧的加工工艺路线为下料→冲孔或钻孔→卷耳→淬火→回火→喷丸→单片喷漆→烘干→板簧装配组装→总成喷漆→烘干。

工艺说明如下。

(1) 下料。为保证板簧所需要的长度，通过压力机和冲裁模进行切断。

(2) 冲孔或钻孔。每个单片钢板弹簧上都有一个中心孔，个别的钢板弹簧上还有1～2个边孔。

不同车型板簧厚度不一样，孔加工方法也不同。一般对于20 mm以上厚度板簧，其加工方法一般采用钻床钻孔；对于20 mm以下厚度板簧，采用冲床冲孔加工。

(3) 卷耳。把板簧中频高温加热后，先通过切边工艺切边，再通过卷耳模具进行卷耳。有些车型的钢板弹簧只有中心孔，没有卷耳和边孔。

(4) 淬火。淬火设备由加热炉（图13.16）、淬火油槽组成。加热炉采用行业通用的连续式加热炉，加热炉分为加热一区和加热二区，分别起预热和保温作用，保温温度为930°，保温时间一般为30 min左右，以油作为淬火介质，把保温后烧红的板簧沉浸在淬火油槽中急剧冷却。本工序淬火的目的是提高板簧的表面硬度，同时在油槽中利用高温和加力装置把钢板弹簧弯曲成所需要的弧度。

(5) 回火。回火设备是热风循环回火加热炉（图13.17），回火温度为530 ℃，板簧从回火炉出来后，进行水冷到常温。回火的目的是去除板簧的内应力，同时提高板簧的强度和韧性。板簧通过淬火、回火热处理后可以极大地提高其疲劳寿命。

扫一扫

扫一扫

图13.16　淬火加热炉　　　　　　图13.17　热风循环回火加热炉

(6) 喷丸除锈。采用设备是板簧喷丸机（图13.18），使用钢丸除锈。把细粒度的钢丸以一定速度喷射在板簧表面，喷丸处理不仅使板簧表面产生强化层和压应力，还能清除板簧表面微小的缺陷和脱碳现象，减少应力集中。喷丸质量的差异，也是造成钢板弹簧使用寿命差异的原因之一。

(7) 单片喷漆（图13.19）。每片板簧都要喷涂两遍油漆，油漆喷完后通过烘干机烘干。

(8) 板簧装配。把几个单片钢板弹簧组装在一起。不同产品组装的片数不同，有的车型钢板弹簧由9片构成，有的由7片构成。装配时以中心孔为装配基准，通过中心孔、边孔用螺栓、螺母进行连结和紧固。对于无边孔的板簧，用中心孔和卡箍固定。

扫一扫

扫一扫

   图 13.18 板簧喷丸机   图 13.19 板簧喷漆线

第 13 章习题

参考文献

[1] 柴增田，刘春哲. 冲压与注塑模具设计 [M]. 北京：电子工业出版社，2011.

[2] 王纯祥. 焊接工装夹具设计及应用 [M]. 北京：化学工业出版社，2015.

[3] 陆剑中，孙家宁. 金属切削原理与刀具 [M]. 北京：机械工业出版社，2012.

[4] 施于庆. 冲压工艺及模具设计 [M]. 杭州：浙江大学出版社，2012.

[5] 朱江峰，闫志波，邓逍荣. 冲压成形工艺及模具设计 [M]. 武汉：华中科技大学出版社，2012.

[6] 宋晓琳. 汽车车身制造工艺学 [M]. 北京：北京理工大学出版社，2006.

[7] 吴礼军. 现代汽车制造技术 [M]. 北京：国防工业出版社，2013.

[8] 杨握铨. 汽车装焊技术及夹具设计 [M]. 北京：北京理工大学出版社，1996.

[9] 陈朴. 机械制造生产实习 [M]. 重庆：重庆大学出版社，2011.

[10] 唐远志. 机械与汽车工程认知实践 [M]. 合肥：合肥工业大学出版社，2013.